前端开发经典，双色印刷，直观高效
JavaScript 从基础到实战应用一本全掌握！

从入门到实战开发

JavaScript

最强教科书

［完全版］

THE FIRST-BEST TEXTBOOK OF
JAVASCRIPT FROM BASICS TO APPLICATION DEVELOPMENT
[COMPLETE EDITION]

［日］**山田祥宽** 著
YOSHIHIRO YAMADA

徐杰 译

中国青年出版社

KAITEI SHIMPAN JAVASCRIPT HONKAKU NYUMON
~MODERN STYLE NI YORU KISO KARA GEMBA DE NO OYO MADE
by Yoshihiro Yamada
Copyright © 2016 Yoshihiro Yamada
Chinese translation rights in simplified characters arranged with
GIJUTSU-HYORON CO., LTD.
through Japan UNI Agency, Inc., Tokyo

律师声明

北京市京师律师事务所代表中国青年出版社郑重声明：本书由日本技术评论社授权中国青年出版社独家出版发行。未经版权所有人和中国青年出版社书面许可，任何组织机构、个人不得以任何形式擅自复制、改编或传播本书全部或部分内容。凡有侵权行为，必须承担法律责任。中国青年出版社将配合版权执法机关大力打击盗印、盗版等任何形式的侵权行为。敬请广大读者协助举报，对经查实的侵权案件给予举报人重奖。

侵权举报电话

全国"扫黄打非"工作小组办公室
010-65233456　65212870
http://www.shdf.gov.cn

中国青年出版社
010-59231565
E-mail: editor@cypmedia.com

版权登记号：01-2020-1394

图书在版编目（CIP）数据

JavaScript从入门到实战开发最强教科书：完全版/（日）山田祥宽著；徐杰译. -- 北京：中国青年出版社，2021.1
ISBN 978-7-5153-6215-1

I. ①J... II. ①山... ②徐... III. ①JAVA语言-程序设计 IV.
①TP312.8

中国版本图书馆CIP数据核字（2020）第198442号

策划编辑　张　鹏
责任编辑　张　军
封面设计　乌　兰

JavaScript从入门到实战开发最强教科书
[完全版]
[日]山田祥宽 / 著　徐杰 / 译

出版发行：**中国青年出版社**
地　　址：北京市东四十二条21号
邮政编码：100708
电　　话：（010）59231565
传　　真：（010）59231381
企　　划：北京中青雄狮数码传媒科技有限公司
印　　刷：天津旭非印刷有限公司
开　　本：787 x 1092　1/16
印　　张：24
版　　次：2021年1月北京第1版
印　　次：2021年1月第1次印刷
书　　号：ISBN 978-7-5153-6215-1
定　　价：128.00元（附赠独家秘料，加封底公众号获取）

本书如有印装质量等问题，请与本社联系
电话：（010）59231565
读者来信：reader@cypmedia.com
投稿邮箱：author@cypmedia.com
如有其他问题请访问我们的网站：http://www.cypmedia.com

前言

JavaScript不是什么新语言，一直以来作为对初学者很友好的语言被很多用户所喜爱。但是，从2000年前后开始之后的数年间，反倒成为「编程外行人使用的低俗的语言」「浏览器间不兼容、开发生产性低下的语言」「安全漏洞的原因」等负面印象所缠绕的不幸的语言。

这样的JavaScript经过时代的变迁，再次被认为是Web应用不可或缺的语言是在2005年2月。Adaptive Path公司的Jesse James Garrett先生发表了Ajax（Asynchronous JavaScript + XML）。由于Ajax技术的登场，仅仅是用来华丽地装饰Web页面的JavaScript，作为实现高可用性的重要手段，其价值被重新认识了。

并且，2000年代后期，HTML5为这个状况推波助澜。HTML5不仅重新认识了标记，还大幅强化了应用开发用的JavaScript API。根据HTML5，只依靠浏览器原生的功能可实现的范围更广了。

在JavaScript复权的进程中，JavaScript的编程风格也发生了很大的变化。一边保留了简易的过程式表示法，一边朝着大型编程中真正面相对象的表示法发展。这个趋势不是短暂的流行，今后会更加强烈。

本书是为了在这样的时代潮流中，想要再一次理解JavaScript语言的人所准备的书籍。JavaScript说好听点是「灵活的」，说难听点是「暧昧的不明确的」的语言，虽然可以通过模仿他人的代码来编写一些代码，但正因如此，也是容易产生错误及安全问题的语言。要想完全掌握，在基础层面上的扎实理解至关重要。希望本书能够成为初次接触JavaScript编程的新人，或者是将来以高级的实践为目标的人用来扎实掌握知识的书。

★ ★ ★

另外，关于本书的支持信息已公开在「服务器站点-WINGS」，并刊登了本书中使用到的示例的下载服务、Q&A公告牌、FAQ信息以及在线公开消息等信息，请配合使用。

http://www.wings.msn.to/

最后，对于在百忙之中还帮忙调整笔者不合理之处的技术评论社的各位编辑，在身边协助原稿管理、校对工作的妻子奈美，父母，有关人员，真诚地感谢你们所有人。

[日] 山田祥宽

本书的阅读方法

确认运行环境

本书的描述／示例程序在以下的环境中运行。

■Windows 10 Pro（64bit）
- Google Chrome 51
- Internet Explorer 11
- Firefox 47
- Microsoft Edge 25
- Opera 38

■OS X 10.11.3
- Safari 9.0.3

关于示例程序

- 本书的示例程序，可以在作者运营的支持网站「服务器站点-WINGS」（http://www.wings.msn.to/）-[综合FAQ／修订&下载]中下载。想要确定文中示例的运行结果时，请使用本服务。

- 示例代码及其他的数据文件的字符编码皆是UTF-8。使用文本编辑器等编辑时，如果更改了字符编码，则会造成示例无法正常运行、汉字乱码等，请注意。

- 示例代码针对在Windows环境中的运行进行了优化。页面上的运行结果也是登载在Windows+Google Chrome环境中的结果。请注意，结果因环境的不同可能会有所差异。

- 示例文件通过以下规则按章整理。

```
📁/chapXX
 ├── xxxxx.html … 启动文件
 ├── 📁/scripts
 │    └── xxxxx.js … JavaScript的源代码（.js文件）
 └── 📁/scripts_es5
      └── xxxxxx.js … 源代码到源代码编译后的源代码
```

页面上，示例代码登载的是.js文件的代码，而要运行示例的话，请从同名的.html文件启动。

- 在ECMAScript 2015对应的示例中，使用Babel（8.4节）将／scripts文件夹中原本的源代码转译后得到的源代码放置在／scripts_es5文件夹中（默认转译后的代码有效）。

本书的组成

1. 图标

本书基本上是以在现代浏览器
（Internet Explorer 9以上，
Google Chrome ／ Microsoft
Edge ／ Firefox是执笔时间点
（2016年6月）时的最新版）
上运行为前提的。对于在IE9上
无法运行的，使用 🔀 表示。
另外，对于ECAMScript
2015中追加的功能，为其添加
ES2015 的图标。

● 写法 **super关键字**

```
super(args,...)      ←── 构造函数
super.method(args,...)   ←── 方法
    method: 方法名      args,...: 参数
```

但是，需要注意，在构造函数中使用super关键字时，必须写在语句开头。

■ 5.5.2 对象字面量的改善 `ES2015`

在ES2015中，改善了对象字面量的写法，使属性／方法的定义更加简单了。

■ 定义方法

之前，方法需要像下面这样定义为函数类型的属性，因为没有直接表示方法的表示法。

```
名称: function(args,...) {...}
```

但是，在ES2015中，配合class代码块的写法，相关代码如下。这种写法沿用了其他语言
中的方法定义，也更简单更直观。

```
名称(args,...) {...}
```

2. 代码清单

表示示例的源代码。因为页面
上是在能够理解的基础上将最
小范围的代码进行摘录并登载
的，所以想要查看完整代码时
请查看下载示例中相应的文
件。因为页面的原因而换行的
地方，使用 ↩ 表示。

● 清单5-35 literal_method.js

```
let member = {
  name: '山田太郎',
  birth: new Date(1970, 5, 25),
  toString() {
    return this.name + '/出生日期: ' + this.birth.toLocaleDateString()
  }
};

console.log(member.toString()); // 结果: 山田太郎/出生日期: 1970/6/25
```

3. 语法

语法使用以下的规则登载，用[...]围住的参数表示
可以省略。

```
reader.readAsText(file[, charset])
```

方法名／函数名　　　　　参数

```
{ name = name, birth = birth };
```

> **Note**　也可以用于构造函数的初始值设定
>
> 将本文的写法和Object.assign方法（3.6.2节）一起使用，可以更简单地表示构造函数的初始值
> 设定。下面是改写清单5-30的构造函数的例子。
>
> ```
> constructor(firstName, lastName) {
>   Object.assign(this, { firstName, lastName });
> }
> ```
>
> 在构造函数中，this指向的是当前实例，所以把this和整理了参数的对象字面量合并。通过这个写
> 法，即使初始化的值增多了，也不用一一写出赋值表达式，代码就简洁了很多。

■ 动态生成属性

用中括号把属性名括起来，可以根据表达式的值动态地生成属性名。这称为Computed
property names。

4. Note

表示除了正文的说明之外，还需要了解的
注意点或参考／追加信息。

目 录

Chapter 6 操作HTML和XML文档 –DOM(Document Object Model) –

239

Chapter 7　彻底钻研客户端JavaScript开发 307

Chapter 8　实际开发中不可或缺的应用知识　362

Column

Chapter 1

介绍

1.1 什么是JavaScript?

JavaScript是由Netscape Communications公司开发的，面向浏览器的解释型语言。开发时被称为LiveScript，但是仿效当时广受关注的Java语言，之后更名为JavaScript。因此经常引来误解，Java和JavaScript虽然在语言规范上有相似的地方，但完全是不同的语言，而且没有兼容性。

JavaScript以1995年在Netscape Navigator 2.0上实现为开端，随着1996年也在Internet Explorer 3.0上实现了，成为浏览器标准的脚本语言。在这之后经过了20多年，现在，在Google Chrome、Firefox、Safari、Microsoft Edge等主要的浏览器上基本都实现了。

虽然如此，JavaScript的发展历史并不是一帆风顺的。可以说是经历了漫长的苦难和不得志的时代的语言。

▍1.1.1 JavaScript的历史

1990年代后期可以说是初期JavaScript的全盛时期。比如说，

- 光标放在某个元素上则字符串闪烁
- 状态栏中字符串在不停地流动
- 切换页面时应用淡入／淡出等过渡效果

等等，通过JavaScript实现了各种各样的效果。

当然，这些其中部分内容至今也是JavaScript的重要用途，恰当地使用的话可以提升页面的美观度和易用性。但是，无奈的是，当时这个太过热了。在「无论如何都想要制作动态页面」这样的欲望下，多数人使用JavaScript加入了过剩的装饰。其结果是，因为装饰过剩，易用性很差——总之，就是量产了「俗气」的页面。

像这样的过热没有持续很长时间，虽然相比较而言并没有在早期阶段被废止，但JavaScript给人「制作俗气的页面的语言」「编程外行人使用的低俗的语言」这样的印象。

另外，这时也是各个浏览器供应商都扩展JavaScript的实现的时代。「更引人注目，更华丽的功能」——在这样的氛围中，开发者被抛弃，浏览器间的规范差异（跨浏览器问题）越来越大。结果，开发者不得不写各个浏览器对应的代码，这样的复杂性，使JavaScript更加远离了开发者。

还是这个时代，不断地发现JavaScript实现中相关的安全漏洞，也是造成JavaScript负面印象的原因之一。

1.1.2　复权的契机是Ajax，然后进入HTML5的时代

在这样的状况中看到了光明是在2005年，Ajax（Asynchronous JavaScript + XML）技术登场。Ajax用一句话来说就是为了在浏览器上制作类似桌面应用程序的页面技术。因为仅使用HTML、CSS、JavaScript这样浏览器标准的技术就可以制作丰富的内容，所以Ajax技术很快就普及了。

与此同时，浏览器供应商间的功能扩展战争也平息下来了，兼容性问题也减少了。在国际标准化组织ECMA International（1.2节）的推动下，JavaScript的标准化不断推进，作为语言来说也完成了很大的进化。在这样的背景下，重新审视JavaScript语言价值的机会也终于来到了。

另外，由于Ajax技术的普及，JavaScript不再是「仅仅在一旁补充HTML和CSS的表现力的简单的语言」。由于被认为是「支撑Ajax技术的核心」，于是开始出现了编程手法变化的征兆。不是和之前一样仅仅组合函数简单的写法，而是开始追求能够适用大型开发的面向对象的写法。

在2000年代后期，HTML5的登场为这个状况推波助澜。HTML5不仅作为标记语言来说更加充实了，还大幅强化了应用开发用的JavaScript API。HTML5的公告本身是在2014年发布的，但2008年之后发布的浏览器大多都很快地对应了HTML5，使用也逐渐推进。

功能	概要
Geolocation API	获取用户的地理位置
Canvas	使用JavaScript绘制动态图像
File API	读写本地的文件系统
Web Storage	用来保存本地数据的本地存储
Indexed Database	使用键／值来管理JavaScript的对象
Web Workers	使JavaScript在后台并行
Web Sockets	执行客户端—服务器间双向通信的API

●HTML5中增加主要的JavaScript API

通过HTML5，只依靠浏览器原生的功能可实现的范围更广了。加上由于智能手机／平板电脑的普及RIA技术（Flash／Silverlight等）的衰退、SPA（Single Page Application）的流行等，很受欢迎地推动了浏览器原生的JavaScript。

Note **SPA（Single Page Application）**

SPA（Single Page Application），正如其名称一样是由单一页面构成的Web应用。首次访问时获取页面整体，之后页面的更新基本上都交给JavaScript来处理。仅靠JavaScript无法处理的——比如获取数据／更新等等，需要使用Ajax等异步通信来实现。

和桌面应用程序类似的操作性，然后，作为实现敏捷迅速的动作的途径，是近几年突然受关注的关键词。

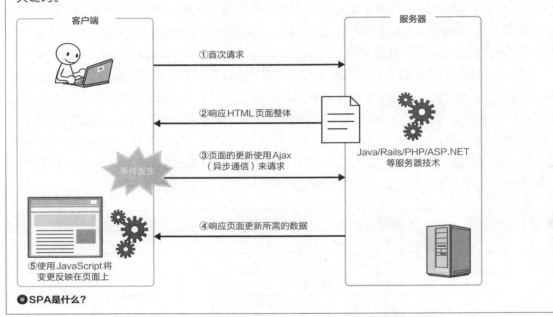

●SPA是什么？

1.1.3 负面印象的误解

说起来对JavaScript的负面印象，基本上是印象先入为主的误解。

比如，「JavaScript是外行人使用的简单的语言」就是一个很大的错误。JavaScript和Java或C#这样正式的编程语言一样，都是面向对象的语言。实际上，JavaScript被认为是「支撑Ajax技术的核心的语言」之后，编程风格自身也产生了变化。从之前的过程式的表示法变为追求真正的面向对象的编程风格。

接下来是「JavaScript中存在许多安全漏洞」这个误解。这一点乍一看是正确的，但是仔细思考一下，这不是JavaScript的问题，而是实现JavaScript的浏览器的问题。也就是说，作为语言来说是没有问题的。另外，浏览器的实现也在漫长的历史中变得很稳定了。

近来，由于浏览器供应商的安全意识提高了，JavaScript相关的安全漏洞也逐渐减少了。

然后是「JavaScript有跨浏览器的问题，所以开发生产性低下」这个误解。这个和之前的误解一样，是浏览器实现的问题。然后，就如反复描述的那样，随着标准化的进程，兼容性的问题也确实在不断减少。

抛开所有误解来看，JavaScript可以简单地引进并且非常普及，可以说是适合初学者学习的语言。另外，由于Ajax和HTML5的普及，应用开发者需要重新对JavaScript这个语言有切实的理解。JavaScript是现在最值得学习的语言之一。

1.1.4 作为语言的4个特征

像这样追随着历史过来的JavaScript，作为语言大致有如下4个特征。

（1）是脚本语言

脚本语言是首先以简单为目的被创造出来的编程语言。已经学习了其他语言的人自然不用说，初次接触编程的人也可以在短时间内学会。

另一方面，配合面向对象的结构，具有更好的复用性和可维护性，代码的表示也更简单。

（2）是解释型语言

解释型语言是从程序的开头开始逐个解析，一边翻译为计算机能够理解的形式一边执行的语言。因此，和所谓的编译型语言相比动作较慢，但是它也有其优点，不需要为了执行程序而进行编译（批量翻译）这样的特别的过程。写下代码即可执行，这正是其魅力所在。

（3）可以在各种各样的环境中使用

JavaScript原本是为了在浏览器上运行而创造出来的语言，但是现在不仅仅局限于浏览器上了。JavaScript，或者是基于JavaScript（ECMAScript）创造出来的语言实际上已经运行在各种各样的环境中。

环境	概要
Node.js	以服务器端用途为主的JavaScript运行环境
Windows Script Host	Windows环境的脚本运行环境
Java Platform, Standard Edition	Java语言的运行环境
Android／iOS（WebView）	显示Web页面的内置浏览器

●**JavaScipt（派生）语言的主要运行环境**

学习JavaScript，其知识不仅仅局限于浏览器为前提的开发中，而可以灵活运用于各种各样的环境中。

（4）由若干个功能构成

本书中学习的JavaScript严格来说分为若干个功能。至Chapter 5讲解的是核心JavaScript——即不依赖于环境的，提供JavaScript语言的标准功能的部分。想要在浏览器以外的环境中使用JavaScript的读者，请务必扎实地掌握Chapter 5为止的内容。

然后，Chapter 6中讲解的DOM（Document Object Model）不仅是JavaScript，也是其他编程语言动态操作文档的通用规范。在浏览器上，通常用于Web页面的加工和编辑。Chapter 7中讲解的浏览器对象是通过JavaScript来控制浏览器上的操作的功能。这些都是使用JavaScript进行客户端开发不可或缺的知识。

像这样，虽然统称为JavaScript，但也是由各种元素构成的。

1.2 什么是下一代JavaScript「ECMAScript 2015」?

ECMAScript是由标准化组织ECMA International标准化的JavaScript。从1997年的初版开始多次修订，现在最新版是在2015年6月被采用的第6版—— ECMAScript 2015（ES2015）。也有从版数开始，通称为ECMAScript 6（ES6）。

ES2015中提供了以下这些新的规范。

- 通过引入class语句，实现类似Java／PHP那样的类定义
- 通过import／export语句支持代码的模块化
- 函数语法的改善（箭头函数、参数的默认值、可变参数等）
- 通过let／const命令引入块级作用域
- 通过for...of语句枚举值
- 通过迭代器／生成器使可枚举的对象的操作成为可能
- 内置对象的扩充（Promise、Map／Set、Proxy等）
- String／Number／Array等，现有的内置对象也有扩展功能等等

在许多的新功能中，尤其是class语句的引入是划时代的。因为一直以来JavaScript中使用非常不方便的面向对象编程也终于可以直观地执行了。

但是，正因为ES2015有重大的变革，所以一直以来看惯了的JavaScript代码的外观发生了很大变化。另外，其实也不是所有的浏览器都支持ES2015。至少在目前，应该一边学习现役的浏览器对应的ES5（第5版）之前的语法，一边将ES2015的新语法作为不同点来理解。即使之前的语法在将来不被使用，在解读现有代码的基础上，其知识也不会是没有用的。

在本书中，ES2015的功能使用 ES2015 来标明，而发生了很大变化的面向对象语法则分为章节来另行解说。

1.2.1 浏览器的兼容情况

ECMAScript毕竟只是语言规范的规定。遗憾的是，主要浏览器要完全支持最新的规范，还需要一段时间。

要确认目前的支持情况，推荐查看「ECMAScript 6 compatibility table」（http://kangax.github.io/compat-table/es6）。

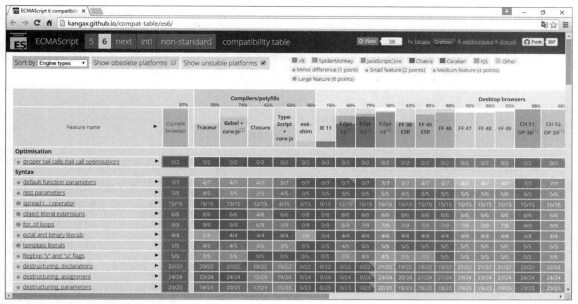

●**ECMAScript 6 compatibility table**

　　Firefox、Google Chrome、Microsoft Edge等浏览器有9成以上的支持率，Internet Explorer 11是不到2成的支持率，Safari停留在5成的支持率。另外，可以看出不同的浏览器是有偏差的。

　　因此，目前使用ES2015，需要借助源代码到源代码编译器。源代码到源代码编译器是指将ES2015的代码转换为ES5规格的代码的工具。

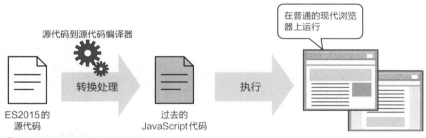

●**什么是源代码到源代码编译器**

　　本书中标明了 ES2015 图标的项目的代码，将「Babel」（https://babeljs.io）作为源代码到源代码编译器，使用转换为ES5规格的代码来验证运行。关于Babel的安装，在8.4章节中详细介绍（因为示例中的代码是转换后的代码，所以不需要安装Babel直接运行即可）。

1.3 浏览器附带的开发者工具

浏览器中标准配备的开发者工具是进行JavaScript／样式表开发必不可少的强大工具。开发者工具为推进本书的学习起到很大的帮助作用，所以让我们先了解一下其主要功能。在学习过程中会出现一些无法理解的词汇，这些词汇将会在随后的章节中进行解释，所以请将其作为工具的大致概要轻松地阅读即可。

1.3.1 启动开发者工具

首先，让我们从主要浏览器开发者工具（developer tool）的启动方法开始。

浏览器	启动方法
Google Chrome	[Google Chrome的设定] – [其他工具] – [开发者工具]
Microsoft Edge	[详情] – [F12开发者工具]
Internet Explorer	[工具] – [F12开发者工具]
Firefox	[打开菜单] – [开发者工具] – [显示开发者工具]
Opera	[菜单] – [开发者] – [开发者工具]
Safari	[开发] – [显示Web检查器]

●不同浏览器的开发者工具的启动方法

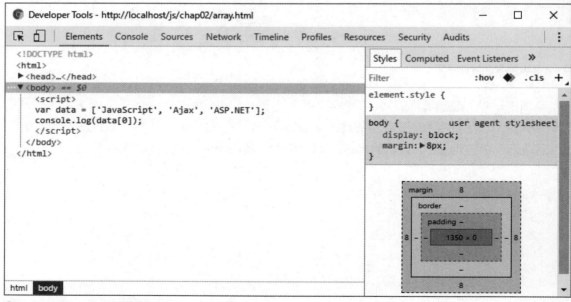

●Google Chrome的开发者工具

例如，以下是Google Chrome中开发者工具的菜单一览表。

菜单	概要
*Elements	确认HTML／CSS的状态
*Network	查看浏览器中发生的通信
*Sources	脚本的调试（断点的设置&变量的监视等）
Timeline	测量性能
Profiles	收集JavaScript中使用的CPU／内存等的信息
*Application	查看Cookie／本地存储等的内容
Audits	分析页面并显示优化提示的列表
*Console	控制台（查看变量信息、显示错误消息等）

●**Google Chrome开发者工具的菜单**

虽然配备了各种功能，但下文只针对在JavaScript开发中经常使用的项目（在表格中添加「＊」的菜单）进行解说。

另外，虽然下文的内容都是以Google Chrome为前提的，但其他浏览器的功能也大致类似。读者可以作为一般功能的理解来进行参考。

1.3.2 查看HTML／CSS的元素－[Elements]标签页－

[Elements]标签页可以以树的形式显示HTML的元素。和通常说的[查看网页源代码]不同，因为它能反映使用JavaScript动态操作后的结果，对于查看脚本的运行结果十分方便。

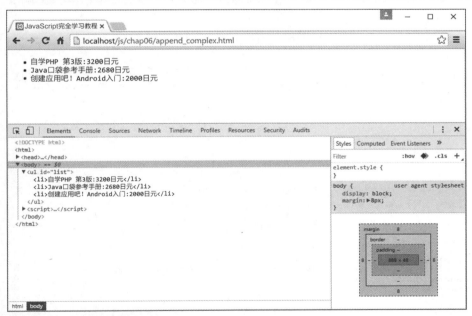

●**使用[Elements]标签页查看元素**

如果单击 ⛶（Select an element in the page to inspect it），通过选择页面的区域相应的元素，然后可以在右侧的[Styles]窗口中查看选中元素使用的样式。如果编辑元素和样式，浏览器中会实时反映结果，所以对于最终样式的调整来说十分方便。

1.3.3 跟踪通信状况 – [Network]标签页 –

通过使用[Network]标签页可以查看浏览器上发生的通信。特别是由Ajax（7.4节）产生的异步通信在外表上很难显现，所以很难发现问题。但是如果使用[Network]标签页，则可以很简单地确认是否执行了正确的请求、是否接收到想要的数据。

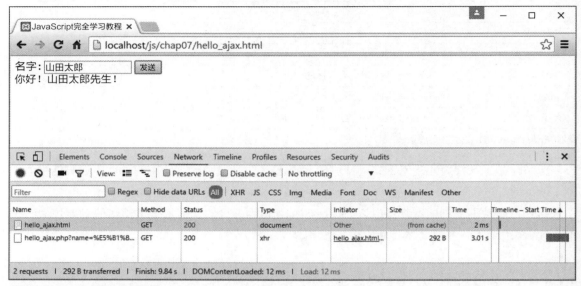

●使用[Network]标签页监视通信

右侧的Timeline中，也显示了下载所花费的时间，所以可以用来查找成为显示瓶颈的元素。

通信的详情可以通过双击各个项目来查看。在异步通信中可以查看Headers（请求／响应页眉）、Response（响应）等。

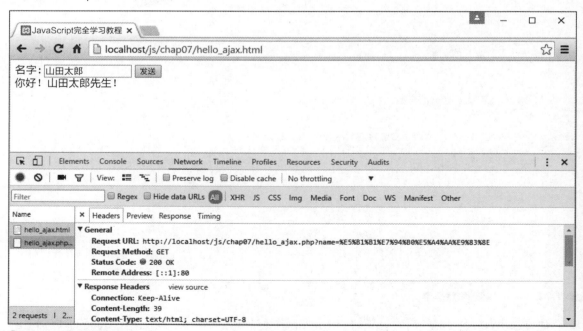

●[Network]标签页（详情）

1.3.4 调试脚本 −[Sources]标签页 −

在JavaScript开发中，最重要的是[Sources]标签页。在[Sources]标签页中，单击代码左侧的行号即可设置断点。断点是在运行中让脚本暂停的功能或者停止的点。调试的基础便是使用断点中断脚本并查看这个时间点的脚本状态。

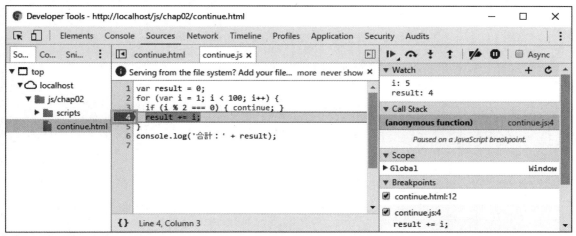

●使用[Sources]标签页设置断点

如果使用断点中断处理，像上图一样这一行代码被选中。此时，可以从右侧[Watch]窗口中查看这个时间点的变量状态。需要监视的变量／表达式可以使用 ➕（Add expression）添加。

使用下表中的某个按钮，可以以行为单位执行代码（这个称为单步执行）。通过单步执行，可以跟踪详细的流程，知道哪里发生了什么。

按钮	概要
↨	step in（以1行为单位执行）
↷	step over（以1行为单位执行。但是，有函数时执行这个函数并进入下一行）
↥	step out（执行到该函数的调用处）

●单步执行的按钮

要停止单步执行并返回到正常的运行可以单击 ▶ 按钮。

最近，为了节约下载时间，一般在响应时压缩JavaScript／CSS的代码（8.3.1节）。但是，压缩后的代码对人们来说难以阅读。

这种情况下通过单击[Sources]标签页下的 **{}**（Pretty print）按钮可以将代码格式化为带换行／缩进的易于阅读的代码。

```
1  var Member=function(a,b){this.firstName=a,this.lastName=b};Member.pr
```

```
1  var Member = function(a, b) {
2      this.firstName = a,
3      this.lastName = b
4  }
5  ;
6  Member.prototype.getName = function() {
7      return this.lastName + " " + this.firstName
8  }
9  ;
10 var men = new Member("祥宽", "山田");
11 console.log(mem.getName());
12
```

●格式化压缩的代码，使其成为易于阅读的形式

1.3.5 查看本地存储／cookie的内容 –［Application]标签页 –

[Application]标签页中，除了可以查看构成当前页面的文件，还可以查看本地存储（7.3节）／Cookie。可以从列表中添加、编辑或删除。

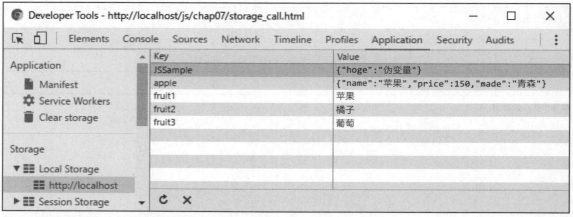

●以列表的形式显示Cookie／本地存储的内容

另外，[Application]标签页在Chrome51之前写作[Resources]标签，所以如果使用的是Chrome 51以前版本的话，请酌情阅读。

▍1.3.6 查看log／对象操作等的万能工具 − [Console]标签页 −

　　[Console]标签页和[Sources]标签页一样是JavaScript开发不可或缺的功能。[Console]标签页有2个作用。

○[Console]标签页

（1）查看错误信息和日志

　　第一个作用是查看错误信息和日志。运行示例时，希望任何时候都打开开发者工具。如果工具的右上角显示 （ xx Errors ）图标时，建议先在[Console]标签页中查看错误消息。

　　另外，使用console.log方法（7.2.1节）输出的日志信息也会显示在控制台中。即使不使用[Sources]标签页也能很方便地查看简单的变量。

（2）以交互方式运行代码

　　另外一个作用是在控制台中交互式地运行JavaScript代码。例如，可以像下图一样使用getElementById方法（6.2.1节）取出指定的元素。

○在控制台中运行JavaScript代码

| Column | 对JavaScript学习有帮助的网站 |

学习编程技术，不仅依靠书籍，也要利用网上公开的各种各样的信息。这里，介绍几个对JavaScript编程有用的网站。

1. Mozilla Developer Network（https://developer.mozilla.org/ja/JavaScript）

网罗了JavaScript基本的教程到个别对象的参考的网站。链接的网站是翻译的日语版，页面内容和英语版可能会有所差异。日语版可以作为简单的参考，但是推荐参考英语版。

2. jQuery参考手册（http://www.buildinsider.net/web/jqueryref）/ jQuery UI参考手册（http://www.buildinsider.net/web/jqueryuiref）/ jQuery Mobile参考手册（http://www.buildinsider.net/web/jquerymobileref）

整理了jQuery和具有代表性的jQuery库的jQuery／jQuery Mobile的参考的网站。整理了应对不同场景和目的的主要方法，所以可以在进行jQuery开发时灵活运用。

3. HTML快速参考手册（http://www.htmq.com/）

作为JavaScript开发的前提的标记语言HTML和样式表CSS，虽然都不是特别难，但是在开发时会有很多「这个标签，正确的用法是什么」「这问题该怎么处理?」等这样类似的疑问。在这里可以轻松地检索到参考信息。

4. ECMAScript 2015 Language Specification（http://www.ecma-international.org/ecma-262/6.0/）

JavaScript的标准规格ECMAScript的规格书。虽然内容有些难，但是将JavaScript粗略学习之后，阅读这样的原典可能是加深理解的契机。

5. HTML5 Experts.jp（https://html5experts.jp/）

以前端领域为中心，发布各种Web技术相关信息的网站。日本的专家代表们的文章，即使只是查看自己感兴趣的内容，也可能有有趣的发现。

Chapter 2

掌握基本的写法

2.1 JavaScript的基本语法

了解JavaScript的发展、历史和开发者工具后，从本章开始，终于可以实际来使用JavaScript的程序了。

理解基本的语法当然很重要，而自己动手更重要。请不要只是单纯地阅读解说，而是要自己输入代码并试着访问浏览器。通过这个过程，一定会有读书无法得到的各种发现。

2.1.1 使用JavaScript编写「Hello World!」

首先，使用JavaScript来创建十分基础的「Hello World!」应用吧。首先，使用不会产生误解的代码来了解基本的语法和运行方法。

（1）新建代码

使用编辑器创建新文档并输入以下清单中的代码。

◉清单2-01 **hello.html**

```html
<!DOCTYPE html>
<html>
<head>
<meta charset="UTF-8" />
<title>JavaScript完全学习教程</title>
</head>
<body>
<script type="text/javascript">           ←──────────────
// window.alert是使用对话框来显示指定字符串的语句。
                                                              ─── 脚本块
window.alert('你好、世界!');        ←─── 语句末尾是分号
</script>←
<noscript>抱歉，你的浏览器不支持JavaScript!。</noscript>  ←─── 无法使用JavaScript的情况
</body>
</html>
```

使用任何编辑器都没有问题。本书中使用的是免费的Visual Studio Code（https://www.visualstudio.com/ja-jp/products/code-vs.aspx），此外，还有Sublime Text（http://www.sublimetext.com）、Atom（https://atom.io）等。

当然，使用Windows自带的「记事本」也没有关系。重要的是使用自己最习惯的编辑器（或者是集成开发环境）就可以了。

（2）保存创建的代码

为创建的代码命名为hello.html并保存在任意的文件夹中。

●Visual Studio Code的主界面

本书中，以.html文件、.js文件和.css文件为首，在一系列的文件中都将字符编码统一为UTF-8。UTF-8可以很好地对应国际化，以HTML5为首，是在各种技术中所推荐的字符编码。

虽然也可以使用其他字符编码，但是特别是使用Ajax通信（7.4节）等和外部服务交互时，会造成意料之外的麻烦、乱码等。另外，对字符编码不是很了解时，强力推荐所有的文件都统一使用UTF-8。

如果是Visual Studio Code，在编辑器的右下角的状态栏中可以更改字符编码。

（3）从浏览器中确认运行状况

从文件管理器中双击hello.html。如果显示以下对话框，则表示代码正确运行了。

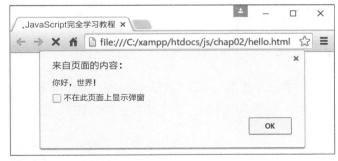

●hello.html的运行结果

如果对话框没有显示，那么请通过开发者工具查看错误。

●使用开发者工具显示错误

在控制台中，也显示了有问题的行数，所以请使用以下方法再查看一遍。

1. 有没有拼写错误（特别是<script>元素中的要特别注意）
2. 汉字（这里是「你好，世界」）以外的部分，是否都是使用的半角字符
3. 文件的字符编码是否有误

特别是第2条，因为分号、引号（'）、空格等难以区分全角或半角，请特别留意。

第一次的JavaScript代码有没有正确运行呢？之后，将讲解推进学习所需的最低限度的、基本的语法和规则。

2.1.2 将JavaScript嵌入HTML文件中 – <script>标签 –

<script>元素的功能，是将JavaScript代码嵌入HTML文件中。

◉写法 **<script>元素**

```
<script type="text/javascript">
JavaScript代码
</script>
```

type属性表示脚本的种类。一般不会设为「text/javascript」以外的内容。在HTML5中，「text/javascript」是默认值，所以也可以省略。

这里，使用「window.alert」语句用对话框显示指定的字符串。是要输出简单的文本时使用的，今后也会经常用到该语句。

■ 放置<script>元素的位置

放置<script>元素的位置大致可按以下几种进行分类。

（1）<body>元素下（任意的位置）

将<script>元素中的处理结果直接在页面中输出时使用。是以前常见的写法，但是内容和代码混合在一起，从页面的可读性和维护性的角度来看是不可行的。现在基本上不使用了，另外，除去部分例外的情况不应该使用。

（2）<body>元素下（</body>闭标签之前）

一般的浏览器，在脚本的读取或者执行完成之前是不进行绘制的。因此，读取或者执行时间较长的脚本，会直接导致页面绘制的延后。如果有巨大的脚本更是如此。

因此，常常将<script>元素放在页面的末尾作为页面快速化的手段。这样，在绘制完页面之后，可以慢慢地读取和执行脚本，所以看起来绘制的速度改善了。

一般，JavaScript处理通常是在页面都就绪了之后执行的，所以这样基本上没有什么弊端。

（3）<head>元素下

但是，也有（2）无法处理的情况。在JavaScript中，有「定义函数的<script>元素必须放在调用函数（Chapter 4）的<script>元素之前」这样的规则（即使函数的定义、调用在同一个<script>元素中）。例如在<body>元素下需要调用的函数，必须在<head>元素下事先读取。

另外，即使是从脚本中输出样式表这样的情况，也要在输出正文之前先放置<head>元素下的<script>元素。

首先以（2）为基础，只有遇到不能处理的情况时才使用（3），请理解其原因（本书也遵循这个规则）。再次说明一下，除了使用外部插件等情况外，不会有使用（1）的情况。如果要使用（1），首先请考虑使用其他的方法是否能处理。

◉ **<script>元素的放置位置**

另外，<script>元素在.html文件中放多少个都可以，因为作为页面来说最终会将所有的<script>元素合并为一个来解释。

■ 导入外部脚本

JavaScript代码可以作为外部文件另外定义。

◉写法 **<script>元素（外部文件化）**

```
<script type="text/javascript" src="path" [charset="encoding"]>
</script>
        path:脚本文件的路径
        encoding:脚本文件使用的字符编码
```

例如，之前的清单2-01，也可以像下面这样写。

◉ 清单2-02 **hello_ex.html**

```html
<!DOCTYPE html>
<html>
<head>
<meta charset="UTF-8" />
<title>JavaScript完全学习教程</title>
</head>
<body>
<script type="text/javascript" src="scripts/hello_ex.js"></script>
<noscript>无法使用JavaScript</noscript>
</body>
</html>
```

◉ 清单2-03 **hello_ex.js**

```javascript
// window.alert是使用对话框来显示指定字符串的语句。
window.alert('你好!世界!');
```

代码外部化，有以下优点。

· **通过分离视图和脚本，代码更易于复用**
· **通过脚本外部化，.html文件更简洁**

因为这些理由，在正式开发中，尽量使JavaScript代码外部化。但是，实际上也有代码非常短的情况，外部化反而会使代码冗长（说到底是麻烦）。这时，可以使用之前介绍的内联写法等，请根据情况区分使用。

Note　示例的启动文件

下一章节以后的示例，原则上JavaScript的代码都是外部化的。因为版面的原因，只登载示例的.js文件，启动文件是同名的.html文件。

.html文件以及所有的代码，请参照笔者的支持网站「服务器站点技术的校舍−WINGS」（http://www.wings.msn.to/）中可下载的示例。

■ 并用外部脚本和内联脚本时的注意点

并用外部脚本和内联脚本时，请注意不能像下面那样写。

```html
<script type="text/javascript" src="lib.js">
window.alert('你好、世界!');      // 被忽略
</script>
```

因为设定了src属性，<script>元素下的内容会被忽略。如果要并用外部脚本和内联脚本时，必须像下面一样将<script>元素放在别处。

```html
<script type="text/javascript" src="lib.js"></script>
<script type="text/javascript">
window.alert('你好、世界!');
</script>
```

■ 在JavaScript功能无效的环境中显示代替内容 – <noscript>元素 –

在浏览器中，也可禁用JavaScript功能。这时用来显示代替内容的，就是<noscript>元素。

按道理来说，页面开发者应该以即使在JavaScript无法运行的情况下也能阅读最低限度的内容为标准来设计页面的。但是，以页面的结构，没有办法不依赖JavaScript的情况，也可以显示消息用来提示请在JavaScript有效的基础上进行访问。或者，也可以显示代替页面的链接。

● 清单2-01在禁用了JavaScript的环境中的运行结果

例如，在Google Chrome 51环境中，要禁止JavaScript功能，单击 按钮（Google Chrome的设定）并在展开的面板中单击[设置]按钮。[设置]界面打开后单击[显示详细设置]链接，详细界面显示后，单击[隐私]栏的[内容设定]按钮。

然后显示[内容设定]对话框，选择[禁止在任何网站上运行JavaScript]单选按钮。

● [内容设定]对话框

■ 在锚标签中嵌入脚本 – JavaScript伪协议 –

除了使用<script>元素外，也可以在锚标签的href属性中以「JavaScript:~」的形式嵌入脚本。这样的写法称为JavaScript伪协议。

```
<a href="JavaScript:脚本代码">链接文本</a>
```

例如要实现「单击链接时打开对话框」，代码如下。

● 清单2-04　protocol.html

```
<a href="JavaScript:window.alert('你好，世界!');">
  显示对话框</a>
```

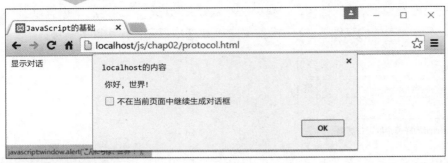

● 单击链接，显示对话框

　　虽然只是嵌入脚本的写法，但是很常用，所以请一开始就记住。

Note	嵌入脚本作为嵌入事件处理程序

　　此外，对于页面上特定的元素（按钮或者文本框、图片等），可以嵌入脚本作为事件处理程序。关于这点将在Chapter 6中介绍。

2.1.3　语句（Statement）的规则

　　JavaScript的代码一般由1个以上的语句（statement）构成。例如，清单2-03的例子「window.alert('你好，世界！');」就是1条语句。

　　语句有如下规则。

（1）句末添加分号（；）

　　虽然分号也可以省略，但是会造成语句的段落不明确，所以一般不建议省略句末分号。除非有特别的理由，否则不要省略分号。

```
window.alert('你好,世界!')  ←── 不会造成错误（但是，不推荐）
```

（2）语句中途也可以包含空格或者换行／制表符。

　　例如，下面是正确的JavaScript代码。

```
window.
  alert
    ('你好,世界!');
```

　　当然，这种情况添加换行只会让代码变得冗长而没有实际意义。但是，如果是稍微长一点的语句在合适的地方换行，可以使代码更易读。

　　在语句中可以换行的位置只能在有含义的单词（关键字）或者符号后面。例如，下面的代码在window这个单词的中间换行了，所以会报错。

```
win
dow.alert('你好,世界!');
```

另外，根据不同的上下文换行可能会发生问题。关于这一点请参照4.2.1节内容。

（3）严格区分大写／小写

JavaScript的语句可以相当灵活地书写，但有一点需要特别注意，那就是严格区分大写／小写。例如，下面的代码是不可以的。

```
window.Alert('你好,世界!');
```

因为「alert」和「Alert」被视为不同的语句。「脚本是正确的但搞错了大写／小写而报错」等，是经常犯的错误之一，所以输写代码时一定要注意大小写。

■ 补充：多条语句也可以写在一行（不推荐）

分号表示语句的结束，意味着在同一行也可以包含多条语句。例如下面的语句也是正确的JavaScript代码。

```
window.alert('你好,世界!');window.alert('Hello, World !');
```

但是，不应该采用这样的写法。因为根据调试器等代码的追踪会更困难。以浏览器附带的开发者工具为首，一般的调试器具备以行为单位执行的单步执行功能。可是，如果一行包含多条语句，工具是不能以语句为单位追踪代码的。不论语句长短，「1行中只写1条语句」是铁则。

▍2.1.4　插入注释

注释，正如其名称，是和脚本的动作没有关系的备注信息。

即使是自己写的代码，经过一段时间也可能不记得写的是什么了。更不用说要阅读其他人写的代码，多数情况会十分麻烦。但是，在代码的关键地方写下注释，说明这段代码是做什么的、是什么目的等，便会更简单地把握概要。特别是以长期维护为前提的应用，必须要写注释。

JavaScript中，有3种添加注释的写法。

写法	概要
// comment	单行注释。从「//」开始到行末都被视为注释
/* comment */	多行注释。「/*~*/」包围的代码块被视为注释
/** comment */	文档注释。「/**~*/」包围的代码块被视为注释

●JavaScript注释的写法

文档注释是稍微有点特殊的注释，所以在8.2.1节中详细介绍。以下的例子是使用其他两种注释的写法。

◉清单2-05 **comment.html**

```
// 这是注释。
/* 跨越多行
   的注释。*/
```

另外，注释也可以用于使特定的语句无效。例如，以下的语句被视为注释，不会被执行。

```
// window.alert('你好,世界!');
/*
window.alert('你好,世界!');
*/
```

像这样，将语句注释化（无效化）称为Comment out，去掉注释使代码再次有效称为Comment in。在调试代码时是很有效的方法，所以请务必牢记注释的使用方法。

■ 是单行注释还是多行注释

当然，连用「//」也可以注释多行，「/*~*/」也可以注释单行。

◉清单2-06 **comment.html**

```
// Comment out掉
// 多行
/* Comment out单行也没有关系。*/
```

那么，应该优先使用哪种注释呢?

原则上应该优先使用单行注释「//」。因为/*~*/性质的关系，不能有子注释。已经包含了/*~*/的代码再次使用/*~*/时，会有语法错误。

原本表示多行注释结束的「*/」，可能会在正表达式（3.5.1节）中起作用。例如，下面的代码绿色的部分被视为是注释结束了（当然，这并不是我们想要的结果）。

```
/*
var result = str.match(/[0-9]*/);
*/
```

现在不理解代码的含义也没有关系，这里只要先记住「注释优先使用「//」」。

2.2 变量／常量

变量，用一句话概括就是「数据的容器」。如果将脚本看作是为了得到最终解答的一系列「数据的处理」，那么变量的职责就是「在处理过程中用来暂时保存数据」。

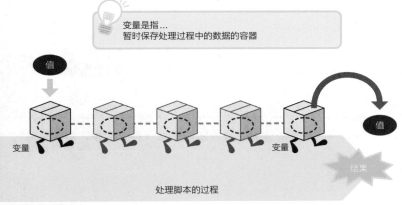

变量是指…
暂时保存处理过程中的数据的容器

值

变量

变量

值

结果

处理脚本的过程

◉ 变量是「数据的容器」

2.2.1 声明变量

要使用变量，首先需要声明变量。变量的声明是指将变量的名字在JavaScript中注册并且确保内存中存储值的空间。要声明变量，可以使用var命令。

◉ 写法 **var命令**

```
var 变量名 [= 初始值] ,...
```

例如，下面是声明名为msg的变量。

```
var msg;
```

如果声明多个变量，代码如下。

```
var x;
var y;
```

可以使用1个var命令声明多个变量，代码如下。

```
var x, y;
```

这样要使用逗号分隔多个变量来声明。

另外，声明时也可以设定初始值。

```
var msg = '你好，JavaScript! ';
var x = 10;
```

在后面的章节会介绍到，「＝」是表示「将右边的值存储到左边的变量中」的命令（运算符）。这里，是分别将「你好，JavaScript!」这个字符串设定到变量msg中，将10这个整数值设定到变量x中。

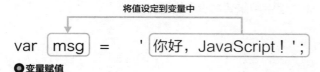

●变量赋值

没有设定初始值时，JavaScript则给变量分配未定义（undefined）这个特殊的值。

Note 变量的声明是任意的吗？

严格来说，JavaScript中变量的声明不是必须的。是因为即使没有声明变量，首次赋值时JavaScript也会隐式声明变量（=确保空间）。

所以，下面的代码在语法上并没有错误。

◉清单2-07 **msg.js**

```
msg = '你好,JavaScript!';
console.log(msg);         // 结果:你好,JavaScript!
```

这里通过「＝」运算符，在变量msg中设定了「你好，JavaScript!」这个字符串。但是，存储值的时候变量msg还没有声明，所以JavaScript隐式地声明了变量。

但是，原则上不应该省略声明，这一点在4.3.2节中说明。所以首先记住「JavaScript的变量使用var语句声明」。

■ **另一个声明变量的写法 – let命令 –** ES2015

在ES2015中，新增了let命令作为声明变量的命令。let命令的使用方法和var命令相同。

◉清单2-08 **let.js**

```
// 基本的声明
let msg;
// 声明多个变量
let x, y;
// 设定初始值
let greeting = '你好,世界!';
```

从代码来看，只是将var替换为了let。那么，var和let命令有什么不同呢？

（1）不允许重复的变量

let命令不允许有同名的变量。因此，下面的代码发生了「Identifier 'msg' has already been declared」（变量msg已经被声明过了）这样的错误。

```
let msg = '呼呼';
let msg = '嗯啊';
```

因为var命令允许有同名变量，所以以下代码可以正确运行（后面「嗯啊」覆盖「呼呼」）。

```
var msg = '呼呼';
var msg = '嗯啊';
```

（2）支持块级作用域

关于这个特性，将在理解了4.3.5节中的作用域之后重新解说。现在只要理解「let命令能更细致地管理变量的有效范围」。

因为let命令具有以上特性，所以在ES2015的环境中，推荐优先使用let命令。

因为本书优先兼容以前的环境，所以除了ES2015对应的代码外，使用var命令来声明变量。

2.2.2 标识符的命名规则

标识符是指给构成脚本的元素起的名字。除了变量，之后介绍的函数和方法、标签、类等，为了能够被识别都具有某个名字。

在JavaScript中，这个名字可以比较自由地命名，但是要遵循以下4条命名规则。

No.	规则	好的例子	坏的例子
1	第1个字符为英文字母、下划线（_）或美元符号（$）中的任意一个	_name、$msg	1x
2	第2个字符之后为第1个字符可以使用的字符或者是任意的数字	msg1、_name0	c@c、name-0
3	区分变量名中英文字母的大写／小写	name、Name	–
4	不是JavaScript中有含义的保留字	tiff、forth	for、if

JavaScript中的保留字如下。

break	case	catch	class	const	continue	debugger
default	delete	do	else	export	extends	finally
for	function	if	import	implements*	in	instanceof
interface*	new	package*	private*	protected*	public*	return
super	switch	this	throw	try	typeof	var
void	while	with	yield			

●**JavaScript的保留字**（*是仅在Strict模式下）

另外，对于以下内容，应该避免作为标识符使用。

· 将来可能作为保留字的关键字（enum、await等）
· JavaScript中已经定义了的对象或者其成员名（String、eval等）

使用这些作为标识符虽然不会出错，但原本定义的功能会不能使用。

■ 为了使代码更易读

虽然不是命名规则，但从「书写更易读的代码」的角度来看，最好注意以下几点。

No.	注意点	好的例子	坏的例子
1	从名字容易推理到数据的内容	name、title	x1、y1
2	不过长，也不过短	keyword	kw、keyword_for_site_search
3	看起来不容易混淆	–	usr／user、name／Name
4	首字母的「_」有特殊含义时不使用	name	_name
5	使用事先决定的统一命名	–	lastName、first_name、MiddleName
6	基本使用英语单词	name、weather	namae、tenki

◉命名的注意点

No.5中提到的写法，有以下几种情况。

写法	概要	例子
camelCase写法	开头单词的首字母小写，之后的单词的首字母大写	lastName
Pascal写法	所有单词的首字母都是大写	LastName
下划线写法	单词间使用「_」连接	last_name、LAST_NAME

◉标识符的主要写法

标识符一般按照以下规则区分使用。

· **变量／函数名　camelCase写法**
· **常量名　下划线写法**
· **类（构造函数）名　Pascal写法**

不过，No.1～No.6的注意点根据上下文也会有不同的情况。例如，像for语句中使用的计数变量（后述），为了方便，一般命名为「i」「j」这样尽量短的名字。另外，考虑到调用的便利性，也有使用「$」这样的名字作为频繁调用的函数名称的情况。

不考虑这些例外的情况，先把以上介绍的注意点作为基准并使用。

▌2.2.3 声明常量 `ES2015`

和之前介绍的一样，变量是「数据的容器」。因为是容器，所以在脚本运行过程中可以替换内容。另一方面，容器和内容是一组的，并且在中途不能改变内容的，称之为常量。常量是指事先给代码中出现的有含义的值命名的结构。要理解常量的含义，首先查看不使用常量的例子。

```
var price = 100;
console.log(price * 1.08);    // 结果:108
```

这是计算某件商品的（不含税）价格price加上8%的消费税后的价格的例子。但是，像这样的代码中存在以下几个问题。

（1）仅仅是数字不能表现其含义

首先是1.08，这是任何人都无法理解的数字。

在本例中，还是比较容易推理出来的，但是在更复杂的表达式中1.08是表示服务费率、还是表示涨价率、还是表示完全没有想到的其他某个东西呢，想要没有误解地传达其含义是很困难的。

一般来说，单纯的数字（字面量）对自己以外的人来说是没有含义的，也是神秘的值。这样的值称之为幻数。

（2）同样的值分散在代码各处

将来，消费税可能变更为10%、12%…那么在代码中各处散落着1.08这样字面量的话，该怎么办呢。必须要逐个检索并修改这些字面量，这不仅麻烦，而且会因为修改遗漏而导致错误。

因此，将1.08这样的值像清单2-09中那样改写为常量。

◉清单2-09 **const.js**

```
const TAX = 1.08;
var price = 100;
console.log(price * TAX);        // 结果: 108
```

要声明常量，只需要使用const命令来代替var或let命令就可以了。这里，对常量TAX分配了1.08这个数字字面量。

◉写法 **const命令**

```
const 常量名 = 值
```

常量的命名规则基本遵循变量的命名规则，但是为了更容易识别出是常量，通常全部使用大写字母并且用下划线来分隔单词。例如像CONSUMPTION_TAX、USER_NAME这样。

清单2-09中，通过使用常量，值的含义更明确了，增加了代码的可读性。另外，即使之后要修改TAX的值，也只需要修改清单中的粗体字就可以了，可以有效防止修改遗漏。

Note	**其实，const命令以前就可以使用了**

const命令其实在ES2015之前也能使用。但是，毕竟只是部分浏览器的扩展规格，所以并不能在所有的浏览器中使用。ES2015使其标准化,终于在JavaScript中正式使用常量的情况中也增加了该命令。

2.3 数据类型

数据类型是指数据的种类。在JavaScript中，「xyz」这样的字符串、「1、2、3」这样的数字、true（真）/false（假）这样的逻辑值等，是在脚本中处理的各种各样的数据。

在编程语言中，有强调数据类型的语言，也有不怎么强调数据类型的。

例如，Java和C#这样的语言就属于前者，用于存储数字的变量不允许存储字符串。在这些语言中，变量和数据类型总是一组的。

JavaScript是属于后者的语言，所以关于数据类型是很宽容的（弱类型）。在最初是存储字符串的变量中存储数字也没有关系，反之也可以。变量（容器）会根据传入的值来改变类型和大小。因此，在JavaScript中，以下的代码可以正确执行。

```
var x = '你好、JavaScript! ';
x = 100;
```

因此，开发者并不需要特别注意数据类型，但是也不是完全不需要留意数据类型的。如果是进行严密的计算或者比较时，还是需要注意一下数据类型的。

2.3.1 JavaScript的主要数据类型

首先，介绍JavaScript中可以处理的主要数据类型。

分类	数据类型	概要
基本类型	数字类型（number）	$\pm 4.94065645841246544 \times 10^{-324} \sim \pm 1.79769313486231570 \times 10^{308}$
	字符串类型（string）	单引号／双引号包住的0个以上的字符的合集
	布尔型（boolean）	true（真）／false（假）
	symbol类型（symbol）ES2015	表示symbol（参考3.2.3节）
	特殊类型（null／undefined）	表示值为空、未定义
引用类型	数组（array）	数据的集合（可以通过索引访问各个元素）
	对象（object）	数据的集合（可以使用名字访问各个元素）
	函数（function）	一系列的处理（过程）的集合（参考Chapter 4）

● JavaScript中可以使用的数据类型

JavaScript的数据类型大致可以分为基本类型和引用类型两种。两者的区别是「将值存储在变量中的方法」。首先，基本类型的变量中，值本身是直接被存储的。与此相对的是，引用类型的变量，存储的是值的参照值（实际存储值的内存的地址）。

 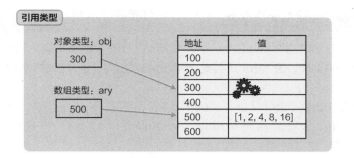

●基本类型和引用类型

根据这样的差异，实际上脚本的动作也会产生各种各样的差异，但这里我们就不对此深入介绍了。详细的说明会在各自相关的内容中重新解说，这里只要记住「基本类型和引用类型的不同在于数据的处理方法」。

2.3.2 字面量

字面量是指数据类型中可以存储的值本身，或者是值的表示方法。在本节中，针对各个类型的字面量的表示方法进行说明。

■ 数字字面量（number）

数字字面量，可以进一步分为整数字面量和浮点字面量。

●数字字面量的分类

日常使用的整数是10进制数字面量。要使用2进制数、8进制数、16进制数来表示时，需要在字面量的左侧添加「0b」（零和b）、「0o」（零和o）、「0x」（零和x）。2进制数中可以使用0～1的值、8进制数中可以使用0～7的值、16进制数中不仅可以使用0～9的值，还能使用A（a）～F（f）的英文字母。如果设定范围之外的值则会发生「Invalid or unexpected token」（错误的字符）这样的错误，需要特别注意。

10进制数	0 1 2 3 4 5 6 7 8 9
2进制数	0b ~ 0 1
8进制数	0o ~ 0 1 2 3 4 5 6 7
16进制数	0x ~ 0 1 2 3 4 5 6 7 8 9 / A B C D E F

●整数字面量

43

> **Note** **8进制数字面量的注意点**
>
> 　　即使在ES2015之前的JavaScript中像「0666」（在左侧添加零）这样，也可以表示8进制数。但是，这不是标准功能，因为根据现实支持情况也各不相同，所以不应该使用。要表示8进制数，请使用ES2015的「0o～」。
>
> 　　并且字面量前缀的「0b」「0o」「0x」不区分大小写，所以分别写作「0B」「0O」「0X」也是正确的。但是，因为大写的O和数字0难以区分，所以像「0o」这样，一般推荐使用小写字母来表示。

　　浮点字面量，不仅可以表示通常的小数点数，也可以表示指数。例如，「3.14e5」表示「3.14×10^5」、「1.02e-8」表示「1.02×10^{-8}」。表示指数的「e」使用大写小写都可以。

　　正如上文所描述的那样，数字字面量有各种各样的表示方法，但本质上这些差异只是外表不同而已。对于JavaScript来说，「0b10010」（2进制数）、「0o22」（8进制数）、「0x12」（16进制数）、「1.8e1」（指数）都是10进制数的18。具体选择哪种写法，应该根据当时的易读性来决定。

■ 字符串字面量（string）

　　字符串字面量需要使用单引号（'）或者双引号（"）包住。例如，下面的写法都是正确的字符串字面量。

```
'你好、JavaScript！'
"你好、JavaScript！"
```

　　使用单引号和双引号中的任一个，只要是前后对应的关系就可以了，并不需要特别在意使用哪个。字符串中包含单引号或双引号时，分别使用字符串中不包含的引号括起来即可。

```
×  'He's Hero!!'  ←── 因为字符串中包含单引号所以不正确
○  "He's Hero!!"  ←── 虽然字符串中包含单引号，但是使用双引号括起来的，所以正确
```

　　另外在字符串字面量中，具有特殊含义的字符（从键盘上无法直接打出的字符等）可以使用「\+字符」的形式来表示，这样的字符称为转义序列。JavaScript中可以使用的转义序列如下。

文字	概要
\b	退格
\f	分页
\n	换行（LF：Line Feed）
\r	回车（CR：Carriage Return）
\t	制表符
\\	反斜杠
\'	单引号
\"	双引号
\x*XX*	Latin-1字符（XX是16进制数）。例如：\x61（a）
\u*XXXX*	Unicode字符（XXXX是16进制数）。例如：\u005c（\）
\u{*XXXXX*} `ES2015`	超过0xffff（4位的16进制数）的Unicode字符。例如\u{20BB7}（𠮷）

●主要的转义序列

和之前介绍的一样，虽然使用单引号括住的字符串中不能包含单引号，但是像下面使用转义序列的话就可以。

```
console.log('He\'s Hero!!');
```

通过上述的写法，JavaScript将「\」（不是字符串的终止符）识别为单纯的「'」。像这样，把「将某个上下文中具有含义的字符基于某个规则使其无效化」称为转义。

相同地，要转义双引号时写作「\"」。

另外，字符串中包含换行符时，写作如下。

◉清单2-10 **escape.js**

```
window.alert('你好、JavaScript! \n努力学习吧。');
```

```
Localhost的内容:

你好、JavaScript!

加油学习吧。

☐ 不在当前页面继续生成对话框

                                          OK
```

◉**对话框中的字符串换行了**

■ **模版字符串** `ES2015`

通过使用模版字符串（Template Strings），可以实现如下字符串的表示。

· **将变量嵌入字符串中**
· **跨多行（=包含换行符）的字符串**

在模版字符串中，使用「`」（反引号）来代替单引号和双引号括住字符串。下面通过例子演示模版字符串。

◉清单2-11 **template.js**

```
let name = '铃木';
let str = `你好, ${name}先生。
今天也是好天气呢! `;
console.log(str);
```

```
你好，铃木先生。
今天也是好天气呢!
```

首先，原本在「'」「"」中必须使用「/n」转义序列才能表现的换行符，在模版字符串中可以直接表示。

而且，使用${...}的形式可以将变量嵌入字符串中。在这个例子中，使用${name}嵌入了变量name。如果是ES2015之前，则只能使用「＋」运算符（2.4.1节）来连接变量和字面量，而现在，代码则简化了很多。

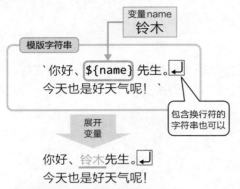

●将变量嵌入模版字符串中

■ 数组字面量

数组主要是指数据的集合。

目前为止处理的变量都是一个变量（容器）具有一个值，与此相对的，在数组中一个变量可以存储多个值。大概可以认为是「有隔断的容器」，每个隔断中存储的值称之为元素。

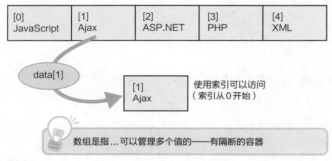

●数组

数组字面量可以使用中括号来括住并以逗号分隔各个值的形式来表示，如下所示。

```
['JavaScript', 'Ajax', 'ASP.NET']
```

在数组字面量中，把索引作为key，可以使用「数组名[索引]」的形式访问。数组中，从开头元素开始依次分配索引0、1、2…

下面，查看具体使用数组的例子吧。

◉清单2-12 **array.js**

```
var data = ['JavaScript', 'Ajax', 'ASP.NET'];
console.log(data[0]);   // 结果：JavaScript（获取第一个元素）
```

在数组中，也可以将数组作为其元素。

◉清单2-13 **array2.js**

```
var data = ['JavaScript', ['jQuery', 'prototype.js'], 'ASP.NET'];
console.log(data[1][0]);          // 结果：jQuery（获取第二个元素中的第一个元素）
```

可以使用如下的形式来访问作为子元素的数组中的元素。

数组名[索引][索引]

以此类推，子元素的子元素为数组时，可以使用如下形式访问。

数组名[索引][索引][索引]

■ 对象字面量

对象是指将名字作为key可以访问的数组，也称为哈希，关联数组。

通常的数组只有索引能作为key，与之不同，在对象中，可以将字符串作为key来访问。所以数据的辨识性（可读性）高是对象的特点。

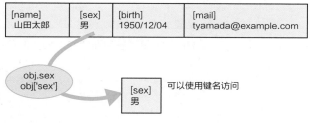

变量obj

| [name]
山田太郎 | [sex]
男 | [birth]
1950/12/04 | [mail]
tyamada@example.com |

obj.sex
obj['sex']

[sex]
男   可以使用键名访问

 对象是指...各个元素可以使用key来访问的数组（也称为关联数组、哈希）

◉对象

> | Note | **关联数组和对象是同一个东西** |
>
> 在JavaScript中，关联数组和对象是同一个东西。对于学过其他语言的人来说或许会感到有些违和感，但是在JavaScript中，「关联数组」和「对象」只是偶尔根据用法或者上下文来区分。

数组内的各个元素称为「元素」，而对象中的各个数据称为属性。属性中，不仅可以存储字符串和数字等信息，还可以存储函数（过程）。

存储函数的属性，称为方法。对于这些属性／方法会在Chapter 3中重新介绍，这里只要先记住这些词汇就可以了。

对象字面量的写法、访问方法和通常的数组都不相同。

◉清单2-14 **object.js**

```
var obj = { x:1, y:2, z:3 };
console.log(obj.x);     // 结果：1
console.log(obj['x']); // 结果：1
```

对象字面量的写法如下。需要注意的是括住字面量整体的不是中括号而是大括号。

```
{键名:值,键名:值,...}
```

要访问对象字面量的各个属性，有根据点运算符的方法和中括号这两种方法。

```
对象名·属性名      ←── 点运算符
对象名['属性名']←── 中括号
```

从下面例子中理解两种访问对象字面量方法的差异。

```
× obj.123
○ obj['123']
```

在点运算符中，属性名被视为标识符，所以不能使用不遵循标识符命名规则的名称，如「123」。但是，在中括号方法中，属性名只是作为字符串来指定，所以没有这样的限制。

对象字面量（关联数组），是可以用于各种各样的用途中的强大的数据类型。首先，需要掌握其最基础的写法。

Note **专用的关联数组**

在ES2015中，增加了专门处理关联数组的Map。具体的用法和对象字面量的差异，请参考3.3节相关内容。

■ 函数字面量（function）

函数是指「根据传递某个输入值（参数）执行事先定好的处理流程并返回结果（返回值）的结构」。也可以称为「具有输入输出窗口的处理块」。

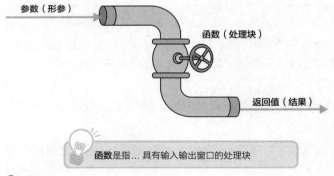

参数（形参）

函数（处理块）

返回值（结果）

函数是指... 具有输入输出窗口的处理块

●函数

在JavaScript中，像这样的函数也是作为数据类型的一种来处理的，是JavaScript的特征之一。因为函数和函数字面量很复杂，所以在Chapter 4中再详细介绍。

■ 未定义值（undefined）

未定义值（undefined）是用来表示某个变量的值没有被定义，会在以下情况返回。

- **某个变量被声明了但是没有赋值**
- **参照未定义的属性**
- **函数（4.1.1节）中没有返回值**

来看下具体的代码吧。

◉清单2-15 **undefined.js**

```
var x;
var obj = { a:12345 };
console.log(x);          // 结果：undefined（没有设定值）
console.log(obj.b);      // 结果：undefined（不存在该属性）
```

■ 空（null）

JavaScript中还提供了null（空），用来表示没有相应的值。乍一看很难区分和undefined的区别，undefined是用来表示「还没有定义——还没有定义要参照的对象」这样的状态，null是用来表示「空」这个状态。

例如，假设有用来显示字符串的print函数，这个函数只是用来显示字符串的，没有返回结果（值），所以其返回值就是undefined（未定义）。

另一方面，假设有从页面获取锚标签的getAnchor函数。这时，如果没有找到锚标签，应该返回什么呢？返回undefined（未定义）显得不自然。因此，想要有意地表达「没有相应的值（=空）」，应该返回null。

例如，实际开发应用时，会有很多难以区分undefined和null的情况。如果要特意表示空则使用null，否则使用undefined，这里我们先大致这样理解二者的区别。

2.4 运算符

运算符（Operator）是指对传递过来的变量或字面量执行特定处理的符号。例如，目前为止出现的「＝」、「，」和「－」等都是运算符。另外，被运算符处理的变量或字面量称为运算数（Operand）。

```
              Operator（运算符）

x = a + b;

              Operand（运算对象的变量/字面量）
```

2.4.1 算术运算符

执行标准的四则运算、数学运算是算术运算符的职责，也称为代数运算符。

运算符	概要	例子
+	加法	3 + 5 // 8
−	减法	10 − 7 // 3
*	乘法	3 * 5 // 15
/	除法	10 / 5 // 2
%	求余	10 % 4 // 2
++	前置递增	x = 3; a = ++x; // a是4
++	后置递增	x = 3; a = x++; // a是3
−−	前置递减	x = 3; a = −−x; // a是2
−−	后置递减	x = 3; a = x−−; // a是3

●**主要的算术运算符**

算术运算符看上去很容易理解，基本上凭感觉就能使用了，但使用时还需要注意以下几点。

■ 加法（＋）

加法运算符（＋）的动作，根据运算数数据类型的不同而有所差异，需要特别注意。具体请查看下面的示例。

●清单2-16 **plus.js**

```
console.log(10 + 1);   // 结果：11        ← ❶
console.log('10' + 1); // 结果：101       ← ❷
var today = new Date();                   ←
console.log(1234 + today); // 结果：1234Wed May 18 2016 17:35:18 GMT+0900（东京(标准时间)）← ❸
```

在❶中，运算数双方都是数字，所以只是单纯地执行加法运算。

那么在❷中，运算数中的一方是字符串会怎么样呢？是字符串会转换为数字，得到和❶中一样的结果吗？不是的，这时，「+」运算符被视为字符串连接运算符，返回101这样的结果。

❸和❷处理方法是一样的，运算数中的一方（或双方）是对象时也是一样的。这时，对象转换为字符串的形式（转换为怎样的形式，根据对象的不同而不同）并连接为字符串。关于对象，会在Chapter 3中详细介绍。

■ 递增运算符（++）和递减运算符（−−）

递增／递减运算符，对运算数做加法／减法。下面的写法都是等价的。

```
x++ ⟺ x = x + 1
x-- ⟺ x = x - 1
```

但是，当使用递增／递减运算符计算得到的结果赋值给其他变量时需要注意。通过下面的清单理解注意点。

◉清单2-17 increment.js

```
var x = 3;
var y = x++;
console.log(x);// 结果：4     ❶
console.log(y);// 结果：3

var x = 3;
var y = ++x;
console.log(x);// 结果：4     ❷
console.log(y);// 结果：4
```

像这样，将递增／递减运算符放在运算数的前面或者后面，其结果是不同的。

在❶中，将变量x赋值给y之后，对变量x进行递增。

而在❷中，变量x递增之后，将其结果赋值给y。如果不理解这个差异的话就会产生意料之外的结果。

顺便提一下，将递增／递减运算符放置在运算数的前方称为前置运算（Pre Increment／Pre Decrement），放置在后方称为后置运算（Post Increment／Post Decrement）。

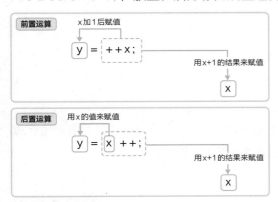

◉前置运算／后置运算

■ 特别注意包含小数点的计算

下面，是常见的小数计算，但是没有得到正确结果的例子。

◉清单2-18 float.js

```
console.log(0.2 * 3);  // 结果: 0.6000000000000001
```

这个是由于JavaScript内部将数字以2进制数（不是10进制数）进行计算而产生的误差。即使是使用10进制数来表示很普通的0.2这个值，但在2进制数的世界中是0.00110011...这样的无限循环的小数。虽然这个误差非常小，但是经过计算，便会像上面那样得不到正确的结果。

同样的，下面的等式在JavaScript中为假（false）（「===」是用来判断左边是否等于右边的运算符）。

```
console.log(0.2 * 3 === 0.6);  // 结果: false
```

在包含小数点的计算中如果不需要得到精确的结果，或者是进行值的比较时，可以按如下方法进行操作。

1.先暂时将值转换为整数之后再计算
2.将1.的结果再转为小数

例如，清单2-18的例子可以按如下操作得到正确的结果。

```
console.log(((0.2 * 10) * 3) / 10);   // 结果: 0.6
```

当比较两个数时也是相同的。

```
console.log((0.2 * 10) * 3 === 0.6 * 10);   // 结果: true
```

将值乘以多少由有效的小数位数决定。例如，0.2351这个小数要精确到小数点以后2位，那么可以如下操作。

1.乘以100变为23.51再进行计算
2.将最后结果的小数部分四舍五入
3.将2.的结果除以100，再次变为小数

2.4.2 赋值运算符

用来给指定的变量设定值（赋值）的运算符。上面讲到的「=」运算符就是典型的赋值运算符。其中也包含了将算术运算符和位运算符进行联动的复合赋值运算符。

运算符	概要	例子
=	给变量等赋值	x = 1
+=	左边的值加上右边的值，并把结果赋给变量	x=3; x += 2 // 5
−=	左边的值减去右边的值，并把结果赋给变量	x=3; x −= 2 // 1
*=	左边的值乘以右边的值，并把结果赋给变量	x=3; x *= 2 // 6
/=	左边的值除去右边的值，并把结果赋给变量	x=3; x /= 2 // 1.5
%=	左边的值对右边的值求余，并把结果赋给变量	x=3; x % = 2 // 1
&=	左边的值和右边的值执行逻辑与运算，并把结果赋给变量	x=10; x &= 5 // 0
|=	左边的值和右边的值执行逻辑或运算，并把结果赋给变量	x=10; x |= 5 // 15
^=	左边的值和右边的值执行逻辑异或运算，并把结果赋给变量	x=10; x ^= 5 // 15
<<=	使变量向左移动指定位数（右边值相应位）的比特位，然后把结果赋给该变量	x=10; x <<= 1 // 20
>>=	使变量向右移动指定位数（右边值相应位）的比特位，然后把结果赋给该变量	x=10; x >>= 1 // 5
>>>=	使变量向右移动指定位数（右边值相应位）的比特位，然后把结果赋给该变量	x=10; x >>>= 2 // 2

●**主要的赋值运算符**

　　复合赋值运算符是指「将左边和右边的值进行计算并把结果赋给左边」的运算符。也就是说等价于下面的代码（●表示可以作为复合运算符使用的任意的算术运算符或位运算符）。

```
x ●= y ⟺ x = x ● y
```

　　想要「对变量自身执行计算，然后把结果赋给该变量」时，通过使用复合赋值运算符，可以使表达式更简洁。各个算术运算符或位运算符的含义，请参考相应的内容。

■ 基本类型和引用类型在赋值时的差异 −「＝」运算符 −

　　正如在2.3节中介绍的，JavaScript中的数据类型大致分为基本类型和引用类型，两者的处理也有各种差异，其中之一就是赋值。来看下具体的示例代码吧。

◎清单2-19 **equal.js**

```
var x = 1;
var y = x;
x = 2;
console.log(y);          // 结果：1  ⟵ ❶

var data1 = [0, 1, 2];  // 声明数组字面量
var data2 = data1;
data1[0] = 5;
console.log(data2);      // 结果：[5, 1, 2]  ⟵ ❷
```

　　❶的结果很容易理解。因为基本类型的值直接存储在变量中，所以将变量x的值传递给y时，也复制了这个值（这样的传递值的方式称为值传递）。也就是说即使原来的变量x的值改变了也不影响复制的变量y。

　　引用类型的情况则稍微有点复杂（❷）。作为引用类型的示例，将数组字面量赋给变量data1。但是，引用类型的变量存储的是存储值的地址（不是值本身）。也就是说「data2 = data1」只是将变量data1中存储的地址赋给变量data2。这样的传递值的方式称为引用传递。也就是说这时变量data1和data2双方都是指向同样的值，data1的变更也同样会影响data2。

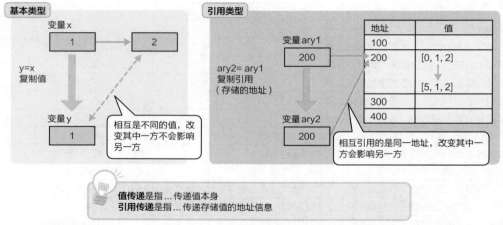

值传递是指...传递值本身
引用传递是指...传递存储值的地址信息

● 值传递和引用传递

虽然JavaScript是一种不是特别强调数据类型的语言，但上述内容就是「不能完全不知道」的理由之一。

Note	变量的真面目

存储值，正确地来说是计算机上内存的职责。内存中分配了表示各个地方的序号（地址）。但是，如果脚本使用没有含义的序号，看起来会很难理解，还会造成输入错误，因此给地址起人们容易理解的名字——这就是变量。

变量也可以称为「给值的存储处（地址）添加的名牌」。

▓ 常量「不能再赋值」

关于2.2.3节中介绍的常量。

「常量」这个词从字面上很容易让人产生误解，常量的制约只是指「不能再赋值」，而未必是「不能改变（＝只读）」的意思。

这里，又一次需要了解基本类型和引用类型的差异。

首先介绍基本类型。不能再次给变量的值赋值是指这个值保持原样不能改变。通过以下代码理解基本类型的常量吧。

```
const TAX = 1.08;
TAX = 1.1;        // 错误
```

可是，引用类型则不一样了。比如，下面的代码中的❶❷都会出错吗？

```
const data = [ 1, 2, 3 ];
data = [ 4, 5, 6 ];   ← ❶
data[1] = 10;   ← ❷
```

从常量的字面意思来看，认为❶❷应该都出错，但实际并非如此。虽然❶出错了，但❷还是正常运行的。

这就是「不能再赋值」的意思。

首先，因为❶是用数组本身来赋值的，所以违反了const命令的使用规则。但是，❷维持原来的数组，只替换其内容，这不被认为是违反const使用规则。这就是为什么说「常量不是不能改变」。

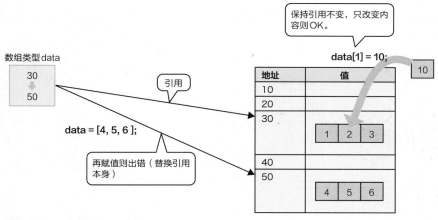

● 常量是「不能再赋值」的变量

在一般的编程中，常量大都是基本类型。因此，在实际的使用过程中，常量作为不能改变的值来处理。

■ 解构赋值（数组） `ES2015`

解构赋值（destructuring assignment）是指解构数组／对象并将其元素／属性值分解为各个变量的语法。例如，在ES2015之前，要从数组中取出值，需要分别获取数组中各个元素，相关代码如下。

```
var data = [56, 40, 26, 82, 19, 17, 73, 99];
var x0 = data[0];
var x1 = data[1];
var x2 = data[2];
...按元素个数枚举...
```

但是，使用解构赋值只通过1行代码就能完成。

◉ 清单2-20 equal.js

```
let data = [56, 40, 26, 82, 19, 17, 73, 99];
let [x0, x1, x2, x3, x4, x5, x6, x7] = data

console.log(x0);        // 结果：56
...中间省略...
console.log(x7);        // 结果：99
```

通过解构赋值，右边的数组被分解为各个元素，分别赋值给相应的变量x0、x1...需要注意的是，要赋值的变量也要像数组一样用中括号（[]）括起来。

使用「...」运算符（4.5.3节），可以将还没被分解为各个变量的元素作为数组分割出来。

◉清单2-21 **dest_rest.js**

```
let data = [56, 40, 26, 82, 19, 17, 73, 99];
let [x0, x1, x2, ...other] = data

console.log(x0);      // 结果：56
console.log(x1);      // 结果：40
console.log(x2);      // 结果：26
console.log(other);   // 结果：[82, 19, 17, 73, 99]
```

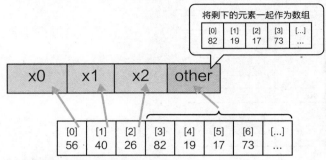

●**解构赋值（使用「...」的情况）**

Note	**替换变量（解构赋值的用例）**

通过使用解构赋值，也可以替换变量的值。在ES2015之前，需要将各个变量都暂时存储在临时变量中。

◉清单2-22 **dest_replace.js**

```
let x = 1;
let y = 2;
[x, y] = [y, x];

console.log(x, y);    // 结果：2、1
```

解构赋值还可以用于「给函数传递命名参数」「函数中返回多个返回值」等用途，详情请参照4.5.4节和4.6.1节中相关内容。

■ **解构赋值（对象）** ES2015

对象的属性也可以分解为变量。分解对象的属性时，被赋值的变量使用{...}括起来。

◉清单2-23 **dest_obj.js**

```
let book = {title: 'Java口袋参考手册', publish: '技术评论社', price: 2680};
let { price, title, memo = '无'} = book;

console.log(title); // 结果：Java口袋参考手册
console.log(price); // 结果：2680
console.log(memo); // 结果：无
```

对象和数组不同，是按照名字分解为各个变量的。因此，即使变量定义的顺序和属性定义顺序不同，即使存在没有被分解的属性（这里是publish）也没有关系。这时，左边没有对应变量的publish属性会被忽略。

另外，为了对应目的属性不存在的情况，也可以通过「变量名 = 默认值」的形式来指定默认值。在这个例子中，没有变量memo对应的memo属性，所以应用了默认值的「无」。

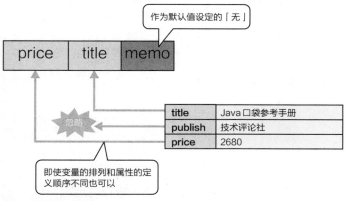

●解构赋值（对象的情况）

并且，在对象中还可以有更复杂的分解。

（1）分解子元素对象

要展开成为子元素的对象，就像知道对象子元素的关系一样，要赋值的变量也使用{…}以子元素的构造来表示。

◎清单2-24 **dest_obj2.js**

```
let book = {title: 'Java口袋参考手册', publish: '技术评论社', price: 2680,
  other: { keywd:'Java SE 8', logo:'logo.jpg' } };
let { title, other, other: { keywd } } = book;

console.log(title);    // 结果：Java口袋参考手册
console.log(other);    // 结果：{ keywd:'Java SE 8', logo:'logo.jpg' }
console.log(keywd);    // 结果：Java SE 8
```

只是写作other时，other属性的内容（对象）整个被赋值了，写作「other:{keywd}」时，只有other − keywd属性的值被赋值了。

（2）设定变量的别名

使用「变量名:别名」的形式，可以给变量设定和属性名不同的名称。在下面的例子中，是将title／publish属性分别赋给变量name／company。

◎清单2-25 **dest_obj3.js**

```
let book = {title: 'Java口袋参考手册', publish: '技术评论社' };
let { price: name, publish: company } = book;

console.log(name);       // 结果：Java口袋参考手册
console.log(company);    // 结果：技术评论社
```

Note	不声明赋值

在本文中，虽然声明和赋值都是在一个语句中的，但两者是可以分开的。

◎清单2-22 **dest_replace.js**

```
let price, title, memo;                    // 变量声明
({ price, title, memo = '无' } = book);    // 赋值
```

在对象的解构赋值中，需要注意前后必须加括号（数组则不需要）。这是因为左边的{...}被认为是块，加括号后不会被认为是单独的语句。

2.4.3 比较运算符

比较左右两边的值，并将结果以true／false（真假）返回。详细的内容会在后面介绍，一般要配合if、do...while这样的条件、循环语句来作为处理的分歧和结束条件使用的。

运算符	概要	例子
==	如果左边和右边的值相等，则是true	5 == 5 // true
!=	如果左边和右边的值不相等，则是true	5 != 5 // false
<	如果左边的值小于右边的值，则是true	5 < 5 // false
<=	如果左边的值小于等于右边的值，则是true	5 <= 5 // true
>	如果左边的值大于右边的值，则是true	5 > 3 // true
>=	如果左边的值大于等于右边的值，则是true	5 >= 3 // true
===	如果左边和右边的值相等并且是同样的数据类型，则是true	5 === 5 // true
!==	如果左边和右边的值不相等，或者是数据类型不相同，则是true	5 !== 5 // false
?:	「条件表达式？表达式1：表达式2」。如果条件表达式为true则返回表达式1，否则返回表达式2	(x==1)？1：0 // 1或者0

◎主要的比较运算符

比较运算符和算术运算符一样凭直觉很容易理解，但也有几个注意点。

■ 相等运算符（==）

「==」运算符用来比较左右两边的值，如果相等则返回true，不相等则返回false。因为运算数的数据类型不同时比较基准也不同，所以需要注意。

左边／右边的类型	数据类型	比较基准
相同	字符串／数字／逻辑值	单纯地比较双方的值是否相等
	数组／对象	判断引用是否相等
	null／undefined	双方是否都是null／undefined，或者null和undefined的比较都是true
不相同	字符串／数字／逻辑值	字符串／逻辑值转换为数字之后的比较
	对象	转换为基本类型之后的比较

◎相等运算符的比较基准

从上表来看可能会感到有些复杂，但总而言之相等运算符在比较时，「如果运算数的数据类型不相同，则转换数据类型，并尝试「是否是相等的」」。例如下面的例子中是数字类型和逻辑类型的比较，对相等运算符来说被视为true（真）。

```
console.log(1 == true); // 结果：true
```

　　但是，如果比较的对象是数组或者对象等各种引用类型时，需要特别注意。我们来看下面的代码。

◉清单2-26 **equal_ref.js**

```
var data1 = ['JavaScript', 'Ajax', 'ASP.NET'];
var data2 = ['JavaScript', 'Ajax', 'ASP.NET'];
console.log(data1 == data2); // 结果：false
```

　　和之前介绍的一样，基本类型中是直接存储变量的值，而引用类型存储的是引用（内存中的地址）。因此，使用相等运算符来比较引用类型时，引用值——只有在内存中的地址相等时才返回true，即使都包含同样内容的对象，如果是不同的对象（存在不同的地址上），相等运算符也会返回false。

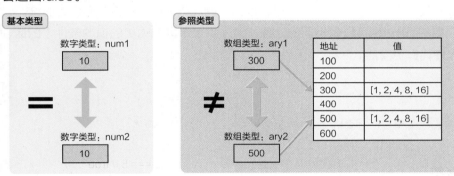

基本类型中...因为比较的是值本身，所以看到的值和比较结果一致
引用类型中...因为比较的是引用的地址，所以会有看到的值和比较结果不一致的情况

●**基本类型和引用类型的比较**

■ 相等运算符（==）和一致（严格相等）运算符（===）

　　「==」运算符是判断运算数「是否能尽量相等」，是JavaScript会做各种努力的（热情）运算符。因此，开发者必须留意各种各样的数据类型而专注于编码就可以了。

　　但是，这个"热情"有时候也会添麻烦，例如，下面的例子中每个比较都判断为true。

◉清单2-27 **not_strict.js**

```
console.log('3.14E2' == 314);
console.log('0x10' == 16);
console.log('1' == 1);
```

　　因为3.14E2被解释为指数写法，0x10被解释为16进制写法。即使E、x是没有含义的单纯的字母，但「==」运算符并不这么理解。

　　这种情况可以使用「===」运算符。「===」运算符除了不转换数据类型，和「==」运算符是以同样的规则来比较运算数的。

● 清单2-28 strict.js

◉ 清单2-28 **strict.js**

```
console.log('3.14E2' === 314);
console.log('0x10' === 16);
console.log('1' === 1);
```

这次，每个结果都是false。但是，在「===」运算符中像「'1'」和「1」这样看着像是同样的值的字面量也会认为是不同的值。作为字符串的「'1'」和作为数字的「1」，使用「===」运算符时会认为是不同的值。因为JavaScript是弱类型语言，但「不是没有数据类型的语言」。

在开发更大型的应用时，JavaScript的弱类型可能会造成更多的bug，所以只比较值是否相等时推荐使用「===」运算符。

这个原则也同样适用于不相等运算符（!=）和不一致运算符（!==）。

■ 条件运算符（?: ）

条件运算符，正如其名称，用于根据指定的条件表达式的真假，输出相应的表达式的值。

虽然以后章节介绍的if语句也可以做相同的处理，但「仅仅是区分输出的值的条件」的话，使用条件运算符可以使代码更简洁。

◉ 清单2-29 **condition.js**

```
var x = 80;
console.log((x >= 70) ? '合格' : '不合格');    // 结果：合格
```

2.4.4 逻辑运算符

合并多个条件表达式（或者是逻辑值），并将结果以true／false返回。通常情况，和上一节中的比较运算符结合使用，可以实现更复杂的条件表达式。

运算符	概要	例子
&&	左边和右边的表达式都是true时为true	100 === 100 && 1000 === 1000 // true
||	左边和右边有一个是true时为true	100 === 100 || 1000 === 500 // true
!	表达式是false时为true	!(10 > 100) // true

● 主要的逻辑运算符

◉ 清单2-30 **logical.js**

```
var x = 1;
var y = 2;

console.log(x === 1 && y === 1);        // 结果：false
console.log(x === 1 || y === 1);        // 结果：true
```

逻辑运算符的判断结果根据左右两边表达式的逻辑值的不同而不同。左右两边表达式的值和具体结果的对应关系，如下表所示。

左式	右式	&&	||
true	true	true	true
true	false	false	true
false	true	false	true
false	false	false	false

● 逻辑运算符的判断结果

通过文氏图（集合图）来表示这个规则，如下图所示。

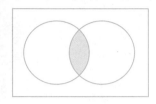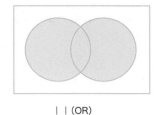

&&（AND）　　　　　　\|\|（OR）　　　　　　!（NOT）

● 逻辑运算符

另外，在JavaScript中，以下的值默认视为false（也可以称之为falsy值）。请注意，逻辑运算符的操作数不一定非得是逻辑类型的true／false。

- **空字符串（""）**
- **数字的0，NaN（Not a Number）**
- **null、undefined**

上述之外的操作数都视为true。

■ 短路运算（最小化求值）

使用逻辑积／逻辑和运算符时，需要注意「只计算左式，不计算右式」的情况。例如，使用「&&」运算符时，因为当左式为false时条件表达式整体一定是false，所以不计算（执行）右式。像这样的运算称为短路运算，或者是最小化求值。也就是说下面的❶❷的含义是等价的。

◉ 清单2-31 **logical2.js**

```
if (x === 1) { console.log('你好'); }    ←── ❶
x === 1 && console.log('你好');    ←── ❷
```

if语句会在以后章节再介绍，❶中变量为1时，显示信息。

而❷活用&&运算符的特性并改写❶。当左式为false时，&&运算符不执行右式。也就是说只有当变量为1时才会执行右式的console.log命令。

不过，原则上还是应该避免使用像❷这样的写法。因为「乍一看很难理解条件分歧」，而且「不确定右式有没有执行，可能会造成意外的bug」。基本上，

逻辑运算符的后面不应该包含函数的调用、递增／递减运算符、赋值运算符等实际操作值的表达式。

并且，「||」运算符也是同样的。在「||」运算符中，如果左式是true，条件表达式整体一定是true，所以右式不被执行。

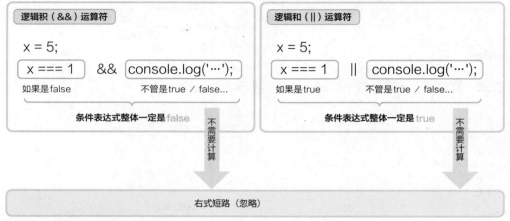

● 短路运算（最小化求值）

■ 短路运算的用处

当然，短路计算确实也有其用处。如下面的例子。

◉ 清单2-32 **shortcut.js**

```
var msg = '';
msg = msg || '你好,世界!';
console.log(msg);        // 结果：你好,世界!
```

如果变量msg是falsy值——空字符串等时，给其赋默认值「你好，世界!」。

| Note | **注意falsy值有意义的情况** |

　　但是，空字符串或者零等falsy值有其含义时，不能像本文这样使用默认值。因为空字符串或者零等值会被默认值（这里是「你好，世界!」）覆盖。这时，请像下面那样使用条件运算符。

```
msg = (msg === undefined ? '你好,世界!' : msg);
```

　　只有当变量msg为undefined（未定义）时才会应用默认值。

2.4.5 按位操作符

按位操作符是指对以2进制形式表示的整数值的各位（以位为单位）执行逻辑计算。在初期阶段基本用不到，对此没有兴趣的话，可以直接跳过这一节。

运算符	概要	例子
&	对于每一个比特位，只有两个操作数相应的比特位都是1时，结果才为1，否则为0。	10 & 5 → 1010 & 0101 → 0000 → 0
|	对于每一个比特位，当两个操作数相应的比特位至少有一个1时，结果为1，否则为0。	10 | 5 → 1010 | 0101 → 1111 → 15

运算符	概要	例子
^	对于每一个比特位，当两个操作数相应的比特位有且只有一个1时，结果为1，否则为0。	10 ^ 5 → 1010 ^ 0101 → 1111 → 15
~	反转操作数的比特位，即0变成1，1变成0。	~10 → ~1010 → 0101 → -11
<<	将 a 的二进制形式向左移b比特位，右边用0填充。	10 << 1 → 1010 << 1 → 10100 → 20
>>	将 a 的二进制表示向右移b位，丢弃被移出的位。	10 >> 1 → 1010 >> 1 → 0101 → 5
>>>	将 a 的二进制表示向右移b位，丢弃被移出的位，并使用 0 在左侧填充。	10 >>> 2 → 1010 >>> 2 → 0010 → 2

● 主要的按位操作符

按位操作符可以分为按位逻辑操作符和按位移动操作符两种，下面介绍两种操作符各自具体的计算流程。

■ 按位逻辑操作符

例如，下面是按位逻辑积「6 & 3」的计算流程。

```
10进制数     2进制数     10进制数
6         →  0110
3         →  &0011
            ————————
            0010 → 2
```

将给的整数用2进制来表示，对各个比特位执行逻辑运算。逻辑积如下（也可以参考逻辑运算符的章节）。

・双方相应的比特位都是1（true）时　　⇒　　　**1**

・双方的比特位至少有1个为0（false）时　⇒　　　**0**

按位操作符将逻辑运算的结果，即得到的2进制数以10进制的形式返回。

以这样的规则执行，可能有人对上表中的非操作符「-」的结果感到不解。

```
10进制数     2进制数     10进制数
10        → 1010
            ————————（非）
            0101 → -11
```

「反转相应比特位的结果，因为「1010」变为了「0101」，所以结果不是5吗？」——也有人会这样认为。但是，结果是「-11」，因为在「-」运算符中表示正负的符号也反转了。

使用2进制数表示负数时，有「反转各列比特位并加上1便是其绝对值」这个规则。也就是说，这里反转「0101」变为「1010」并加上1得到的「1011」（10进制数中为11）就是其绝对值，所以「0101」是「-11」。

■ 按位移动操作符

下面是使用按位左移操作符的运算的例子。

```
10进制数      2进制数      10进制数
10      → 1010
        ————————— << 1
          10100 → 20
```

按位移动操作符，同样是以2进制数来表示10进制数。然后，向左或者向右移动指定的位数。向左移动时，右侧位补0。也就是说，这里的「1010」（10进制的10）向左移动成为「10100」，所以计算的结果便是将其转换为了10进制的20。

2.4.6 其他的运算符

无法归类到目前为止介绍的类别中的运算符。

运算符	概要
,（逗号）	左右的表达式连续执行（2.5.5节）
delete	删除对象的属性或者数组的元素
instanceof	判断对象是否是指定的类的实例（5.3.3节）
new	创建新的实例（3.1.2节）
typeof	获取运算数的数据类型
void	返回未定义值（6.5.3节）

●其他的运算符

其他的运算符和其他的各种主题紧密相关，所以在相应的章节中会重新介绍。在本节中，只对delete和typeof进行介绍。

■ delete运算符

delete运算符，在运算数中删除指定的变量、数组元素或者对象的属性。

删除成功则返回true，失败则返回false。

通过下面的例子理解delete运算符。

◉清单2-33 delete.js

```javascript
var ary = ['JavaScript', 'Ajax', 'ASP.NET'];
console.log(delete ary[0]);  // 结果: true
console.log(ary);            // 结果: [1: "Ajax", 2: "ASP.NET"]  ←— ❶

var obj = {x:1, y:2};
console.log(delete obj.x);   // 结果: true
console.log(obj.x);          // 结果: undefined

var obj2 = {x:obj, y:2};
console.log(delete obj2.x);  // 结果: true
console.log(obj);            // 结果: {y: 2}  ←— ❷

var data1 = 1;
console.log(delete data1);   // 结果: false
console.log(data1);          // 结果: 1  ←— ❸

data2 = 10;
```

```
console.log(delete data2);     // 结果：true
console.log(data2);            // 结果：出错（data2不存在）
```

从结果中，我们可以得知几条重要的信息。

❶ 删除数组中元素时，只删除相应的元素，后面的元素会提上来（索引号不改变）

❷ 删除属性时，也只删除属性本身，属性参照的对象不会被删除

❸ 显示声明的对象不能删除

另外，在内置对象或者客户端JavaScript标准对象（之后会介绍）的成员中，也有使用
delete运算符无法删除的属性。

■ typeof运算符

typeof运算符，返回表示作为运算数的变量／字面量的数据类型的字符串。通过下面的例子
理解typeof运算符。

◉清单2-34 **typeof.js**

```
var num = 1;
console.log(typeof num);      // 结果：number

var str = '你好' ;
console.log(typeof str);      // 结果：string

var flag = true;
console.log(typeof flag);// 结果：boolean

var ary = ['JavaScript', 'Ajax', 'ASP.NET'];
console.log(typeof ary);      // 结果：object

var obj = {x:1, y:2};
console.log(typeof obj);      // 结果：object
```

由结果我们知道使用typeof运算符可以识别字符串、数字、布尔类型等这样的基本数据类
型，但是数组或者对象等一律返回「object」，请注意这一点。使用以后介绍的包装对象声明字
符串、数字、布尔类型时，也会返回「object」。

如果想要知道在对象中是怎样的对象时，请使用instanceof运算符或者constructor属性
（5.3.3节）。

Note	根据运算数的个数分类

在本文中，是根据用途来将运算符进行分类的，但也可以根据运算数的个数分为一元运算符、二
元运算符和三元运算符。

种类最多的是「＊」「／」等在运算符的前后设定运算数的二元运算符。一元运算符是「－」「！」
「delete」等对右侧的操作数执行符号或者逻辑值的反转等操作（请注意，「－」也是二元运算符中的
减法运算符）。三元运算符只有「?:」。

2.4.7 运算符的优先级和结合性

表达式中含有多个运算符时,需要判断「按照怎样的顺序处理?」。决定处理顺序的是运算符的优先级和结合性。特别是在遇到特别复杂的表达式时,不理解这个的话便会出现意料之外的结果,请特别注意了。

■ 优先级

在数学中,「×」「÷」要比「+」「-」的优先级高。例如,「2+4÷2」的结果4不是由「2+4÷2=6÷2=3」而是由「2+4÷2=2+2=4」得到的。

同样地,JavaScript中各种运算符也有其优先级。1个表达式中包含多个运算符时,JavaScript会按照优先级从高到低的顺序来计算。

优先级	运算符
高	数组([])、括号(())
	递增(++)、递减(--)、一元减(-)、反转(-)、否(!)
	乘法(*)、除法(/)、求余(%)
	加法(+)、减法(-)、连接字符串(+)
	移动(<<、>>、<<<)
	比较(<、<=、>=、>)
	相等(==)、不相等(==)、一致(===)、不一致(!==)
	AND(&)
	XOR(^)
	OR(|)
	逻辑积(&&)
	逻辑和(||)
	条件(?:)
	赋值(=)、复合赋值(+=、-=等)
低	逗号(,)

● 运算符的优先级

不过在实际中要记住这么多的优先级还是很困难的。另外,在遇到复杂的表达式时,会有「之后阅读代码时,乍一看很难明白计算是以怎样的顺序执行的」等问题。

因此,在写复杂的表达式时,推荐使用括号来明确地表示优先级,如下所示。

```
3 * 5 + 2 * 2 ➡ (3 * 5) + (2 * 2)
```

当然,像上面这样简单的表达式使用括号表明优先级可能没有必要。但是,如果是更复杂的表达式,可以提高代码的可读性。

■ 结合性

结合性是决定「运算符是以从左到右还是从右到左的方向来结合的」的规则。运算符的优先级相同时,JavaScript根据结合性来决定从左右哪一边开始计算。

结合性	运算符的种类	运算符
左→右	算术运算符	+、-、*、/、%
	比较运算符	<、<=、>、>=、==、!=、===、!==
	逻辑运算符	&&、||
	按位操作符	<<、>>、>>>、&、^、|
	其他	.、[]、()、,、instanseof、in
右→左	算术运算符	++、--
	赋值运算符	=、+=、-=、*=、/=、%=、&=、^=、|=
	逻辑运算符	!
	按位操作符	~
	条件运算符	?:
	其他	-（符号反转）、+（无运算）、delete、typeof、void

● 运算符的结合性

例如，下面的表达式的含义是相同的。

```
1 + 2 - 3  ⟺  (1 + 2) - 3
```

也就是说，「+」「-」运算符的优先级相同，并且根据左 → 右的结合性，所以按照从左到右的顺序来处理。

另一方面，具有右 → 左的结合性的，主要是赋值运算符和一元或三元运算符等。例如，下面的表达式两者是相同的含义。

```
z = x *= 3  ⟺  z = (x *= 3)
```

「=」「*=」运算符的优先级是相同的，并且根据右 → 左的结合性，所以按照从右到左的顺序来计算。这时，变量x乘以3的结果存储在变量z中。

只看概念的话可能会觉得结合性比较难。但是，如果结合具体的例子，可以发现这个是很直观的并且很理所当然的规则。

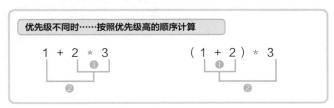

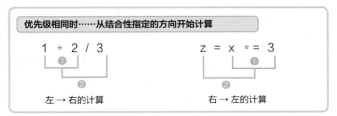

结合性是指……优先级相同时决定从哪个方向开始执行计算的规则

● 运算符的优先级和结合性

2.5 控制语句

一般来说，程序的语句大致分为以下3种类型。

1.按语句的顺序依次执行的顺序语句
2.根据条件分歧处理的条件语句
3.反复执行特定处理的循环语句

一边组合顺序、条件、循环语句一边组合程序的方法称为结构化编程，是大部分编程语言的基本编程方法。当然，JavaScript也不例外，提供了用于结构化编程的控制语句（控制命令）。在本节中，会针对控制语句进行介绍。

2.5.1 根据条件划分不同的处理 – if语句 –

目前为止的程序都是按照书写的顺序依次执行的。但是，在实际的应用中，根据用户的输入值或者客户端环境等，需要分歧处理。

在JavaScript中，像这样作为分歧处理的命令，有if语句和switch语句两种。

if语句……双分支　　　　　　　　　　**switch 语句**……多分支

从两个中选择一个的**if语句**和从多个中选择一个的**switch语句**

●条件分支语句 –if语句和switch语句–

首先是if语句，正如其名称，是用来表示「如果～就……否则……」的语句。根据给定的条件表达式是true／false，执行相应的语句（群）。

◉写法 **if语句**

```
if(条件表达式){
    条件表达式是true时执行的语句
} else {
    条件表达式是false时执行的语句
```

```
}
```

通过以下代码理解if语句。

◉清单2-35 **if.js**

```
var x = 15;
if (x >= 10) {
  console.log('变量x在10以上(包括10)。');
} else {
 console.log('变量x小于10。');
}      // 结果：变量x在10以上（包括10）。
```

在这个例子中，显示以下两种信息。

- **如果变量x的值在10以上（包括10）** ➡ 「**变量x在10以上（包括10）。**」
- **如果变量x小于10** ➡ 「**变量x小于10。**」

使用if语句，如果指定的条件表达式是true（真）则执行这之后的代码块；如果是false，则执行else之后的代码块。这里的代码块是指大括号（{}）内的部分。

虽然这里设定了else代码块，但如果只需要执行变量x在10以上时的处理，也可以省略else代码块处理。

◉清单2-36 **if2.js**

```
var x = 15;
if (x >= 10) {
  console.log('变量x在10以上(包括10)。');
}      // 结果：变量x在10以上（包括10）。
```

■ 通过else if代码块实现多分支

通过使用else if代码块，像「如果变量x在10以上、如果变量x在20以上」这样，可以实现多个分歧处理。

◉写法 **if...else if语句**

```
if (条件表达式1) {
  条件表达式是true时执行的语句
} else if (条件表达式2) {
  条件表达式2是true时执行的语句
}
...

} else {
  所有的条件表达式都是false时执行的语句
}
```

else if代码块可以按照需要来书写相应个数的分歧。具体我们来看以下例子。

◉清单2-37 **if_else.js**

```
var x = 30;
if (x >= 20) {
  console.log('变量x在20以上。');
} else if (x >= 10) {
  console.log('变量x在10以上。');
} else {
  console.log('变量x小于10。');
}        // 结果：变量x在20以上。
```

不过，也可能有人会对这个结果产生疑问。明明变量x（值是30）满足条件表达式「x >=20」，也满足「x >= 10」，但为什么显示的信息只有「变量x在20以上。」而不显示「变量x在10以上。」。

但是，这（当然）是正确的。因为在if语句中，即使满足多个条件，执行的也只是第一个代码块。在这个例子中，满足一开始的条件表达式「x >= 20」，所以执行了第一个代码块，而不执行第二个代码块。

因此，像下面这样的脚本，没有按想象的那样执行。

◉清单2-38 **if_else_ng.js**

```
var x = 30;
if (x >= 10) {
 console.log('变量x在10以上。');
} else if (x >= 20) {
 console.log('变量x在20以上。');
} else {
 console.log('变量x在10以下。');
}       // 结果：变量x在10以上。
```

这时，满足第一个条件表达式「x >= 10」，所以忽略第2个条件表达式「x >= 20」。使用else if代码块时，需要注意条件表达式的顺序。

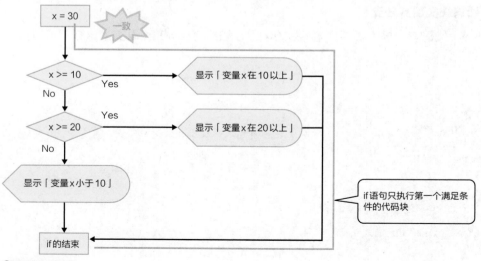

●**if语句可以嵌套**

■ if语句可以嵌套

通过嵌套if语句，可以实现更复杂的条件分歧。例如，下面的清单使用if语句实现下图这样的条件分歧。

◉清单2-39 **if_else_ng.js**

```javascript
var x = 30;
if (x >= 10) {
  if (x >= 20) {
    console.log('变量x在20以上。');
  } else {
    console.log('变量x在10以上不到20。');
  }
} else {
  console.log('变量x小于10。');
}         // 结果：变量x在20以上。
```

像这样，控制语句中有控制语句称为嵌套。这里展示了if语句的例子，后面介绍的switch／for／do...while／while等控制语句同样可以嵌套。

从代码的可读性的角度来看，应该尽量避免采用过深的嵌套，但像清单2-39这样根据嵌套的深度来添加缩进（段落），可以使代码更易读。

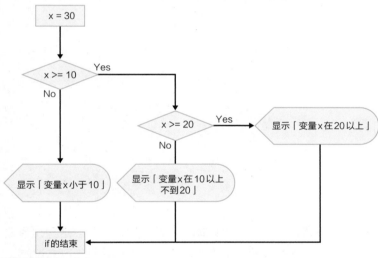

❶嵌套的if语句

■ 大括号可以省略 −if语句的省略写法−

代码块中的语句只有1个条件表达式时，大括号（{...}）可以省略。例如，清单2-35可以改写为下面这样。

◉清单2-40 **if_omit.js**

```javascript
var x = 15;
if (x >= 10)
  console.log('变量x在10以上。');
else
  console.log('变量x小于10。');   // 结果：变量x在10以上。
```

但是，这样的写法「使代码块的范围不明确，容易产生bug」，所以不推荐。比如像下面这样的代码，思考这样写嵌套if语句的案例。

◉清单2-41 **if_omit_ng.js**

```
var x = 1;
var y = 2;
if (x === 1)
  if (y === 1) console.log('变量x、y都是1。');
else
  console.log('变量x不是1。');
```

原本是打算「变量x、y都是1时」或者「变量x不是1时」输出相应的消息，因此，按照预期「什么都不返回」才是正确的。

但是，结果却是清单2-41显示了「变量x不是1。」这个消息。else代码块对应的条件表达式不是「x === 1」而是条件表达式「y === 1」。也就是说，在JavaScript中

如果省略大括号，视为else代码块对应最近的if语句。

当然，这偏离了原本的预期。要修改为预期的代码，需要使用大括号来明确地声明代码块的范围。

◉清单2-42 **if_omit_ok.js**

```
var x = 1;
var y = 2;
if (x === 1) {
  if (y === 1) {
    console.log('变量x、y都是1。');
  }
} else {
  console.log('变量x不是1。');
}
```

觉得怎么样？这次，因为结果什么都没有返回，所以可以确认按照预期运行了。这只是省略大括号时的「容易混淆出错」的例子，思考这样的案例，可以明白不省略大括号是无可非议的。

Note	比较运算符是「 == 」「 === 」

正如2.4.3节中介绍的那样，相等运算符是「 == 」「 === 」，而不是「 = 」。比如，在清单2-42的例子中如果写成「if(x = 1)...」这样，便不能得到预期的结果。

▌2.5.2 根据表达式的值划分不同的处理 – switch语句 –

查看目前为止的例子明白了，通过使用if语句，可以灵活地表现从简单的分支到复杂的多分支。但是，像下面这样的例子会如何？

◉清单2-43 **switch_pre.js**

```javascript
var rank = 'B';
if (rank === 'A') {
  console.log('A计划。');
} else if (rank === 'B') {
  console.log('B计划。');
} else if (rank === 'C') {
  console.log('C计划。');
} else {
  console.log('计划外。');
}
```

因为以「变量 === 值」的形式排列同样的条件表达式，所以看起来很冗长。遇到这样的案例，应该使用switch语句。swicth语句是专门用于「同值运算数的多分支」的条件语句，由于不需要重复写相同的表达式，从而使代码更简洁更易读。

◉写法 **switch语句**

```
switch(表达式) {
  case 值1 :
   如果「表达式 = 值1」执行的语句（群）
  case 值2 :
    如果「表达式 = 值2」执行的语句（群）
  ...
  default :
    表达式的值不满足任何值时执行的语句（群）
}
```

switch语句按下面的流程来执行处理语句。

1.首先计算开头的表达式

2.执行满足1.的值的case语句

3.如果没有找到一致的case语句，调用最后的default语句

虽然default语句不是必须的，但是为了明确不满足任何case语句时的动作，不应该省略。

我们来看一下使用了switch语句的具体代码吧，下面是使用switch语句来改写的清单2-43的代码。

◉清单2-44 **switch.js**

```javascript
var rank = 'B';
switch(rank) {
  case 'A' :
    console.log('A计划。');
    break;
  case 'B' :
    console.log('B计划。');
    break;
  case 'C' :
    console.log('C计划。');
```

```
      break;
   default :
      console.log('计划外。');
      break;
}      // 结果：B计划。
```

这里需要注意的是「在case／default语句的末尾，一定要写break语句」。break是从现在的代码块中止处理的语句。

和if语句不同，switch语句

只是移动到符合条件的case语句并执行，执行完之后并不会自动结束switch代码块。

如果省略break语句，会继续执行switch语句中的下一条语句而产生预期之外的结果。

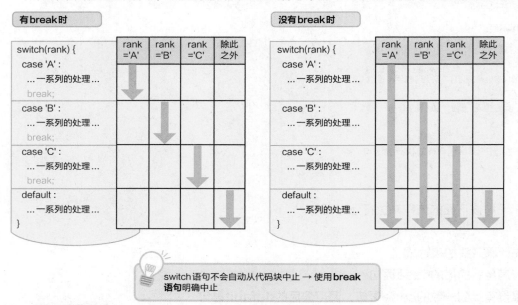

●switch语句中需要break语句

■ 有意省略break语句

虽然也有故意省略break并连续执行多个代码块（fallthrough）的写法，但由于会使代码的流程很难理解，通常应该避免。

但是也有例外，像在下面这样的案例中连续书写代码块（不插入break语句）也没有关系。

◉清单2-45 switch_fall.js

```
var rank = 'B';
switch(rank) {
  case 'A' :
  case 'B' :
```

```
  case 'C' :
    console.log('合格！');
    break;
  case 'D' :
    console.log('不合格...');
    break;
}          // 结果：合格！
```

要表现满足X、Y、Z中任一个的值的代码块时，可以像这样罗列空的case块。在这个例子中，变量rank为A、B、C时显示「合格！」这个消息；为D时显示「不合格...」这个消息。

■ 注意：switch表达式和case值使用「===」运算符来比较

请注意，switch语句开头的表达式和case语句的值是使用「===」运算符（不是「==」运算符）来比较的。

比如，在下面的代码中「case 0」语句不会被执行。

◉清单2-46 **switch_ng.js**

```
var x = '0';
switch (x) {
  case 0 :
    // 这个部分没有被执行
    ...中间省略...
}
```

因为使用「===」运算符时，作为字符串的'0'和作为数字的0是不同的。在根据浏览器的输入值来做不同的条件处理这样的情况中，经常会有字符串和数字的比较。当发生「看起来值是相等的但是没有调用预期的语句」时，首先尝试考虑数据类型是否不同。

2.5.3 根据条件表达式控制循环 – while／do...while语句 –

和条件语句一样被经常使用的是循环语句（重复处理）。在循环中，有for、for...in／for...of、while／do...while等非常相似的语句。不仅要掌握它们各自的写法，也要理解它们之间的差异。

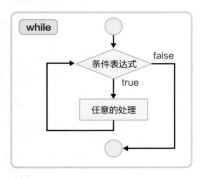
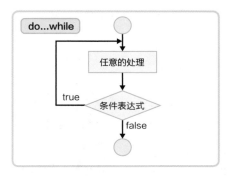

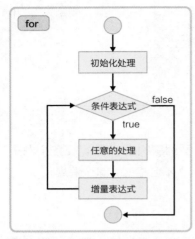

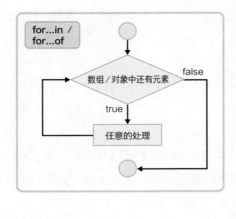

●**循环语句** – while / do...while / for / for...in / for...of –

首先，while／do...while语句可以在某个条件表达式为true（真）的期间内，循环执行指定的一段代码，语法如下。

◉写法 **while语句**

```
while(条件表达式) {
    条件表达式为true时执行的语句（群）
}
```

◉写法 **do...while语句**

```
do {
    条件表达式为true时执行的语句（群）
} while(条件表达式);
```

请注意，在do...while语句的末尾，需要有表示语句结束的分号。

接下来查看一下使用各个语句的代码吧。

◉清单2-47 **while.js**

```
var x = 8;
while(x < 10) {
  console.log(''x的值是' + x);
  x++;
}        // 结果：依次输出「x的值是8」「x的值是9」
```

◉清单2-48 **do.js**

```
var x = 8;
do {
  console.log('x的值是' + x);
  x++;
} while(x < 10);   // 结果：依次输出「x的值是8」「x的值是9」
```

乍一看可能觉得while语句和do...while语句的举动是相同的，实际上却存在着从示例中看不出来的重要的差异。

我们尝试将清单2-47、清单2-48中的变量x替换为10（粗体字部分）。结果，清单2-47中什么都没有显示，但是清单2-48显示了一次「x的值是10」这个消息。

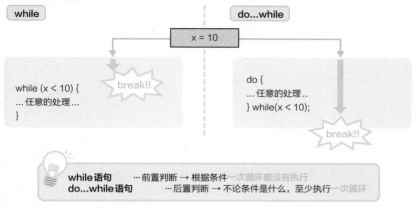

● while和do...while的差异

这是因为while语句在循环的一开始判断条件表达式（前置判断），而do...while在循环的最后判断条件表达式（后置判断）。

这个差异是在「循环开始前条件表达式就为false时」产生的结果。在后置判断（do...while）中不论条件表达式的真假至少会执行1次循环，但是前置判断（while语句）根据条件可能1次循环都不会执行。

2.5.4 无限循环

永远不结束（=结束条件不为true）的循环称为无限循环。比如，试着从清单2-47、清单2-48中删除或者注释掉「x++」。会不停地显示消息「x的值为8」并且程序无响应了。

清单2-47、清单2-48中的循环的结束条件是「x < 10」为false，即变量x在10以上。但是，因为去除了「x++」语句，所以变量x保持着初始值不变化，导致循环不能结束。

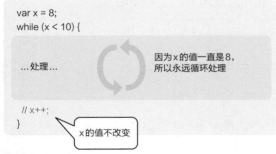

● 无限循环

像这样的无限循环会给浏览器带来极大的负荷，甚至会导致死机。所以在写循环处理之前，首先要确认循环是否能正确结束。

Note	也有故意创建无限循环的情况

也有作为编程的技巧而特意创建无限循环的时候。但是，即使是这样也一定要保证有中止手段。关于手动中止循环的方法，请参考2.5.8节。

2.5.5 处理指定次数的循环 − for语句 −

根据条件表达式的真假控制循环的是while／do…while语句，而需要执行指定次数的循环的是for语句。

◉写法 **for语句**

```
for（初始值;继续循环的条件表达式;增减表达式）{
    循环内执行的语句（群）
}
```

下面的清单2-49是将之前的清单2-47使用for语句改写的。可以发现，根据变量的值来控制循环的while／do…while语句，可以更简练地书写代码。

◉清单2-49 **for.js**

```
for (var x = 8; x < 10; x++) {
    console.log('x的值是' + x);
}
```

从for语句的写法可以了解，for语句使用开头的「初始化表达式」「继续循环的条件表达式」「增减表达式」这3个表达式来控制循环。

首先，进入for代码块的第一个循环只执行1次初始化表达式（在这里是「var x = 8」）。一般来说，使用这个初始化表达式来初始化计数变量（循环变量）。计数变量是指管理for语句循环次数的变量。

接下来的循环条件表达式是表示为了继续代码块中的处理的表达式。在这个例子中是「x < 10」，所以在计数变量x小于10的期间内循环。

最后是增减表达式，执行1次代码块内的处理便会被执行。通常是用来增减计数变量的递增／递减运算符，或者是赋值运算符。这里是「x++」，所以在每次循环时会给计数变量x加1。当然，也可以使用「x += 2」来给计数变量每次加2，也可以使用「x−」做减法。

循环	初始化表达式／增减表达式	x的值	继续条件（x < 10）	
第1次	使用8来初始化变量x	8	x小于10	
第2次	变量x加1	9	x小于10	继续
第3次	变量x加1	10	x不小于10	中止循环

第3次循环没有被执行

●**for语句的动作**

可以设定任意的表达式。但需要注意，根据条件表达式的组合会造成无限循环。

```
for (var x = 0; x < 5; x--) {...}  ←— ❶
for (;;) {...}  ←— ❷
```

比如，像❶这样的for循环计数变量x的初始值是0，之后，循环时递减（减法），所以循环条件「x < 5」永远不为false。

❷是初始化表达式／循环条件表达式／增减表达式都省略的情况。这时，for语句无条件地继续循环。

Note	逗号运算符

通过使用逗号运算符，可以为初始化表达式、循环条件表达式、增减表达式设定多个表达式。逗号分隔的表达式从左到右依次执行。例如，下面的例子中使用初始化表达式分别初始化变量i和j，两者也通过增减表达式递增。

◉清单2-50 **comma.js**

```
for (var i = 1, j = 1; i < 5; i++, j++) {
  console.log('i * j是'+ i * j);
}
```

```
i * j是1
i * j是4
i * j是9
i * j是16
```

根据自己的喜好，在代码块内的处理很简短时，使用逗号运算符可以使代码更简洁（但是，不应该乱用）。

2.5.6 按顺序处理关联数组的元素 − for...in语句 −

for...in语句和目前为止介绍的for、while／do...while语句稍微有点不同。for...in语句取出指定的关联数组（对象）的元素并从开头依次处理。

◉写法 **for...in语句**

```
for (虚拟变量 in 关联数组) {
  循环内执行的语句（群）
}
```

虚拟变量是指临时存储关联数组（对象）的键值的变量。在for...in代码块中，通过这个虚拟变量访问各个元素。需要注意的是存储在虚拟变量中的不是元素值本身。

对象（关联数组）data

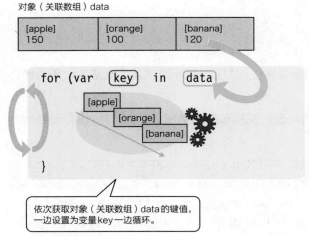

| [apple] | [orange] | [banana] |
| 150 | 100 | 120 |

```
for (var  key  in  data
        [apple]
             [orange]
                  [banana]

}
```

依次获取对象（关联数组）data的键值，一边设置为变量key一边循环。

● **for...in语句的动作**

例如，下面是依次显示关联数组的元素值的例子（关于对象的声明，请参照3.1.2节）。

◉ 清单2-51 **forin.js**

```
var data = { apple:150, orange:100, banana: 120 };
for (var key in data) {
  console.log(key + '=' + data[key]);
}
```

```
apple=150
orange=100
banana=120
```

■ **在数组中不使用for...in语句**

从语法上来看，在数组中也可以使用for...in语句，例如下面的代码。

◉ 清单2-52 **forin_array.js**

```
var data = [ 'apple', 'orange', 'banana' ];
for (var key in data) {
  console.log(data[key]);
}      // 结果：依次输出「apple」「orange」「banana」
```

数组的内容依次被输出了，好像是正确执行了。但是，像下面这样的代码会怎么样？

◉ 清单2-53 **forin_array_ng.js**

```
var data = [ 'apple', 'orange', 'banana' ];
// 给数组对象添加hoge方法
Array.prototype.hoge = function() {}  ←— ❶
for (var key in data) {
  console.log(data[key]);
}      // 结果：依次输出「apple」「orange」「banana」「function () {}」
```

目前不理解代码详细的意思也没有关系。首先，请理解在❶中是扩展数组的功能的。

然后，不断枚举对象中的元素直到扩展的功能（这里是「function(){...}」）。另外，有以下这些问题。

- **使用for...in语句不能保证处理的顺序**
- **因为虚拟变量中只存储索引，所以代码不会很简单（=不是值本身，所以反而容易误解）**

因为这些理由，所以for...in语句只用于操作关联数组（对象），枚举数组应该使用for语句或者下一节的for...of语句。

◉清单2-54 **forin_array_ok.js**

```
var data = [ 'apple', 'orange', 'banana' ];
for (var i = 0, len = data.length; i < len; i++) {
  console.log(data[i]);
}        // 结果：依次输出「apple」「orange」「banana」
```

虽然有点偏离主题，但请注意在初始化表达式中获取了数组的长度（data.length）。粗体字部分写为如下代码也可以正常运行。

```
for (var i = 0; i < data.length; i++) {...}
```

在循环时，因为必须要访问属性，所以性能降低了。如果对象不是数组，而是NodeList对象（6.2.1节），或者是像在Internet Explorer 7（即使现在用得少了）这样的旧浏览器中这个影响尤其明显。

2.5.7 按顺序处理数组等 − for...of语句 − ES2015

作为按顺序枚举数组等的另一个手段，便是在ES2015中新增的for...of语句。「数组等」是指，正确地来说for...of语句不仅可以处理数组，也可以处理类数组对象（NodeList、arguments等）、迭代器／生成器等。这些总称为可枚举对象。关于可枚举对象，会在5.5.4节中再次介绍。

◉写法 **for...of语句**

```
for (虚拟变量 of 可枚举对象) {
   在循环内执行的语句（群）
}
```

语法和for...in语句基本相同，我们接下来看一下具体的例子吧。下面是使用for...of语句改写之前清单2-53后的代码。

◉清单2-55 **forof.js**

```
var data = [ 'apple', 'orange', 'banana' ];
Array.prototype.hoge = function() {}
```

```
for (var value of data) {
  console.log(value);
}         // 结果：依次输出「apple」「orange」「banana」
```

确实，我们可以看到数组data的内容被正确输出了。

另外，for...in语句中，给虚拟变量传的值是键名（索引），而for...of语句中枚举的是数组中的值本身。

▌2.5.8 循环过程中的跳出／跳过 – break／continue语句 –

通常，while／do...while、for、for...in、for...of语句会在满足事先定好的结束条件时中止循环，但是也有「在满足特定的条件时就中止循环」这样的情况。在这样的案例中便可以使用之前在switch语句中也出现过的break语句。

首先，我们来看一个简单的例子。

◉清单2-56 **break.js**

```
var result = 0;
for (var i = 1; i <= 100; i++) {
  result += i;
  if (result > 1000) { break; }
}
console.log('合计值超过1000的是' + i);   // 结果：45
```

在这里，变量i在1～100之间做加法，合计值（变量result）超过1000时跳出循环。像这样，一般break语句是配合if语句这样的条件语句来使用的。

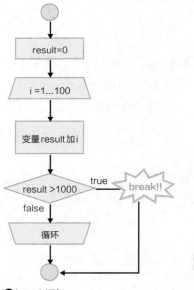

break语句……完全中止循环

●break语句

另一种情况，不是完全中止循环，而是「跳过当前的循环，接着执行下一个循环」，可以使用continue语句。下面是变量i在1～100之间仅对奇数做加法，并计算其合计值的例子。

◉清单2-57 **continue.js**

```
var result = 0;
for (var i = 1; i < 100; i++) {
  if (i % 2 === 0) { continue; }
  result += i;
}
console.log('合计: ' + result); // 结果: 2500
```

这里，当计数变量i为偶数（=变量i能除尽2）时跳过处理，计算只有奇数的合计值。

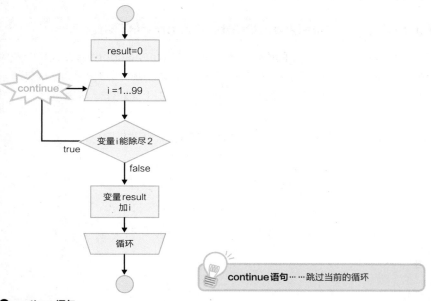

continue 语句… …跳过当前的循环

◉**continue语句**

■ 一下跳出嵌套的循环 –标记语句–

在嵌套循环中使用break／continue语句时，默认是中止／跳出最内层的循环。我们来看下面的例子吧。

◉清单2-58 **label_no.js**

```
for (var i = 1; i < 10; i++) {
  for (var j = 1; j < 10; j++) {
    var k = i * j
    if (k > 30) { break; }
    document.write(k + ' ');
  }
  document.write('<br />');
}
```

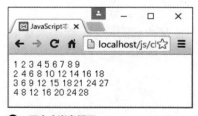

●只中止内侧的循环

变量k（计数变量i、j的积）超过30时，执行break语句。因为中止了内层的循环（粗体字部分），所以最终生成了「只显示积在30以下的值的九九表」。

Note | **相比document.write，优先使用textContent∕innerHTML**

document.write是在页面中输出指定字符串的语句。虽然是以前的JavaScript中经常使用的方法，但是有「在文档都输出之后调用时，页面会暂时被清空」等一些特殊的动作。这里是为了简单而故意使用的，但是在实际的应用中，请优先使用textContent∕innerHTML（6.3.3节）等语句。

「积一旦超过30的话，就停止输出九九表」应该怎样使用语句？代码如下。

◉清单2-59 **label.js**

```
kuku :
for (var i = 1; i < 10; i++) {
  for (var j = 1; j < 10; j++) {
    var k = i * j
    if (k > 30) { break kuku; }
    document.write(k + ' ');
  }
  document.write('<br />');
}
```

●一下中止嵌套循环

在想要中止的循环开头设定标记。标记使用以下的形式来设定。

标记名：

可以给标记设定任意的名字。名字（标识符）的规范，请参考2.2.2节。

然后，在break∕continue语句处也像这样设定标记名，就可以中止（不是内层的循环）添加了标记的循环。

```
break 标记名;
```

> **Note** 循环中的switch语句
>
> 在循环中使用switch语句时，需要特别注意。在switch语句中使用break语句，只是表示「中止switch语句」，要中止switch语句所在的循环，就必须使用标记语句。

2.5.9 处理异常 – try...catch...finally语句 –

运行应用程序时，会发生「给原本是接收数字的函数传递了字符串」「想要引用变量时变量没有定义」等开发时预期之外的各种错误（异常）。

虽然可以根据异常的种类在编程时将异常防范于未然，但是像「给参数传递了预期之外的值」「使用预期之外的方法使用函数或者类」等这样在调用方为起因的处理中，无法做到完全防止异常的发生。

即使是在这种情况下也不让脚本整体中止，这便是异常处理的职责。实现异常处理的是try...catch...finally语句。

◉写法 **try...catch...finally语句**

```
try {
    可能发生异常的语句（群）
} catch( 接收异常信息的变量) {
    异常发生时执行的语句（群）
} finally {
    无论有没有异常，最终都会执行的语句（群）
}
```

让我们来看一下具体的例子吧。

◉清单2-60 **try.js**

```
var i = 1;
try{
    i = i * j;    // 发生异常  ← ❶
} catch(e) {
    console.log(e.message);
} finally {
    console.log('处理完成了。');  ← ❷
}
```

```
j is not defined
处理完成了。
```

如果不使用try...catch...finally语句，在❶的时候就会发生异常（想要引用未定义的变量）并且脚本停止运行。但是，如果在try代码块中发生异常，会继续处理catch代码块，并且可以确保到最后的❷也正常运行了。

finally代码块不需要时也可以省略。

另外，异常信息可以作为Error对象（这里是变量e）传递给catch代码块，在这里，使用Error对象中的message属性显示错误消息，其他的代码块也同样可以根据需要书写任意的处理（关于对象，会在Chapter 3中重新介绍）。

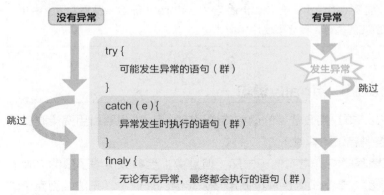

● 异常处理

| Note | 异常处理的开销很大 |

　　虽然异常处理是对正常运行的脚本来说不可或缺的结构，但是也是开销很大的处理。例如，循环处理中应该尽量避免写try...catch代码块。首先请研究「是否可以将try...catch代码块放在循环外」。

　　异常不仅可以在程序运行中捕捉到，也可以自己发现。例如，下面的清单2-61便是在将数字除以0时，明确地使其发生异常的例子。

● 清单2-61 throw.js

```
var x = 1;
var y = 0;
try{
  if (y === 0) { throw new Error('试图除以0。'); }    ←── ❶
  var z = x / y;
} catch(e) {
  console.log(e.message);                          ── ❷
}
```

```
试图除以0。
```

　　throw语句的功能是使异常发生（❶）。让异常发生称为「抛出异常」。

● 写法 throw语句

```
throw new Error(错误消息)
```

　　在本例中，「如果变量y为0，生成Error对象，然后执行catch代码块」。像这样，throw语句一般和if语句这样的条件语句一起使用。
　　根据异常的原因，除了使用Error对象，也可以使用下面的XxxxxError对象。

对象	错误的原因
EvalError	不正确的eval函数（3.7.3节）
RangeError	设定的值超过了允许范围
ReferenceError	访问没有声明的变量
SyntaxError	语法错误
TypeError	设定的值不是预期的数据类型
URIError	错误的URI

● **主要的XxxxxError对象**

catch代码块和之前的相同，从抛出的Error对象中获取message属性，并将其作为日志输出（ ❷ ）。

在目前阶段，可能难以理解使用异常处理的理由。因为可以自己决定所有与处理相关的值，在运行程序之前就消除值的不匹配导致的错误就可以了。

就像之前所说的，「从外部传递某些值给脚本的情况」可以触发异常处理。在4.4.1节中会再次介绍，所以具体的例子请参考4.4.1节。

▌2.5.10 禁止JavaScript的危险语法 - Strict模式 - 🈺

具有很长历史的JavaScript中存在「虽然有规格，但是现在出于安全性和效率方面等因素不应该使用的写法」。之前，开发者需要学习这样写法的陷阱在编程时必须避开陷阱。

但是，这样开发者便会有额外的负担，而且根据开发者水平的不同，想要完全避开混入不好的代码是不可能的。因此，导入了可以检测出JavaScript的陷阱，并作为错误通知的构造。这就是Strict模式。

下面整理了在Strict模式中作为通知对象的主要写法。虽然存在暂时还不理解的内容，但先以「是这个啊」的程度来看看。

分类	Strict模式的限制
变量	禁止省略var语句
	将未来预定添加的关键字添加到保留字中（2.2.2节）
	禁止参数／属性名的重复
	禁止赋值undefined／null
语句	禁止使用with语句
	禁止访问argument.callee属性
	使用eval语句声明的变量，只作用于eval内部作用域
其他	函数中的this不指向全局对象（成为undefined）
	禁止「0~」的8进制表示法

● **Strict模式中主要的限制**

通过使用Strict模式，不仅可以将JavaScript的陷阱防患于未然，还有以下好处。

- **相比非Strict模式的代码，存在运行速度更快的情况**
- **通过禁止使用未来JavaScript中会变更的点，使今后的迁移更简单**
- **帮助更好地理解JavaScript中的「不恰当写法」**

■ 使Strict模式生效

要使Strict模式生效，在脚本的开头，或者是函数（4.1节）主体的开头添加「'use strict';」（也可以是「"use strict";」）这样的语句。

◉ 清单2-62 Strict模式的有效化

```
'use strict';   ←── ❶
// 任意的代码
```

```
function hoge() {
  'use strict';   ←── ❷
  // 函数的主体
}
```

在❶中，之后的脚本都是Strict模式；在❷中，函数内部的脚本是Strict模式。但是，在❶的情况下，如果连接多个脚本，会影响之后的所有代码。这时，只要其中含有1个非Strict模式的代码，就会有无法正常运行的可能。通常，可以限定有效范围的❷的写法是最好的。使用立即执行的匿名函数（4.3.5节）可以更好地为代码整体应用严格模式。

Note　Strict模式兼容的浏览器

请注意，Strict模式只兼容版本10之后的Internet Explorer。

但是，「'use strict'」是无害的字符串表达式，所以在不兼容Strict模式的浏览器中只是被忽略而已。从本文中提到的理由来看，在新开发的程序中，推荐尽量使用Strict模式。

Column　异步加载外部脚本 – async / defer属性 –

在一般的浏览器中，完成加载／执行脚本之前，是不绘制之后的内容的。如果页面开头中有大脚本时，什么都不显示的时间会更长。

为了避免这种现象，在2.1.2节中介绍了在</body>闭标签之前添加<script>元素这个方法。通过这个方法，在首先显示原本的内容之后，静静地读取脚本，所以用户的体验速度得到了改善。

另外，如果使用的是像本书介绍的现代浏览器，就可以使用HTML5中新添加的async属性。

```
<script src="app.js" async></script>
```

通过该属性，可以异步加载src属性中设定的脚本，在读取完成之后依次执行。

但是，值得注意的是带async属性的<script>元素，因为其特性，不能保证执行的顺序。比如，像下面这样的代码中，如果app.js依赖lib.js，不知道是哪个先执行。结果，根据执行的顺序，可能无法正常运行。

```
<script src="lib.js" async></script>
<script src="app.js" async></script>
```

这时，可以将有依赖关系的.js文件合并为1个，或者使用defer属性代替async属性。defer属性是指定在文档的解析完成之后再执行脚本的属性。

Chapter 3

操作基本数据 –内置对象–

3.1 什么是对象

在2.3.2节中，介绍了JavaScript的对象是指可以将名称作为键值来访问的数组——关联数组（哈希）。这个解释，从实现JavaScript的对象的观点来看是正确的，但对于要说明对象这个概念本身来说是不充分的。

对象不仅仅是带名字的容器的集合。对象本身是1个独立的个体，其中包含的元素是为了表示这个个体的特性和动作。关键是，使用（不是关联数组）「对象」这个词时，主角不是各个元素，而是对象（个体）本身。

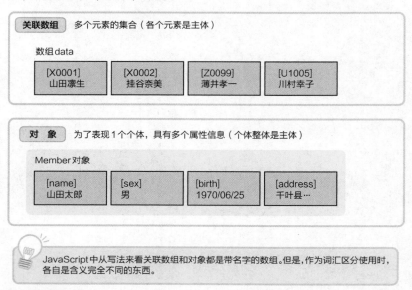

JavaScript中从写法来看关联数组和对象都是带名字的数组。但是，作为词汇区分使用时，各自是含义完全不同的东西。

●关联数组和对象

将程序中处理的对象看作对象（个体），以对象为中心来组织代码的方法称为面向对象。有名的面向对象语言有Java、C#和Ruby等，JavaScript也是其中之一。

3.1.1 对象=属性+方法

正如2.3.2节所描述的那样，对象是由属性和方法构成的。

属性是指「用来表示对象（个体）的状态和特性」的东西。比如，如果是输入表单这样的对象，表单的名称、表单中包含的输入框或者选择框等元素、表单的提交地址等，都相当于是属性。

方法是用来操作对象（个体）的工具。如果是Form对象，「将表单的信息发送到服务器」「清空表单的内容」等功能相当于方法。

●什么是对象？

　　从属性／方法的角度来看，对象可以说是「用来操作对象的具有各种功能的」且功能强大的容器。

3.1.2　使用对象的准备－new运算符－

　　在面向对象的世界中，除了后面介绍的例外情况，其他都不能直接使用原本就有的对象。这是因为对象具有「可以保留自己的数据」这个特点。

　　例如，如果对象应用在多个地方以不同的目的来写入数据会怎么样？

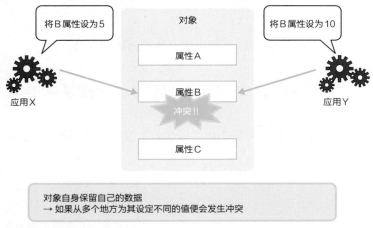

●对象是保留数据的个体

　　当然，数据会互相冲突，导致应用无法正常运行。

　　因此，不直接处理原始数据，而是通过操作「原始数据的复制」，防止数据发生冲突。

　　创建对象的复制并实例化，通过实例化得到的复制称为实例。实例化也可以称为「为了操作数据而确保「自己专用的领域」的行为」。

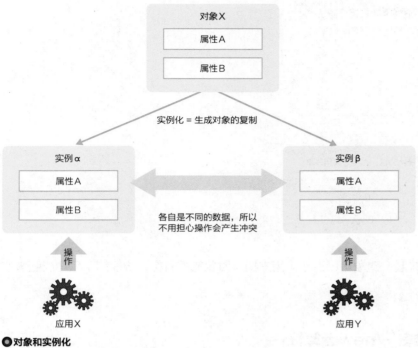

◉对象和实例化

要实例化对象，需要使用new运算符。

◎写法　new运算符

```
var 变量名 = new 对象名([参数,...])
```

对象中，有用来初始化对象的和对象同名的方法。这个初始化方法称为构造函数。对象名，正确地说是构造函数名。

生成的实例存储在变量中，然后，这个变量便可以作为对象来使用。实例存储的变量也可以称为实例变量和对象变量。

要从实例变量中调用属性／方法，可以使用点运算符（也可以像2.3.2节中一样使用中括号运算符），写法如下。

◎写法　调用属性／方法

```
变量名.属性名[=设定值];
变量名.方法名(参数[,...]);
```

▌3.1.3　静态属性／静态方法

根据属性／方法，也有不生成实例就可以直接使用的例外情况，这种属性／方法称为静态属性／静态方法，或者是类属性／类方法（关于需要静态属性／静态方法的理由，会在5.2.6节的[Note]中介绍）。

调用静态属性／静态方法的一般写法如下。

◉写法　**调用静态属性／静态方法**

> 对象名.属性名[=设定值]；
> 对象名.方法名(参数[,...])；

需要注意的是如果从实例变量中调用这些静态方法则会出错。

另外，相对于静态属性／静态方法，通过实例调用的属性／方法称为实例属性／实例方法。

3.1.4　什么是内置对象

JavaScript中大多数的对象都是公有的，其中最基本的便是内置对象（Built-in Object）。

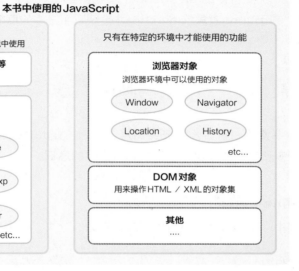

○内置对象

「内置」是指「JavaScript标准内置」的意思。之后介绍的浏览器对象只有在特定的环境（浏览器）中才能使用，而内置对象可以在JavaScript所能运行的所有环境中使用。

另外，正如之后会介绍的，JavaScript自己可以定义对象，但是这些内置对象不需要特别声明和定义就可以使用。

JavaScript中可以使用的内置对象如下。

对象	概要
(Global)	提供用来访问Javascript的基本功能的手段
Object	提供成为所有对象的雏形的功能
Array	提供用来操作数组的手段
Map／WeakMap `ES2015`	提供用来操作由键／值组成的关联数组的手段
Set／WeakSet `ES2015`	提供用来管理唯一值的集合的手段
String	提供用来操作字符串的手段
Boolean	提供用来操作逻辑值的手段
Number	提供用来操作数字的手段

（下一页继续）

Function	提供用来操作函数的手段（4.1.2节）
Symbol `ES2015`	提供用来操作Symbol的手段
Math	提供用来执行数字计算的手段
Date	提供用来操作日期的手段
RegExp	提供正则表达式相关功能
Error / XxxxxError	管理错误信息（2.5.9节）
Proxy `ES2015`	提供自定义对象的行为的手段
Promise `ES2015`	提供用来实现异步处理的手段（7.5.1节）

● JavaScript的内置对象

　　细心的读者可能注意到了，其中Object、Array、String、Boolean、Number、Symbol、Function和2.3节中介绍的JavaScript的数据类型相对应。

　　下面我们来看一下使用String对象的length属性来获取字符串长度的例子吧。

◉ 清单3-01 **built_in.js**

```
var str = '你好!';
console.log(str.length);        // 获取字符串长度(结果是6)
```

　　就像之前介绍的，要使用对象，需要先实例化。但是，在JavaScript中，可以直接将字面量作为对应的内置对象来使用，所以基本不需要有实例化的意识。

■ 基本数据类型不使用new运算符

　　不过，在基本类型中，使用new运算符也能生成对象。

```
var str = new String('你好!');
```

　　但是，多数情况下这样只会使代码更加冗长，是有害的。我们来看下面这个例子。

◉ 清单3-02 **wrapper.js**

```
// 原本应该写作「var flag = false;」
var flag = new Boolean(false);

if (flag) {
  console.log('flag是ture!');
}        // 结果: flag是ture!
```

　　不论变量flag的值是不是false，使用Boolean构造函数生成的对象都会无条件地视为true。这是因为JavaScript

　　　　将null之外的对象都看作是true

　　当然，这不是我们预期的结果，所以应该避免这样书写。再重复一遍：

　　　　原则上基本数据类型应该避免使用new运算符进行实例化。

那么接下来，我们逐个介绍内置对象吧。因为个别对象和特定的专题紧密相关，所以相关内容请参考对应的章节。另外，Boolean 对象是将布尔值包装为对象的简单对象，它本身没有自己特有的功能，所以本章就不介绍了。

Note　**包装对象**

在处理JavaScript的标准数据类型的内置对象中，将操作基本类型的字符串、数字、布尔值的对象称为包装对象。包装对象是「把原始类型的值变成（包装成）对象，并为其添加对象的功能」的对象。和本文中所说的一样，在JavaScript中，基本数据类型和具有对象特征的包装对象可以自动相互转换，所以应用开发者不需要在意这些。

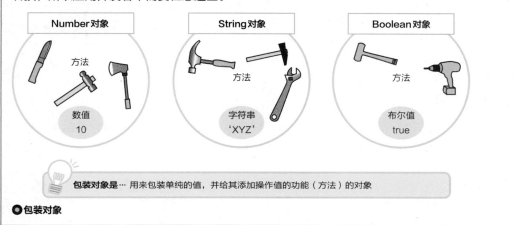

包装对象是… 用来包装单纯的值，并给其添加操作值的功能（方法）的对象

●包装对象

3.2 操作基本数据的对象

在本章节中，将介绍处理JavaScript标准数据类型的String、Number、Symbol对象，以及和标准的数据类型没有对应关系的，用来执行数学计算的Math对象。

这些对象都是很直观的并且容易理解的。在学习这些写法的过程中，首先要好好理解对象的一般使用方法。

3.2.1 操作字符串 – String对象 –

String对象用来处理字符串类型（string）的数据。提供获取、加工、检索字符串等功能。
String对象中可以使用的主要成员如下表。

分类	成员	概要
检索	indexOf(*substr* [,*start*])	从字符串前方（第start + 1个字符）开始检索子字符串substr
	lastIndexOf(*substr* [,*start*])	从字符串的后方（第start + 1个字符）开始检索子字符串substr
	startsWith(*search* [,*pos*]) `ES2015`	字符串是否为指定的子字符串search开头（参数pos是检索开始位置）
	endsWith(*search* [,*pos*]) `ES2015`	字符串是否为指定的子字符串search结束
	includes(*search* [,*pos*]) `ES2015`	字符串中是否包含指定的子字符串search
部分文字列	charAt(*n*)	获取第n+1个字符
	slice(*start* [,*end*])	从字符串中提取start+1～end的字符
	substring(*start* [,*end*])	从字符串中提取start+1～end的字符
	substr(*start* [,*cnt*])	从字符串中的第start+1个字符开始提取cnt个字符
	split(*str* [,*limit*])	使用分隔字符串str分割字符串，并以数组获取其结果（参数limit是最大分割数）
正则表达式	match(*reg*)	使用正则表达式检索字符串，并获取匹配的子字符串
	replace(*reg* ,*rep*)	使用正则表达式检索字符串，并将匹配的部分替换为子字符串rep
	search(*reg*)	使用正则表达式检索字符串，获取第1个匹配的字符的位置
大文字<=>小文字	toLowerCase()	转换为小写
	toUpperCase()	转换为大写
编码转换	charCodeAt(*n*)	将第n+1个字符转换为Latin-1编码
	*fromCharCode(*c1* , *c2* ,...)	将Latin-1编码c1、c2...转换为字符
	codePointAt(*n*) `ES2015`	将第n+1个字符转换为UTF-16编码的码点值
	*fromCodePoint(*num*,...) `ES2015`	根据码点值生成字符串
其他	concat(*str*)	在字符串的后方连接字符串str
	repeat(*num*) `ES2015`	获取重复num次字符串的新字符串
	trim()	删除字符串前后的空白
	length	获取字符串的长度

●**String对象的主要成员**（*是静态方法）

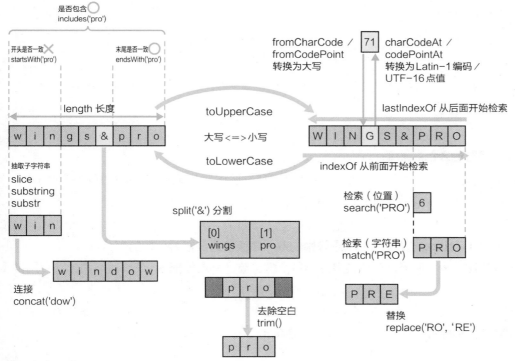

● **Sting对象的成员**

接下来，我们来看一下具体的示例吧。正则表达式相关的方法，会在3.5节中介绍，这里就不详细介绍了。

◉ 清单3-03 **string.js**

```javascript
var str1 = '庭院庭院庭院里有鸡';
console.log(str1.indexOf('庭院'));          // 结果：0(从开头开始检索)
console.log(str1.lastIndexOf('庭院'));      // 结果：6(从末尾开始检索)
console.log(str1.indexOf('庭院', 3));       // 结果：4(从第4个字符开始向右检索)
console.log(str1.lastIndexOf('庭', 5));     // 结果：5(从第6个字符开始向左检索)
console.log(str1.indexOf('花园'));          // 结果：-1(不匹配)
console.log(str1.startsWith('庭院'));       // 结果：true
console.log(str1.endsWith('庭院'));         // 结果：false
console.log(str1.includes('庭院'));         // 结果：true

var str2 = 'WingsProject';
var str3 = '被责备';
var str4 = '   wings   ';

console.log(str2.charAt(4));                // 结果：s(提取地5个字符)
console.log(str2.slice(5, 8));              // 结果：Pro(提取第6~8个字符)
console.log(str2.substring(5, 8));          // 结果：Pro(提取第6~8个字符)
console.log(str2.substr(5, 3));             // 结果：Pro(提取从第6个字符开始的3个字符)
console.log(str2.split('s'));               // 结果：["Wing", "Project"]
console.log(str1.split('院', 3));           // 结果：[" 庭", "庭", "庭"](分割为3个)
console.log(str2.charCodeAt(0));            // 结果：87
console.log(String.fromCharCode(87, 105, 110, 103));    // 结果：Wing
console.log(str3.codePointAt(0));           // 结果：134047
console.log(String.fromCodePoint(134047));  // 结果：被
console.log(str2.concat(' 有限公司'));       // 结果：WingsProject 有限公司
```

```
console.log(str2.repeat(2));              // 结果：WingsProjectWingsProject
console.log(str4.trim());                 // 结果：wings
console.log(str2.length);                 // 结果：11(汉字也换算为1个字符算)
```

在上述示例中，String对象的成员，大多都是可以直观地理解的。下面，是对部分方法的补充说明。

■ 获取子字符串时的2个注意点

String方法中，有substring、slice、substr3种方法用于从原始字符串中提取子字符串。其中，substring、slice方法和substr方法的差异如下。

- **substring / slice方法** ➡ 使用开始位置～结束位置设置要提取的部分
- **substr方法** ➡ 使用从开始位置的字符个数设置要提取的部分

仅根据清单3-03的例子很难理解substring方法和slice方法的差异。只从结果来看两者具有相同的功能，但需要注意两者有以下这些不同的动作。

（1）参数start>参数end时

这时，substring方法会替换参数start和参数end的关系并提取第end +1 ～ start间的字符串。而slice方法不会这样替换，而是直接返回空字符串。

◉清单3-04 **substring.js**

```
var str = 'WINGSPROJECT';
console.log(str.substring(8, 5));          // 结果：PRO(提取6～8之间的字符串)
console.log(str.slice(8, 5));    // 结果：空字符串
```

（2）参数start / end设为负数时

这时，substring方法无条件地视为0，而slice方法视为「从字符串末尾开始的字符数」。

◉清单3-05 **substring2.js**

```
var str = 'WINGSPROJECT';
console.log(str.substring(5, -2));         // 结果：PRO(提取1～5之间的字符串)
console.log(str.slice(5, -2));   // 结果：PROJE(提取6～10之间的字符串)
```

这时，在substring方法中，−2被视为0，所以「str.substring(5,−2)」和「str.substring(5,0)」相同。再加上（1）中的规则，从参数start > end时会替换参数来判断，可以视为「str.substring(0,5)」。

而在slice方法中，负数被视为从后面开始的字符数。也就是说，−2被判断是从后面开始的第3个字符（也就是第10个字符，），所以「str.slice(5,−2)」和「str.slice(5,10)」的动作相同。

98

■ **计算surrogate pair字符的长度**

在length属性中，汉字（多字节字符）也计作1个字符。

但是，请注意例外的情况。我们来看下面的例子。

◉清单3-06 **length.js**

```
var msg = '吉祥';
console.log(msg.length);        // 结果：3
```

虽然看上去是2个字符，但结果是3。是在哪里增加了1个字符呢?

从结论来看，这是因为「吉」这个字符是surrogate pair。通常，Unicode（UTF-8）用2比特表示1个字符。但是，随着Unicode无法处理的字符的增加，开始出现目前为止2比特可以表示的字符数（65535字）不够用的情况。因此，部分字符用4比特来表示，扩张了可处理的字符数。这就是surrogate pair。

但是，length属性无法识别surrogate pair，所以将4比特看作是2个字符。所以在清单3-06中，「吉」是2个字符，「祥」是1个字符，合计3个字符。

要正确计数包含surrogate pair的字符串，可以像下面这样写。

◉清单3-07 **length2.js**

```
var msg = '吉祥';
var len = msg.length;
var num = msg.split(/[\uD800-\uDBFF][\uDC00-\uDFFF]/g).length - 1;
console.log(msg.length - num);  // 结果：2
```

[\uD800-\uDBFF]、[\uDC00-\uDFFF]分别表示构成surrogate pair的前surrogate（前半部分的2比特）、后surrogate（后半部分的2比特）。通过区分匹配的字符串，便可以得到surrogate pair的字符数（关于split方法，请参考3.5.8节）。

然后，将length属性减去这个值，就可以得到原本的字符数。

3.2.2 操作数字 – Number对象 –

Number对象是用来处理数字类型（number）的值的对象，提供了处理数字的功能，同时，还具有无穷大／无穷小、数字类型的最大值／最小值等用来表示特殊值的只读属性（常量）。

分类	成员	概要
属性	*MAX_VALUE	Number可以表示的最大值
	*MAX_SAFE_INTEGER `ES2015`	Number可以安全地表示的最大的整数值
	*MIN_VALUE	Number可以表示的靠近零的数字
	*MIN_SAFE_INTEGER `ES2015`	Number可以安全地表示的最小的整数值
	*EPSILON `ES2015`	1和Number可以表示的比1大的最小值的差
	*NaN	不是数字（Not a Number）
	*NEGATIVE_INFINITY	负的无穷大
	*POSITIVE_INFINITY	正的无穷大

分类	成员	概要
方法	toString(*rad*)	转换为rad进制数的值（rad是2~36）
	toExponential(*dec*)	转换为指数形式（dec是小数点以下的位数）
	toFixed(*dec*)	在小数点第dec位四舍五入
	toPrecision(*dec*)	转换为指定的位数（位数不够时补0）
	*isNaN(*num*) ES2015	判断是否是NaN（Not a Number）
	*isFinite(*num*) ES2015	判断是否是有限值
	*isInteger(*num*) ES2015	判断是否是整数值
	*isSafeInteger(*num*) ES2015	判断是否是Safe Integer（是否能正确地用IEEE-754倍精度数来表示）
	*parseFloat(*str*) ES2015	将字符串转换为浮点数
	*parseInt(*str* [,*radix*]) ES2015	将字符串转换为整数（参数radix是基数）

● **Number对象的主要成员（*是静态方法）**

关于主要成员，以下是补充说明和具体的示例。

■ Number对象的常量

POSITIVE_INFINITY／NEGATIVE_INFINITY、NaN都是用来表示特殊值（常量）的。

POSITIVE_INFINITY／NEGATIVE_INFINITY（无穷大）是在当某个计算的结果超出JavaScript可以表示的数字范围时作为返回值来使用的。另一方面，NaN（Not a Number）是用来表示无法用数字表示的结果，例如，执行「0除以0」等不正确的计算时。

Note	NaN和所有的值都不相等

NaN是不可思议的值，具有和包括自己在内的所有数字都不相等的特征。因此，下面的比较表达式返回false。要检测NaN值，需要使用Number.isNaN方法。

◉ 清单3-08 **nan.js**

```
console.log(Number.NaN === Number.NaN); // 结果：false
```

POSITIVE_INFINITY／NEGATIVE_INFINITY是表示JavaScript中可以安全计算范围内的整数值的上限和下限。对于超过上限和下限的计算，不保证其结果正确。

◉ 清单3-09 **safe_integer.js**

```
console.log(Number.MAX_SAFE_INTEGER);      // 结果：9007199254740991
console.log(Number.MAX_SAFE_INTEGER + 1);  // 结果：9007199254740992
console.log(Number.MAX_SAFE_INTEGER + 2);  // 结果：9007199254740992(不正确)
```

■ 转换数字形式的toXxxxx方法

toXxxxx方法，可以将数字转换为指数形式或者是特定的位数等。关于其具体动作，我们来看下面的示例。

◉ 清单3-10 **number.js**

```
var num1 = 255;
console.log(num1.toString(16));     // 结果：ff
```

```
console.log(num1.toString(8));        // 结果: 377

var num2 = 123.45678;
console.log(num2.toExponential(2)); // 结果: 1.23e+2
console.log(num2.toFixed(3));        // 结果: 123.457
console.log(num2.toFixed(7));        // 结果: 123.4567800
console.log(num2.toPrecision(10));  // 结果: 123.4567800
console.log(num2.toPrecision(6));   // 结果: 123.457
```

需要注意的是，toFixed方法设定的是小数点以下的位数，而toPrecision方法设定的是包含整数部分的整体位数。

■ 将字符串转换为数字 ES2015

正如2.3节中所介绍的，JavaScript是弱类型语言，根据当时的上下文（前后的函数或者运算符），会自动将操作对象的值转换为合适的数据类型。但是，这个自动转换，有时也会造成预期之外的bug。

因此，JavaScript中提供了显式转换数据类型的方法。想要明确数据类型之后再执行处理，或者是变量的内容本身就不明确时，通过转换数据类型，可以防止脚本发生预期外的结果。

比如下面，就是将所给的值转换为数字的parseFloat／parseInt方法、Number函数（3.7节）的例子。

parseFloat／parseInt方法、Number函数的共同点就是「将所给的值转换为数字」。但是也有一些细微的差异，需要特别注意。我们先看下面的例子吧。

◉ 清单3-11 **parse.js**

```
var n = '123xxx';
console.log(Number(n));              // 结果: NaN
console.log(Number.parseFloat(n));       // 结果: 123        ❶
console.log(Number.parseInt(n)); // 结果: 123

var d = new Date();
console.log(Number(d));              // 结果: 1465888682473
console.log(Number.parseFloat(d));       // 结果: NaN         ❷
console.log(Number.parseInt(d)); // 结果: NaN

var h = '0x10';
console.log(Number(h));              // 结果: 16
console.log(Number.parseFloat(h));       // 结果: 0          ❸
console.log(Number.parseInt(h)); // 结果: 16

var b = '0b11';
console.log(Number(b));              // 结果: 3
console.log(Number.parseFloat(b));       // 结果: 0          ❹
console.log(Number.parseInt(b)); // 结果: 0

var e = '1.01e+2';
console.log(Number(e));              // 结果: 101
console.log(Number.parseFloat(e));       // 结果: 101        ❺
console.log(Number.parseInt(e)); // 结果: 1
```

例如，像❶中的[123xxx]这样混合着字符串的数字，parseXxxxx方法会将「123」这样可以解析的部分作为数字来读取（但是，只是从开头开始连续的数字，「xxx123」就不可以）。但是，Number函数不能解析这样混合了字符串的数字，会返回「NaN」。

像❷这样传递Data对象时，parseXxxxx方法不能解析，所以返回NaN，而只有Number函数会将「把Date对象转换为经过的毫秒」作为数字返回。

并且，解析整数／浮点数字面量的结果也是不同的。像❸这样，解析16进制数的整数字面量「0x10」时，parseInt方法和Number函数会将这个看作16进制数并返回「16」，parseFloat方法和❶相同，将其看作数字和字符串混合的字符串并返回「x」前面的值「0」。

ES2015中引入的2进制数、8进制数，现在，除了Number函数以外都无法正确识别（❹）。parseInt函数也不能解析，请特别注意。

❺是解析浮点数的科学记数法「1.01e+2」的情况。这时，parseFloat方法／Number函数可以正确解析，但是parseInt方法会删除末尾的字符串「e+2」，并舍弃小数点以下的数字，返回「1」。

> **Note** **和Global对象的方法等价**
>
> 　　实际上，在ES2015之前，Global对象中也有和parseInt／parseFloat方法同名的成员。但是，将数字关联的功能整理在Number对象中更容易理解，所以在ES2015中加入了此功能。
>
> 　　虽然在ES2015之后Global对象的parseInt／parseFloat方法也可以继续使用（功能上没有差别），但还是推荐优先使用Number对象。

■ 补充：根据算术运算符的字符串⇔数字的转换

也可以使用算术运算符「＋」「－」来实现字符串⇔数字的转换。

◉清单3-12 **convert.js**

```
console.log(typeof(123 + '')); // 结果: string  ←── ❶
console.log(typeof('123' - 0)); // 结果: number  ←── ❷
```

像2.4.1节中所介绍的，使用「＋」运算符，如果所给的运算数中包含字符串时，另一个运算数也会自动转换为字符串并连接。在❶中，利用这个特性，将数字123强制转换为了字符串。

❷中使用「－」运算符将字符串转换为了数字。使用「－」运算符，如果所给的运算数中有数字时，另一个操作数也会自动转换为数字并执行减法。这里利用了这个特性，将字符串123强制转换为了数字。

顺便说一下，将❷写作「'123' + 0」是不可以的。因为操作数中有一方为字符串时，「＋」运算符（不是加法运算符）会被视为字符串连接运算符。

要将任意的值强制转换为布尔类型，使用「！」运算符会很方便。

◎清单3-08 **convert2.js**

```
var num = 123;
console.log(!!num);      // 结果：true
```

利用「！」运算符作为运算数并转换为布尔型，然后使用「!!」将其反转。

3.2.3 创建标识符 – Symbol对象 – ES2015

在ES2015中，不仅有目前为止介绍的String、Number、Boolean等类型，还新增了Symbol类型。Symbol类型正如其名字，是用来创建symbol（物品的名称）的类型。乍一看和字符串很像，但并不是字符串。

在本节中，将实际创建symbol，并查看创建的symbol的内容。

■ 理解Symbol的性质

首先，我们来实际创建Symbol并查看创建的Symbol的内容吧。

◎清单3-14 **symbol.js**

```
let sym1 = Symbol('sym'); ←──────①
let sym2 = Symbol('sym'); ←

console.log(typeof sym1);        // 结果：symbol
console.log(sym1.toString());    // 结果：Symbol(sym)
console.log(sym1 === sym2);      // 结果：false ←── ②
```

创建symbol是Symbol语句的作用（①）。虽然和构造函数很相似，但是不能使用new运算符像「new Symbol('sym')」这样表示（会造成TypeError）。

◎写法 **Symbol语句**

```
Symbol([desc])
       desc：symbol的说明
```

参数desc是symbol的说明（名字）。需要注意的是，即使是参数desc相同的symbol，分别创建的symbol也是不同的东西。在上面的例子中，虽然sym1和sym2的参数desc都是sym，但使用===运算符比较二者是不同的（②）。

另外，symbol不能隐式转换为字符串或数字。因此，下面的写法都会出错。

```
console.log(sym1 + ''); // 结果：Cannot convert a Symbol value to a string
console.log(sym1 - 0);  // 结果：Cannot convert a Symbol value to a number
```

但是，可以转换为boolean类型。

```
console.log(typeof !!sym1);        // 结果：boolean
```

■ 将symbol作为常量使用

像这样拥有独特性质的symbol，仅从以上例子中是无法看出具体的使用情景。接下来，举一个典型的例子吧。表示枚举常量的案例。

目前为止，要表示值本身没有任何含义，只有其名字有含义的常量，没有像下面这样书写代码吧。

```
const MONDAY = 0;
const TUESDAY = 1;
...中间省略...
const SUNDAY = 6;
```

在上述例子中常量0、1...这样的值没有含义，只有MONDAY、TUESDAY...这样的名字作为标识符有含义。但是，在应该使用这些常量的上下文中，使用常量或数字都不会出错。

```
if (week === MONDAY) {...}
if (week === 0) {...}
```

如果考虑到代码的可读性，相比较而言「0」不是所期望的状态，当「const JANUARY = 0;」这样的常量出现时，可能会同时存在具有相同的值的常量，容易产生bug（如果功能相似更是如此）。

因此，使用symbol作为常量的值。

```
const MONDAY = Symbol();
const TUESDAY = Symbol();
...中间省略...
const SUNDAY = Symbol();
```

使用不同的Symbol语句生成的symbol，即使是同名的也是唯一的。省略Symbol语句的参数时也是如此。

因为无论在哪都无法知道生成的symbol的值，所以和常量MONDAY相等的常量只有MONDAY。

另外，定义私有属性、迭代器时也可以使用symbol。关于这一点，将分别在5.5.3节和5.5.4节中介绍。

3.2.4 执行基本的数学运算 – Math对象 –

查看3.2.2节中的表格就可以知道，Number对象只是「用来直接处理数字类型的值的对象」，没有所谓的科学计算和平方根、对数函数等和数学相关的计算功能。提供数学计算的功能，是Math对象的职责。

Math对象中可以使用的成员如下。

分类	成员	概要
基本	abs(*num*)	绝对值
	clz32(*num*) ES2015	32 无符号整形数字的二进制数开头的 0 的个数
	max(*num1*, *num2*,...)	num1、num2...中的最大值
	min(*num1*, *num2*,...)	num1、num2...中的最小值
	pow(*base*, *p*)	幂运算（基数（base）的指数（exponent）次幂）
	random()	0～1的随机数
	sign(*num*) ES2015	如果指定的值是正数则是1；如果是负数则是−1；如果是0则是0
进位／舍去	ceil(*num*)	向上取整（大于等于num的最小整数）
	floor(*num*)	向下取整（小于等于num的最大整数）
	round(*num*)	四舍五入
	trunc(*num*) ES2015	去掉小数部分（只保留整数部分）
平方根	*SQRT1_2	1/2的平方根。0.7071067811865476
	*SQRT2	2的平方根。1.4142135623730951
	sqrt(*num*)	平方根
	cbrt(*num*) ES2015	立方根
	hypot(*x1*, *x2*,...) ES2015	参数的平方和的平方根
三角函数	*PI	圆周率。3.141592653589793
	cos(*num*)	余弦值
	sin(*num*)	正弦值
	tan(*num*)	正切值
	acos(*num*)	反余弦值
	asin(*num*)	反正弦
	atan(*num*)	反正切
	atan2(*y*, *x*)	2参数的反正切
	cosh(*num*) ES2015	双曲余弦函数值
	sinh(*num*) ES2015	双曲正弦值
	tanh(*num*) ES2015	双曲正切函数值
	acosh(*x*) ES2015	反双曲余弦值
	asinh(*x*) ES2015	反双曲正弦值
	atanh(*x*) ES2015	反双曲正切值
对数／指数函数	*E	自然对数的底数
	*LN2	2的自然对数
	*LN10	10的自然对象
	*LOG2E	以 2 为底数，e 的对数
	*LOG10E	以 10 为底数，e 的对数
	log(*num*)	自然对数
	log10(*num*) ES2015	以 10 为底的对数
	log2(*num*) ES2015	以 2 为底的对数
	log1p(*num*) ES2015	参数加1后的自然对数
	exp(*num*)	指数函数（e的累乘）
	expm1(*num*) ES2015	$e^{num} - 1$

●**Math对象的主要成员（*是只读的）**

　　下面，是Math对象主要成员的示例。

```
console.log(Math.abs(-100));        // 结果：100
console.log(Math.clz32(1));         // 结果：31
console.log(Math.min(20, 40, 60));  // 结果：20
console.log(Math.max(20, 40, 60));  // 结果：60
console.log(Math.pow(5, 3));        // 结果：125
console.log(Math.random());         // 结果：0.13934720965325398
console.log(Math.sign(-100));       // 结果：-1
console.log(Math.ceil(1234.56));    // 结果：1235
console.log(Math.ceil(-1234.56));   // 结果：-1234
console.log(Math.floor(1234.56));   // 结果：1234
console.log(Math.floor(-1234.56));  // 结果：-1235
console.log(Math.round(1234.56));   // 结果：1235
console.log(Math.round(-1234.56));  // 结果：-1235
console.log(Math.trunc(1234.56));   // 结果：1234
console.log(Math.trunc(-1234.56));  // 结果：-1234
console.log(Math.sqrt(81));         // 结果：9
console.log(Math.cbrt(81));         // 结果：4.326748710922225
console.log(Math.hypot(3, 4));      // 结果：5
console.log(Math.cos(1));           // 结果：0.5403023058681398
console.log(Math.sin(1));           // 结果：0.8414709848078965
console.log(Math.tan(1));           // 结果：1.5574077246549023
console.log(Math.atan2(1, 3));      // 结果：0.3217505543966422
console.log(Math.log(10));          // 结果：2.302585092994046
console.log(Math.exp(3));           // 结果：20.085536923187668
console.log(Math.expm1(1));         // 结果：1.718281828459045
```

请注意，Math对象中的成员，都是静态属性／方法。也就是说，使用下面的形式，可以访问Math对象中所有的成员。

```
Math.属性名
Math.方法名(参数,...)
```

另外，Math对象不能使用new运算符实例化。例如，下面这样的写法，在执行时会出错。

```
var m = new Math();
```

Note　with语句

　　像清单3-15那样，需要反复调用同一个对象时，可以像下面这样使用with语句，能够省略对象名，使代码更简洁。

```
with(console) {
  log(Math.abs(-100));
  log(Math.max(20, 40, 60));
  log(Math.min(20, 40, 60));
  ...中间省略...
}
```

　　但是，with语句也有不利的地方，例如它存在

・代码块内的处理速度下降
・代码的可读性下降（ =由with修饰的方法变得更不明确 ）

等问题。作为例子使用时没有问题，但是在实际的应用中不应该使用。

3.3 管理／操作值的集合–Array／Map／Set对象–

在JavaScript中，有如下这些对象，用来操作值的集合。

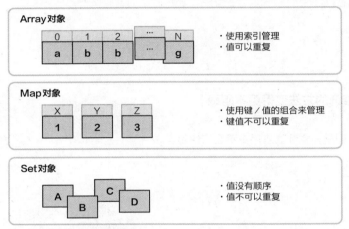

Array对象

Map对象

- 使用键／值的组合来管理
- 键值不可以重复

Set对象

- 值没有顺序
- 值不可以重复

● Array／Map／Set对象

　　Array对象通常是用来处理数组的对象。是在JavaScript的初期就有的传统的对象。

　　Map／Set对象是在ES2015中追加的。目前为止关联数组（map）使用对象字面量（2.3.2节）代替是JavaScript的惯用法。但是，在使用ES2015的环境中，需要理解各自的好处、坏处并区分使用（详细请参考3.3.2节）。

3.3.1 操作数组 – Array对象 –

　　首先介绍Array对象吧。Array对象是用来处理数组类型的值的对象，具有对数组元素的添加／删除、合并、排列等功能。

　　和2.3.2节中介绍的一样，Array对象可以使用字面量的形式，像

```
var ary = ['佐藤', '高江', '长田'];
```

这样生成，也可以通过构造函数，像下面这样生成。

```
var ary = new Array('佐藤', '高江', '长田');    // 使用指定的元素生成数组
var ary = new Array();                        // 生成空数组
var ary = new Array(10);                       // 使用指定的大小(索引是0～9)生成空数组
```

但是，使用构造函数的写法，有含义上不明确的问题。比如，

```
var ary = new Array(10);
```

是「长度为10的数组」，还是「有10这个元素的数组」呢？不论预期是怎样的，JavaScript都会识别为前者。另外，

```
var ary = new Array(-10);
```

虽然预期是表示「有-10这个元素」的代码，但JavaScript想要生成「长度为-10的数组」，结果便出错了。

因为上述理由，生成数组时请尽量使用数组字面量。如果要生成空数组，代码如下。

```
var ary = [];
```

■ Array对象的主要成员

Array对象可以使用的主要成员如下。

分类	成员	概要
基本	length	数组的大小
	isArray(*obj*)	指定的对象是否是数组（静态方法）
	toString()	转换为「元素,元素…」形式的字符串
	toLocaleString()	将数组转换为字符串（分隔字符根据语言变化）
	indexOf(*elm* [,*index*])	获取和指定元素匹配的第一个元素的键值（index是检索的开始位置）
	lastIndexOf(*elm* [,*index*])	获取和指定元素匹配的最后一个元素的键值（index是检索的开始位置）
	entries() ES2015	获取所有的键／值
	keys() ES2015	获取所有的键
	values() ES2015	获取所有的值
加工	concat(*ary*)	将指定的数组和现在的数组合并
	join(*del*)	将数组的元素使用分隔符del连接
	slice(*start* [,*end*])	取出第start +1个 ～第end个的元素
	*splice(*start*, *cnt* [,*rep* [,...]])	使用rep…替换数组内第start +1个 ～第end个的元素
	from(*alike* [,*map* [,*this*]]) ES2015	将类数组对象、可枚举对象转换为数组（静态方法。参考P.231）
	of(*e1*,...) ES2015	将可变参数转换为数组（静态方法）
	*copyWithin(*target* ,*start* [,*end*]) ES2015	将第start +1个 ～第end个的元素复制到从第target + 1开始的位置（元素数量和原来的相同）
	*fill(*val* [,*start* [,*end*]]) ES2015	使用val替换数组内第start +1个 ～第end个的元素
添加／删除	*pop()	获取数组末尾的元素并删除
	*push(*data1* [,*data2*,...])	在数组末尾添加元素
	*shift()	获取数组开头的元素并删除
	*unshift(*data1* [,*data2*,...])	在数组开头添加指定元素
排序	*reverse()	将数组内的元素颠倒（反转）
	*sort([*fnc*])	将元素升序排列

（下一页继续）

回调	forEach(*fnc* [,*that*])	使用fnc函数依次处理数组内的元素
	map(*fnc* [,*that*])	使用fnc函数依次加工数组内的元素
	every(*fnc* [,*that*])	数组内的所有元素是否都和条件fnc一致
	some(*fnc* [,*that*])	数组内是否有至少一个元素和条件fnc一致
	filter(*fnc* [,*that*])	生成和条件fnc一致的元素的数组
	find(*fnc* [,*that*]) `ES2015`	获取函数fnc第一次返回true的元素
	findIndex(*fnc* [,*that*]) `ES2015`	获取函数fnc第一次返回true的元素的索引
	reduce(*fnc* [,*init*])	使用函数fnc从左到右处理相邻的两个元素并返回单个值（参数init是初始值）
	reduceRight(*fnc* [,*init*])	使用函数fnc从右到左处理相邻的两个元素并返回单个值（参数init是初始值）

●**Array对象的主要成员（*是深拷贝方法）**

> **Note** **深拷贝方法**
>
> 　　深拷贝方法是指通过执行这个方法会影响对象（这里是数组）本身的方法。比如reverse、sort等方法，将排序后的数组作为返回值返回，注意原来的数组也排序了。

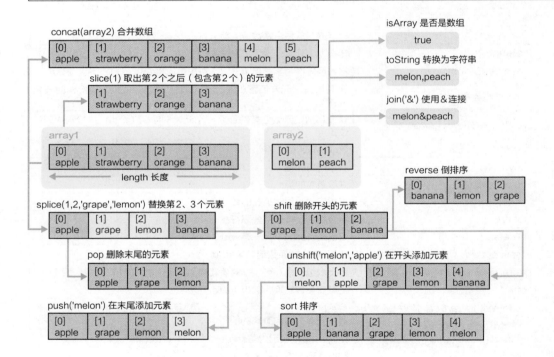

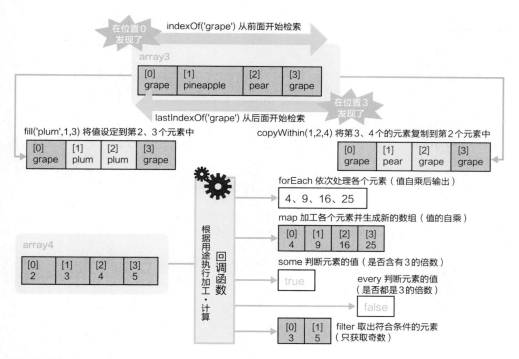

● **Array对象的成员**

下面是使用Array对象基本成员的例子（关于回调类的方法，后面会介绍）。

◉ 清单3-16 **array.js**

```javascript
var ary1 = ['Sato', 'Takae', 'Osada', 'Hio', 'Saitoh', 'Sato'];
var ary2 = ['Yabuki', 'Aoki', 'Moriyama', 'Yamada'];

console.log(ary1.length);                 // 结果: 6
console.log(Array.isArray(ary1));         // 结果: true
console.log(ary1.toString());             // 结果: Sato,Takae,Osada,Hio,Saitoh,Sato
console.log(ary1.indexOf('Sato'));        // 结果: 0
console.log(ary1.lastIndexOf('Sato'));    // 结果: 5

console.log(ary1.concat(ary2));
  // 结果: ["Sato", "Takae", "Osada", "Hio", "Saitoh", "Sato", "Yabuki", "Aoki", ⬇
"Moriyama", "Yamada"]

console.log(ary1.join('/'));
  // 结果: Sato/Takae/Osada/Hio/Saitoh/Sato
console.log(ary1.slice(1));
  // 结果: ["Takae", "Osada", "Hio", "Saitoh", "Sato"]
console.log(ary1.slice(1, 2));
  // 结果: ["Takae"]
console.log(ary1.splice(1, 2, 'Kakeya', 'Yamaguchi'));
  // 结果: ["Takae", "Osada"](获取替换对象的元素)
console.log(ary1);
  // 结果: ["Sato", "Kakeya", "Yamaguchi", "Hio", "Saitoh", "Sato"](替换后的数组)
console.log(Array.of(20,40,60));          // 结果: [20, 40, 60]
console.log(ary1.copyWithin(1, 3, 5));
  // 结果: ["Sato", "Hio", "Saitoh", "Hio", "Saitoh", "Sato"](将第4、5个元素复制到第2、3个的位置)
console.log(ary1);
  // 结果: ["Sato", "Hio", "Saitoh", "Hio", "Saitoh", "Sato"](复制后的数组)
```

```
console.log(ary2.fill('Suzuki', 1, 3));
  // 结果：["Yabuki", "Suzuki", "Suzuki", "Yamada"](将第2、3个元素替换为"Suzuki")
console.log(ary2);
  // 结果：["Yabuki", "Suzuki", "Suzuki", "Yamada"](替换后的数组)

console.log(ary1.pop());                        // 结果：Sato(删除的元素)
console.log(ary1);
  // 结果：["Sato", "Hio", "Saitoh", "Hio", "Saitoh"](删除后的数组)
console.log(ary1.push('Kondo'));                // 结果：6(添加后的元素个数)
console.log(ary1);
  // 结果：["Sato", "Hio", "Saitoh", "Hio", "Saitoh", "Kondo"](添加后的数组)
console.log(ary1.shift());                      // 结果：Sato(删除的元素)
console.log(ary1);
  // 结果：["Hio", "Saitoh", "Hio", "Saitoh", "Kondo"](删除后的数组)
console.log(ary1.unshift('Ozawa', 'Kuge'));     // 结果：7(添加后的元素个数)
console.log(ary1);
  // 结果：["Ozawa", "Kuge", "Hio", "Saitoh", "Hio", "Saitoh", "Kondo"](添加后的数组)

console.log(ary1.reverse());
  // 结果：["Kondo", "Saitoh", "Hio", "Saitoh", "Hio", "Kuge", "Ozawa"](反转后的数组)
console.log(ary1);
  // 结果：["Kondo", "Saitoh", "Hio", "Saitoh", "Hio", "Kuge", "Ozawa"](反转后的数组)
console.log(ary1.sort());
  // 结果：["Hio", "Hio", "Kondo", "Kuge", "Ozawa", "Saitoh", "Saitoh"](排序后的数组)
console.log(ary1);
  // 结果：["Hio", "Hio", "Kondo", "Kuge", "Ozawa", "Saitoh", "Saitoh"](排序后的数组)
```

理解了数组的基本用法，下面补充介绍上面例子中没有说明的方法。

■ 堆栈和队列

如果从数据结构的角度来看push、pop、shift、unshift方法，会加深一点理解。通过使用这些方法，可以将数组作为堆栈或队列来使用。

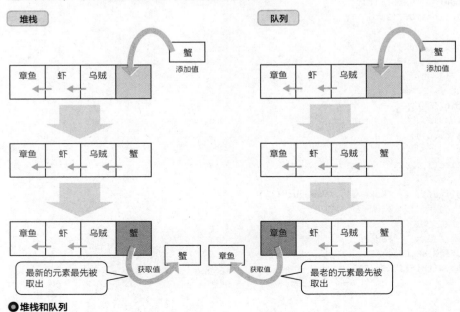

●堆栈和队列

112

（1）堆栈

堆栈（Stack）是指后入先出（LIFO：Last In First Out）、或者是先入后出（FILO：First In Last Out）的数据结构。例如，在应用中经常使用的Undo功能中，将操作保存在履历中，最后执行的操作会首先被取出。像这样用途的操作适合于堆栈。

堆栈可以使用push和pop方法实现。

◉清单3-17 **array_stack.js**

```javascript
var data = [];
data.push(1);
data.push(2);
data.push(3);
console.log(data.pop());    // 结果: 3
console.log(data.pop());    // 结果: 2
console.log(data.pop());    // 结果: 1
```

（2）队列

队列（Queue）是指先入先出（FIFO：First In First Out）的数据结构。因为最开始进入的元素最先处理（取出）的流程和在窗口等待服务很相似，所以称为队列。

队列可以使用push和shift方法实现。

◉清单3-18 **array_queue.js**

```javascript
var data = [];
data.push(1);
data.push(2);
data.push(3);
console.log(data.shift());    // 结果: 1
console.log(data.shift());    // 结果: 2
console.log(data.shift());    // 结果: 3
```

■ 添加／替换／删除多个数组元素 －splice方法－

splice方法可以在数组的任意位置添加元素，替换现有的元素或者删除元素。其功能可能会感到有些复杂，但还是先静下心来继续看splice方法的写法。

◉写法 **splice方法**

```
array.splice(index, many [,elem1 [,elem2,...]])
      array：数组对象     index：取出元素的开始位置
      many：取出的元素个数          elem1：elem2...：在删除位置插入的元素
```

和pop、push、shift、unshift等方法相同，splice方法会影响原来的数组。另外，将从原来的数组中删除的元素作为返回值返回。

关于其他参数的作用，请看下面的例子。

◉清单3-19 **array_splice.js**

```javascript
var data = ['Sato', 'Takae', 'Osada', 'Hio', 'Saitoh'];
console.log(data.splice(3, 2, 'Yamada', 'Suzuki'));  ←— ❶
```

```
          // 结果：["Hio", "Saitoh"]
console.log(data);
          // 结果：["Sato", "Takae", "Osada", "Yamada", "Suzuki"]
console.log(data.splice(3, 2));    ←── ❷
          // 结果：["Yamada", "Suzuki"]
console.log(data);
          // 结果：["Sato", "Takae", "Osada"]
console.log(data.splice(1, 0, 'Tanaka'));    ←── ❸
          // 结果：[]
console.log(data);
          // 结果：["Sato", "Tanaka", "Takae", "Osada"]
```

❶是最简单的处理。将第4、5个元素替换为指定的元素。替换前的元素和替换后的元素个数不一定要一致。

在❷中没有设定替换后的元素（参数elem1、elem2...），表示「删除指定范围的元素」。

像❸这样，将需要替换的元素个数（参数many）设为0时，表示「在参数index指定的位置插入元素」。

■ 可以使用用户定义的函数加入个人处理的方法

在Array对象中，有可以将用户定义函数设定为参数的方法。在P.130的表格中分类为「回调」的方法就是这种方法。通过使用这些方法，可以在方法的基本动作中加入应用特有的功能。

Note	理解匿名函数是前提

　要理解本节内容，需要以理解匿名函数为前提。因为这里只是先说明代码的意图，所以推荐在理解了4.6.4节之后再次阅读。

下面，以在这些回调类的方法中经常使用的forEach、map、some、filter方法为例进行说明。

（1）依次处理数组的内容 – forEach方法 –

forEach方法是用来以指定的函数依次处理数组内的元素的方法。

◉写法 **forEach方法**

```
array.forEach(callback [,that])
      array：数组对象
      callback：用来处理各个元素的函数
      that：函数callback中表示this(5.1.5节)的对象
```

例如，下面是将数组内容的平方依次显示在日志中的例子。

◉清单3-20 **callback_foreach.js**

```
var data = [2, 3, 4, 5];
data.forEach(function(value, index, array) {
  console.log(value * value);    // 结果：4、9、16、25
});
```

forEach方法中，依次取出数组的元素并传递给用户定义函数callback。函数callback处理传递的值。因此，在函数callback中为了接收数组的信息，必须设定如下参数。

- **第1参数value** ➡ **元素的值**
- **第2参数index** ➡ **索引**
- **第3参数array** ➡ **原始数组**

在这个例子中，将参数value的平方输出到了日志中。因为没有使用到index和array参数，所以可以省略。

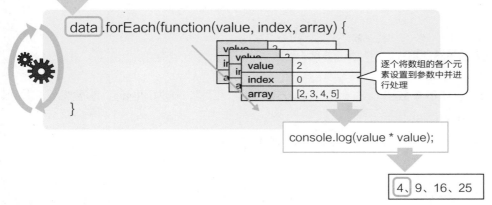

●**forEach方法的动作**

在回调类的方法中，基础方法提供了基本操作（在这个例子中是依次取出数组的元素），然后由用户定义函数决定在这个范围内执行怎样的加工或计算（在这个例子中是输出日志）。

（2）按指定的规则加工数组 － map方法 －

通过使用map方法，可以使用指定的函数加工数组。

◉**写法 map方法**

```
array.map(callback [,that])
    array：数组对象
    callback：用来加工各个元素的函数
    that：函数callback中表示this(5.1.5节)的对象
```

函数callback接收的参数和forEach方法相同。但是，函数callback会将加工的结果以返回值返回。

例如，将数组内的元素平方后的结果作为新的数组。

◉清单3-21 **callback_map.js**

```javascript
var data = [2, 3, 4, 5];
var result = data.map(function(value, index, array) {
  return value * value;
});

console.log(result);   // 结果: [4, 9, 16, 25]
```

和清单3-20相比较，这里是将加工的结果作为回调函数的返回值（粗体字部分）返回的。在map方法中，汇总函数callback的返回值并创建新的数组。

（3）确认数组中是否有和条件一致的元素 – some方法 –

some方法是使用指定的函数逐个判断各个元素，只要有1个元素满足条件，就返回true。

◉写法 **some方法**

```
array.some(callback [,that])
      array：数组对象
      callback：用来判断各个元素的函数
      that：函数callback中表示this(5.1.5节)的对象
```

函数callback接收的参数和forEach、map方法相同。但是，作为返回值，需要将元素是否和条件一致并用ture／false返回。

例如，下面是判断数组内是否含有3的倍数的例子。

◉清单3-22 **callback_some.js**

```javascript
var data = [4, 9, 16, 25];
var result = data.some(function(value, index, array) {
  return value % 3 === 0;
});

if (result) {
  console.log('找到了3的倍数');
} else {
  console.log('没有找到3的倍数');
}
```

将参数value除以3，如果余数是0则视为是3的倍数。使用求余运算符「％」用于这样的判断，是很常用的用法。

和some很相似的方法是every方法。some方法是判断「是否至少有1个满足条件」（=函数callback是否至少返回1次ture），而every方法是判断「是否所有的元素都满足条件」（=函数callback是否都返回true）。

（4）使用特定的条件筛选数组内容 – filter方法 –

filter方法使用指定的函数逐个判断各个元素，只取出满足条件的元素。

◉ 写法 **filter方法**

```
array.filter(callback [,that])
    array：数组对象
    callback：用来判断各个元素的函数
    that：函数callback中表示this(5.1.5节)的对象
```

函数callback接收的参数和some、every方法相同。

下面是从数组data中取出奇数的例子。

◉ 清单3-23 **callback_filter.js**

```
var data = [4, 9, 16, 25];
var result = data.filter(function(value, index, array) {
  return value % 2 === 1;
});

console.log(result);    // 结果：[9, 25]
```

「%」的用法和上一个例子相同。除以2时，如果余数是1则是奇数（如果是偶数，余数是0）。filter方法是只有当函数callback返回true时，才会将这个元素写入结果数组。

■ 使用自定义规则排列数组 - sort方法 -

sort方法默认是将数组作为字符串按照字典顺序排序。要更改这个规则，可以定义如下的函数作为参数。

・两个参数（要比较的数组元素）
・如果第1个参数小于第2个参数，返回负数，大于则返回正数

例如，下面是将数组的内容作为数字来排序的例子。比较和默认排序的结果有什么不同。

◉ 清单3-24 **sort.js**

```
var ary = [5, 25, 10];
console.log(ary.sort());        // 结果：[10, 25, 5](作为字符串进行排序)
console.log(ary.sort(function(x, y) {
  return x - y;
}));    // 结果：[5, 10, 25](作为数字进行排序)
```

在函数中，通常是将参数x、y作为数字并计算双方的差。根据结果返回双方大小对应的正负数。

再看对汉字排序的例子吧。下面是按照职务（部长→课长→主任→负责人）的顺序为对象数组members排序的例子。

◉ 清单3-25 **sort_clazz.js**

```javascript
var classes = ['部长', '课长', '主任', '负责人'];
var members = [
  { name: '铃木清子', clazz: '主任' },
  { name: '山口久雄', clazz: '部长' },
  { name: '井上太郎', clazz: '负责人' },
  { name: '和田知美', clazz: '课长' },
  { name: '小森雄太', clazz: '负责人' },
];
console.log(members.sort(function(x, y) {
  return classes.indexOf(x.clazz) - classes.indexOf(y.clazz);  ← ❶
}))
```

```
[
  { clazz: "部长" , name: "山口久雄"},
  { clazz: "课长" , name: "和田知美"},
  { clazz: "主任" , name: "铃木清子"},
  { clazz: "负责人" , name: "井上太郎"},
  { clazz: "负责人" , name: "小森雄太"}
]
```

关键点是❶。使用对象数组members的clazz属性作为键值，检索事先定义的数组classes并比较其索引位置。如果将数字之外的值转换为可以比较大小的形式，就可以排序。

3.3.2 操作关联数组 −Map对象 ES2015

Map对象是用来管理键／值对——即所谓的关联数组（哈希）的对象。正如2.3.2节中所介绍的，在Java Script中，基本是优先使用对象字面量来管理关联数组的。但是在ES2015中提供了专用的对象。

接下来，在查看了Map对象的基本用法之后，再对和对象字母量的差异、Map对象特有的注意点等内容进行说明。

■ Map对象的基本

如下表是Map对象中可以使用的成员。

成员	概要
size	元素个数
set(*key*, *val*)	添加键key／值val对的元素。如果重复则覆盖
get(*key*)	获取指定key的元素
has(*key*)	判断指定key的元素是否存在
delete(*key*)	删除指定key的元素
clear()	删除所有的元素
keys()	获取所有的key
values()	获取所有的值
entries()	获取所有的key／值
forEach(*fnc* [,*that*])	使用函数fnc依次处理Map内的元素

●Map对象的主要成员

因为用法都很简单，所以在下面的示例中只查看主要成员的动作。

◉清单3-26 **map.js**

```
// 向Map对象中添加值
let m = new Map();
m.set('dog', '汪汪');
m.set('cat', '喵喵');
m.set('mouse', '吱吱');

console.log(m.size);          // 结果：3
console.log(m.get('dog'));    // 结果：汪汪
console.log(m.has('cat'));    // 结果：true

// 依次获取key
for (let key of m.keys()) {
  console.log(key);           // 结果：dog、cat、mouse
}

// 依次获取值
for (let value of m.values()) {
  console.log(value);         // 结果：汪汪、喵喵、吱吱
}

// 依次获取key/值
for (let [key, value] of m) {
  console.log(value);         // 结果：汪汪、喵喵、吱吱
}

// 删除key dog
m.delete('dog');
console.log(m.size);          // 结果：2

// 删除所有的key/值
m.clear();
console.log(m.size);          // 结果：0
```

① ② ③ ④

虽然在①中使用set方法逐个添加key／值，但也可以在数组内使用数组，通过构造函数来初始化。

```
let m = new Map([['dog', '汪汪'],['cat', '喵喵'],['mouse', '吱吱']]);
```

要依次获取Map对象中的内容，可以使用②～④的方法。像④这样直接使用for...of语句处理Map对象时，临时变量也需要使用「let [key, value]」这样的键／值对来接收内容。

④的粗体字部分写作「let [key, value] of m.entries()」也是同样的意思。

■ 对象和字面量的差异

理解了Map对象的基本用法之后，让我们来了解一下对象和字面量二者有什么不同，是否更加方便了。

（1）可以使用任意的类型设定key值

对象字母量中，只是用属性名来代替key，所以只能使用字符串作为key。但是，在Map对象中，可以使用任意的类型来作为key。例如，甚至是对象和NaN都可以作为key。

（2）可以获取Map的大小

正如清单3-26，在Map对象中使用size属性获取登陆的key／值的个数。但是，在对象字母量中不可以，需要使用for...in循环遍历对象来手动计数。

（3）可以创建纯净的map

对象字面量的本质是Object对象。其中，Object对象基础的属性（key）一开始就存在了。创建空的对象字面量时，已经不是空的了。

但是，因为Map对象是专用的对象，所以可以生成完全空的关联数组。

虽然在Object对象中使用create方法（3.6.3节），也可以强制生成空的对象，但如果是要生成纯净的map，还是应该使用Map对象。

尽管如此，虽然有上述优点，但是从历史背景和使用字面量可以表现的优点来看，仍有很多机会将对象字面量作为关联数组来使用。不要盲目使用新功能，有必要了解两者的优点和缺点并正确使用它们。

■ key相关的3个注意点

正如之前介绍的，在Map对象中，可以将任意的类型设定为key。所以，设定key时，必须留意以下几点。

（1）key需要使用「 === 」运算符比较

在Map对象中比较key时需要使用「 === 」运算符。因此，下面这样的代码不能得到预期的结果。

◎清单3-27 **map_equal.js**

```
var m = new Map();
m.set('1', 'hoge');  ←── ❶
console.log(m.get(1));  // 结果: undefined  ←── ❷
```

在这个例子中，❶的key「1」是字符串，而❷的key「1」是数字，所以不能获取预期的值。「key看着一致但是却不能得到预期的值」时，就应该考虑数据类型是否一致。

（2）特别的NaN不是特别的

在3.2.2节中介绍过，NaN是和自己本身都不相等的特别的值（也就是说，NaN !== NaN）。但是，在Map的世界中，看作NaN === NaN。因此，下面的代码也可以正确地得到NaN对应的值。

◎清单3-28 **map_nan.js**

```
var m = new Map();
m.set(NaN, 'hoge');
console.log(m.get(NaN));          // 结果：hoge
```

（3）比较对象时需要特别注意

例如，下面的代码将对象作为key，会得到怎样的结果？

◎清单3-29 **map_obj.js**

```
var m = new Map();
m.set({}, 'hoge');
console.log(m.get({})); // 结果：？？？
```

「同样是表示空对象字面量{}，所以结果是「hoge」」这样思考是不正确的。请回忆一下2.3节中的「比较对象这样的引用类型时，比较的是引用」。即使看上去是相同的，如果是在不同的地方生成的对象，也会视为是不同的。

因此，上面的对象返回undefined。

如果要使其正确地识别key{}，按照如下书写即可。

◎清单3-30 **map_obj2.js**

```
var key = {};
var m = new Map();
m.set(key, 'hoge');
console.log(m.get(key));          // 结果：hoge
```

3.3.3 操作值不重复的集合 – Set对象 – `ES2015`

Set对象是用来管理不重复值的集合的对象。如果添加了重复的值，这个值会被忽略。

Set是ES2015新增加的对象，在之前的JavaScript中，没有代替的内容。在允许使用ES2015的环境中，推荐使用。

■ Set对象的基础

Set对象中可以使用的成员，如下表所示。

成员	概要
size	元素个数
add(*val*)	添加指定的值
has(*val*)	判断指定的值是否存在
delete(*val*)	删除指定的元素
clear()	删除所有的元素
entries()	获取所有的key／值
values()	获取所有的值（作为别名可以使用keys方法）
forEach(*fnc* [,*that*])	使用指定的函数处理Set的各个值

●Set对象的主要成员

Set对象和Array、Map对象不同，不能使用索引、key等来访问元素。在Set对象中，只能使用has方法判断有没有值或者使用for...of循环、values属性遍历内容。

那么，我们来看下使用基本成员的例子吧。

◉ 清单3-31 **set.js**

```javascript
// 向Set对象中添加值
let s = new Set();
s.add(10);
s.add(5);
s.add(100);
s.add(50);
// 如果是相同的值则忽略
s.add(5);

console.log(s.has(100));      // 结果：true
console.log(s.size);      // 结果：4

// 依次获取值
for (let val of s.values()) {
  console.log(val);      // 结果：10、5、100、50
}

// 依次获取值(和上面相同的含义)
for (let val of s) {
  console.log(val);      // 结果：10、5、100、50
}

// 删除值100
s.delete(100);
console.log(s.size);      // 结果：3
// 删除所有的值
s.clear();
console.log(s.size);      // 结果：0
```

在❶中，使用add方法向Set对象中添加值，也可以使用构造函数整个初始化。

```javascript
let s = new Set([10, 5, 100, 50, 5]);
```

■ NaN / 其他Key值的比较规则

在Set对象中，NaN、其他Key值的比较规则和Map对象相同。

◉ 清单3-32 **set2.js**

```javascript
let s = new Set();
s.add(NaN);
s.add(NaN);
console.log(s.size);      // 结果：1(忽略相同的值)  ⟵ ❶

s.add({});
s.add({});
console.log(s.size);      // 结果：3(视为不同的对象并添加)  ⟵ ❷
```

首先，不同的两个NaN被视为是相等的，之后再添加会被忽略（❶）。

另一方面，❷是添加了两个空对象的例子。虽然看上去是相同的，但是因为两个「{}」是不同的对象，所以作为单独的值添加了（两个值都被添加了）。

| Note | **使用弱引用管理key − WeakSet／WeakMap对象 −** |

　　和Set／Map对象很相似，并且使用弱引用管理key的对象，称为WeakSet／WeakMap。弱引用是指除了这个map之外不能使用key来访问，直接成为垃圾回收对象（=被删除）。在标准的Map／Set中，是使用所谓的强引用管理key的，所以只要map／set有key，key对象就不能成为垃圾回收对象。

　　从这个特性来看，WeakSet／WeakMap中有

- **key必须是引用类型**
- **不可遍历（如果需要，自己管理）**

等限制。

3.4　操作日期／时间数据−Date对象−

在2.3.1节中介绍过，JavaScript中没有标准数据类型的date类型。但是，如果使用内置对象Date，便可以直观地显示和处理日期。

3.4.1　创建Date对象

Date对象没有和其他的字符串或者数组那样的字面量记法，所以创建对象时必须通过构造函数。Date对象的构造函数有以下4种写法。

```
var d = new Date();  ←── ❶
var d = new Date('2016/12/04 20:07:15');  ←── ❷
var d = new Date(2016, 11, 4, 20, 07, 15, 500);  ←── ❸
var d = new Date(1480849635500);  ←── ❹
```

在❶中创建了默认的Date对象。Date对象默认设置创建时的系统日期。

❷是以日期字符串为基础创建Date对象。在这里设定了「2016/12/04 20:07:15」的形式，也可以设定为「Sun Dec 04 2016 20:07:15」这样的英文形式。

如果要使用年月日／时分秒／毫秒的形式设定时，使用❸的写法。这时，时分秒、毫秒可以省略。另外，需要注意月的范围是0～11（不是1～12）。

此外，也有使用自1970/01/01 00:00:00开始经过的毫秒数（时间戳）来设定的方法（❹）。时间戳的获取方法将在后面介绍。

根据使用场景的不同，使用不同的写法。

■ Date对象的成员

以下是Date对象中可以使用的成员。

分类	成员	概要
本地（获取）	getFullYear()	年（4位）
	getMonth()	月（0～11）
	getDate()	日（1～31）
	getDay()	星期（0：星期日～6：星期六）
	getHours()	时（0～23）
	getMinutes()	分（0～59）
	getSeconds()	秒（0～59）
	getMilliseconds()	毫秒（0～999）
	getTime()	自1970/01/01 00:00:00开始经过的毫秒
	getTimezoneOffset()	和协调世界时的时差

（下一页继续）

分类	成员	概要
本地（获取）	setFullYear(*y*)	年（4位）
	setMonth(*m*)	月（0~11）
	setDate(*d*)	日（1~31）
	setHours(*h*)	时（0~23）
	setMinutes(*m*)	分（0~59）
	setSeconds(*s*)	秒（0~59）
	setMilliseconds(*ms*)	毫秒（0~999）
	setTime(*ts*)	自1970/01/01 00:00:00开始经过的毫秒
协调世界时（获取）	getUTCFullYear()	年（4位）
	getUTCMonth()	月（0~11）
	getUTCDate()	日（1~31）
	getUTCDay()	星期（0：星期日~6：星期六）
	getUTCHours()	时（0~23）
	getUTCMinutes()	分（0~59）
	getUTCSeconds()	秒（0~59）
	getUTCMilliseconds()	毫秒（0~999）
协调世界时（获取）	setUTCFullYear(*y*)	年（4位）
	setUTCMonth(*m*)	月（0~11）
	setUTCDate(*d*)	日（1~31）
	setUTCHours(*h*)	时（0~23）
	setUTCMinutes(*m*)	分（0~59）
	setUTCSeconds(*s*)	秒（0~59）
	setUTCMilliseconds(*ms*)	毫秒（0~999）
解析	*parse(*dat*)	解析日期字符串，获取自1970/01/01 00:00:00开始经过的毫秒
	*UTC(*y*，*m*，*d* [,*h* [,*mm* [,*s*[,*ms*]]]])	根据日期信息获取自1970/01/01 00:00:00开始经过的毫秒（协调世界时）
	*now()	获取自1970/01/01 00:00:00（协调世界时）至今所经过的毫秒数
字符串转换	toUTCString()	获取使用UTC时区表示给定日期的字符串
	toLocaleString()	获取本地时间的日期字符串
	toDateString()	获取该日期对象日期部分的字符串
	toTimeString()	获取该日期对象时间部分的字符串
	toLocaleDateString()	根据地区获取该日期对象日期部分的字符串
	toLocaleTimeString()	根据地区获取该日期对象时间部分的字符串
	toString()	获取该日期对象的字符串
	toJSON()	获取该日期的JSON字符串（3.7.3节）

●Date对象的主要成员（*是静态方法）

协调世界时（Coordinated Universal Time）是指由国际协调决定的官方时间。根据上表，我们可以发现Date对象分别有获取、设定本地时间和协调世界时的方法。

基本都是可以直观理解的，通过下面的例子来查看主要成员的动作。

◉清单3-33 date.js

```
var dat = new Date(2016, 11, 25, 11, 37, 15, 999);
console.log(dat);                    // 结果：Sun Dec 25 2016 11:37:15 GMT+0900
console.log(dat.getFullYear());      // 结果：2016
```

```javascript
console.log(dat.getMonth());           // 结果: 11
console.log(dat.getDate());            // 结果: 25
console.log(dat.getDay());             // 结果: 0
console.log(dat.getHours());           // 结果: 11
console.log(dat.getMinutes());         // 结果: 37
console.log(dat.getSeconds());         // 结果: 15
console.log(dat.getMilliseconds());    // 结果: 999
console.log(dat.getTime());            // 结果: 1482633435999
console.log(dat.getTimezoneOffset());  // 结果: -540

console.log(dat.getUTCFullYear());     // 结果: 2016
console.log(dat.getUTCMonth());        // 结果: 11
console.log(dat.getUTCDate());         // 结果: 25
console.log(dat.getUTCDay());          // 结果: 0
console.log(dat.getUTCHours());        // 结果: 2
console.log(dat.getUTCMinutes());      // 结果: 37
console.log(dat.getUTCSeconds());      // 结果: 15
console.log(dat.getUTCMilliseconds()); // 结果: 999

var dat2 = new Date();
dat2.setFullYear(2017);
dat2.setMonth(7);
dat2.setDate(5);
dat2.setHours(11);
dat2.setMinutes(37);
dat2.setSeconds(15);
dat2.setMilliseconds(513);

console.log(dat2.toLocaleString());     // 结果: 2017/8/5 11:37:15
console.log(dat2.toUTCString());        // 结果: Sat, 05 Aug 2017 02:37:15 GMT
console.log(dat2.toDateString());       // 结果: Sat Aug 05 2017
console.log(dat2.toTimeString());       // 结果: 11:37:15 GMT+0900
console.log(dat2.toLocaleDateString()); // 结果: 2017/8/5
console.log(dat2.toLocaleTimeString()); // 结果: 11:37:15
console.log(dat2.toJSON());             // 2017-08-05T02:37:15.513Z

console.log(Date.parse('2016/11/05'));  // 结果: 1478271600000
console.log(Date.UTC(2016, 11, 5));     // 结果: 1480896000000
console.log(Date.now());                // 结果: 1465971930329
```

3.4.2 对日期／时间做加法／减法

在Date对象中没有直接对日期／时间做加法／减法的方法。需要使用getXxxxx方法取出相应的日期／时间，再将加法／减法的结果使用setXxxxx方法写回。

我们通过以下例子查看对日期／时间做加法／减法的操作。

◉清单3-34 **add.js**

```javascript
var dat = new Date(2017, 4, 15, 11, 40);
console.log(dat.toLocaleString()); // 结果: 2017/5/15 11:40:00
dat.setMonth(dat.getMonth() + 3);  // 加上3个月
console.log(dat.toLocaleString()); // 结果: 2017/8/15 11:40:00
dat.setDate(dat.getDate() - 20);   // 减去20天  ←── ❶
console.log(dat.toLocaleString()); // 结果: 2017/7/26 11:40:00
```

像❶这样，对特定的元素做加法／减法的结果超过了有效范围，Date对象会将其自动换算为正确的日期。在例子中「15-20=-5」，但是Date对象会回到上个月并创建正确的日期。

利用Date对象的这个特性，也可以得到这个月的最后一天。

◉清单3-35 **add_last.js**

```
var dat = new Date(2017, 4, 15, 11, 40);
console.log(dat.toLocaleString()); // 结果: 2017/5/15 11:40:00
dat.setMonth(dat.getMonth() + 1);  // 设为下个月的…
dat.setDate(0);                    // 第0天
console.log(dat.toLocaleString()); // 结果: 2017/5/31 11:40:00
```

在例子中，「下个月的第0天」在Date对象中被视为当前月的最后一天。

3.4.3 计算日期／时间的差

另一个很常用的处理就是计算日期／时间的差。这也不是Date对象直接提供的功能，需要像以下的代码这样记述。

◉清单3-36 **subtract.js**

```
var dat1 = new Date(2017, 4, 15);          // 2017/05/15
var dat2 = new Date(2017, 5, 20);          // 2017/06/20
var diff = (dat2.getTime() - dat1.getTime()) / (1000 * 60 * 60 * 24);
console.log(diff + '天数相差' + diff + '天。'); // 结果: 36
```

在本例中，计算「2017/06/20」和「2017/05/15」的日期差。

计算日期差时，首先要计算两个日期的经过的毫秒数。查看P.124的表格，我们知道可以使用getTime方法获取经过的毫秒数。

在本例中，我们先计算经过的毫秒数之间的差，然后将这个值再次转换为日期。

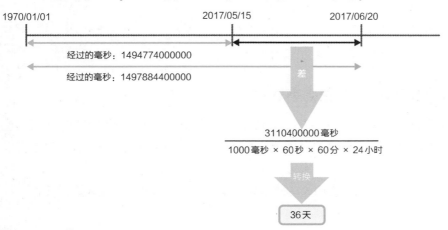

●**如何计算日期的差**

虽然看起来有些麻烦，但因为是定型的计算差的例子，所以记住固定的代码就可以了。

3.5 使用正则表达式自由地操作字符串 -RegExp对象-

例如，从下面的文本中取出邮编。

我家的邮编是111-0500，搬家前的邮编是999-9763。

虽然邮编本身是简单的字符串，但是要仅取出邮编，需要从开头开始依次检索字符，然后像「出现数字之后，下一个和下下个字符是否还是数字，再下一个是否是「－」...」这样根据邮编的特性不停地判断。

正则表达式（Regular Expressi）是一种不需要这样烦杂的过程，可以检索模糊字符串模式的机制。例如邮编，可以使用「0～9的3位数字」+「－」+「0～9的4位数字」这样的模式来表示，用正则表达式表示如下。

[0-9]{3}-[0-9]{4}

将这个和原始字符串比较，便可以从任意的字符串中检索具有特定模式的字符串（关于记法将在后面介绍）。

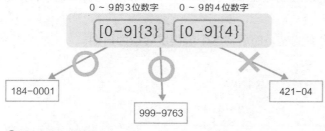

●正则表达式的例子

3.5.1 JavaScript可以使用的正则表达式

使用正则表达式表示的字符串模式称为正则表达式模式。下面，整理了在应用开发中经常使用的主要正则表达式模式。虽然这里列举的只是一小部分，但只要把列举的部分都理解了就可以写出各种各样的字符串模式。

另外，如果某个字符串包含所给的正则表达式模式，则叫做字符串匹配正则表达式模式。

分类	模式	匹配的字符串
基本	ABC	「ABC」这个字符串
	[ABC]	A、B、C中的任1个字符
	[^ABC]	A、B、C以外的任1个字符
	[A-Z]	A~Z之间的1个字符
	A|B|C	A、B、C的任一个
限定符	X*	0个字符以上的X（"fe*"匹配"f"、"fe"、"fee"等）
	X?	0个或者1个字符的X（"fe?"匹配"f"、"fe"，不匹配"fee"）
	X+	1个或者多个X（"fe+"匹配"fe"、"fee"。不匹配"f"）
	X{n}	匹配n次X（"[0-9]{3}"表示3位数字）
	X{n,}	至少匹配n次X（"[0-9]{3,}"表示3位及以上的数字）
	X{m,n}	匹配m~n次X（"[0-9]{3,5}"表示3~5位的数字）
定位符	^	匹配开始的位置
	$	匹配结束的位置
字符集	.	匹配任意一个字符
	\w	匹配大写字母／小写字母、数字、下划线（等价于"[A-Za-z0-9]"）
	\W	匹配一个非单字字符（等价于"[^\w]"）
	\d	匹配数字（等价于"[0-9]"）
	\D	匹配一个非数字字符（等价于"[^0-9]"）
	\n	匹配换行符
	\r	匹配回车符
	\t	匹配水平制表符
	\s	匹配空白字符（等价于"[\n\r\t\v\f]"）
	\S	匹配非空字符（等价于"[^\s]"）
	\~	匹配「~」字符

● **JavaScript中可以使用的主要正则表达式模式**

根据上表，试着解读表示URL的正则表达式。

```
http(s)?://([\w-]+\.)+[\w-]+(/[\w- ./?%&=]*)?
```

开头的「http(s)?://」中包含的「(s)?」表示「s」这个字符出现0次或者1次，即URL字符串以「http://」或者「https://」开始。

接下来的「([\w-]+\.)+[\w-]+」表示由英文字母、下划线、连字符构成的字符串，并且中途可以包含句号。

然后，「(/[\w- ./?% &=]*)?」表示后续的字符串由英文字母、数字、下划线、连字符、斜杠、句号、其他特殊字符（?、%、&、=）等字符构成。

以上正则表达式，虽然不一定能表示完整的URL字符串，但如果是基本的URL，使用这样的正则表达式应该能匹配。虽然可能会感到复杂，但一边查看他人写的正则表达式，一边慢慢掌握，从而可以书写各种正则表达式。

另外，本书不对正则表达式进行详细介绍。读者如果想要好好理解正则表达式，请参考「详解 正则表达式 第3版」（O'Reilly Japan出版）等专业书籍。

3.5.2 创建RegExp对象的方法

在JavaScript中，RegExp对象用来解析正则表达式并检索字符串。
RegExp对象的创建方法，主要分为以下两类。

- **通过RegExp对象的构造函数**
- **使用正则表达式字面量**

我们来看下各自的写法。

```
var 变量名 = new RegExp('正则表达式', '选项');  ← 构造函数
var 变量名 = /正则表达式/选项;  ← 字面量表示
```

请注意，在正则表达式字面量中，需要将正则表达式整体使用斜杠（/）括起来。
「选项」是决定正则表达式的动作的参数，可以设定以下的值。如果需要设定多个，请像"gi"这样并排书写。

选项	概要
g	是否对字符串整体进行检索（不设定时，匹配一次处理就结束）
i	是否区分大写字母／小写字母
m	是否对应多行（将换行符识别为行的开始和结束）
u	对应Unicode

●正则表达式主要的选项

基于上述内容，试着创建匹配URL字符串的RegExp对象，如下。

```
var p = new RegExp('http(s)?://([\\w-]+\\.)+[\\w-]+(/[\\w- ./?%&=]*)?','gi');
var p = /http(s)?:\/\/([\w-]+\.)+[\w-]+(\/[\w- .\/?%&=]*)?/gi;
```

比较两者，不仅仅是写法的不同，正则表达式的记法本身有以下不同。

（1）在构造函数写法中需要转义「\」

首先，在构造函数写法中，将正则表达式作为字符串来设定。正如2.3.2节中所介绍的，在JavaScript的字符串字面量中「\」是具有含义的保留字。因此，为了让原本正则表达式中的「\w」能够被识别，需要将「\」转义为「\\」。

（2）正则表达式字面量中需要转义「/」

另一方面，在正则表达式字面量中，「/」是表示正则表达式模式的开始和结束的保留字。在正则表达式字面量中，如果模式本身包含「/」时，需要像「\/」这样进行转义处理。

请注意，虽然使用任意一种记法都可以，但是如果不理解上面的特性，便可能出现「正则表达式没有按预期运行」或者「脚本本身出错了」。

3.5.3 根据正则表达式检索的基础

创建了RegExp对象，接着介绍检索字符串的方法。下面是从字符串中取出URL字符串的例子。

◉清单3-37 **match.js**

```
var p = /http(s)?:\/\/([\w-]+\.)+[\w-]+(\/[\w- .\/?%&=]*)?/gi;
var str = '支持网站是http://www.wings.msn.to/。';
str += '示例讲解网站HTTP://www.web-deli.com/欢迎。';
var result = str.match(p);
for (var i = 0, len = result.length; i < len; i++) {
  console.log(result[i]);
}
```

```
http://www.wings.msn.to/
HTTP://www.web-deli.com/
```

要使用正则表达式来检索，就要使用String.match方法（实际上还有另一种RegExp.exec方法，之后再介绍）。

◉写法 **方法**

str.match(*pattern*)
     str：要检索的字符串   *pattern*：正则表达式

match方法将正则表达式匹配到的字符串以数组形式返回。在这个例子中，使用for循环将得到的数组内容依次输出。

变量str

支持网站是 http://www.wings.msn.to/。

示例讲解网站 HTTP://www.web-deli.com/欢迎！

以数组的形式获取匹配到的字符串

正则表达式模式

/http(s)?:\/\/([\w-]+\.)+[\w-]+(\/[\w- .\/?%&=]*)?/gi

[0]
http://www.wings.msn.to/

[1]
HTTP://www.web-deli.com/

●match方法的动作

3.5.4 使用正则表达式的选项控制匹配时的举动

如上所述，正则表达式中有「g」「i」「m」「u」4个选项，使用它们就可以控制正则表达式检索的动作。

在清单3-37中，因为选项设为"gi"，所以对「字符串整体」进行检索并且「不区分大写字母／小写字母」。那么，如果去除选项，动作将如何变化呢？

全局检索 – g选项 –

首先，是去除了g选项的例子。

◎清单3-38 **match.js（只是变更部分）**

```
var p = /http(s)?:\/\/([\w-]+\.)+[\w-]+(\/[\w- .\/?%&=]*)?/i;
```

```
http://www.wings.msn.to/
undefined
msn.
/
```

在这个例子中，因为使全局检索无效了，所以发现第一个匹配的字符串时就会结束检索。这时，match方法将「第一个匹配的字符串整体和子匹配项」作为数组返回。子匹配项是指和正则表达式中括号内的部分（子表达式）一致的子字符串。

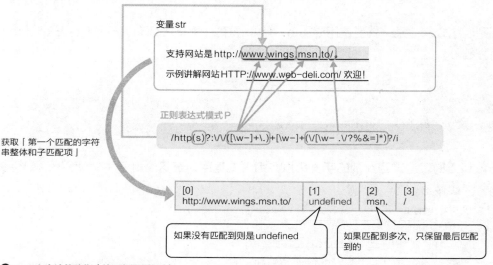

●**match方法的动作（使g选项无效时）**

区分大写字母 / 小写字母 – i选项 –

接着，我们再去除i选项。

◎清单3-39 **match.js（只是变更部分）**

```
var p = /http(s)?:\/\/([\w-]+\.)+[\w-]+(\/[\w- .\/?%&=]*)?/g;
```

```
http://www.wings.msn.to/
```

这里使全局检索有效，但是设定为区分大写字母 / 小写字母，所以「http(s)?://」不匹配「HTTP://」。最后，只取出了「http://www.wings.msn.to/」。

■ 多行模式 −m模式−

目前为止都是容易直观地理解的动作。而m选项（多行模式）比较难理解。首先，我们看下面的例子。

◉清单3-40 match_multi.js

```
var p = /^[0-9]{1,}/g;
var str = '101条小狗。\n7个小孩';
var result = str.match(p);
for (var i = 0, len = result.length; i < len; i++) {
  console.log(result[i]);
}
```

```
101
```

以上例子是使多行模式无效时的结果。这时，正则表达式「^」只是表示字符串的开头，所以只有开头的「101」匹配。

那么，使多行模式有效的话，结果会怎么样呢？

◉清单3-41 match_multi.js（只是变更部分）

```
var p = /^[0-9]{1,}/gm; // 检索行的开头1个及多个的数字
```

```
101
7
```

使多行模式有效时，正则表达式「^」变为表示行的开头。所以不仅匹配到了字符串开头的「101」，换行符「\n」之后的「7」也匹配到了。

顺便介绍一下，「$」（字符串末尾）也是一样的。使多行模式有效时，「$」表示「行的末尾」。

> **Note** **正则表达式字面量**
>
> 因为「/模式/选项」本身就是字面量，所以清单3-41的代码也可以按以下书写。但需要注意，因为是字面量值，所以前后不可以用单引号或双引号括住。
>
> ```
> var result = str.match(/^[0-9]{1,}/gm);
> ```

■ 对应Unicode −u标志− ES2015

使用u标志，可以使RegExp对象识别surrogate pair（3.2.1节）。

那么，我们来看一下具体的例子吧。下面是用正则表达式来检索包含surrogate pair字符（这里是「𠮷」）的字符串的例子。

◉清单3-42 **match_unicode.js**

```
let str = '吉祥如意';
console.log(str.match(/^.祥如意$/gu));    // 结果：["吉祥如意"]
```

「 . 」表示任意1个字符。如果删除u标志的话，便不能找到「吉」这个字符（=不能正确识别surrogate pair），结果为null。

3.5.5 match方法和exec方法举动的不同

之前提到，要根据正则表达式检索字符串，除了使用String.match方法外，还可以使用RegExp.exec方法。但是，请注意，根据这个方法得到的结果，根据条件会有所差异。

◉清单3-43 **exec.js**

```
var p = /http(s)?:\/\/([\w-]+\.)+[\w-]+(\/[\w- .\/?%&=]*)?/gi;
var str = '支持网站是http://www.wings.msn.to/。';
str += '示例讲解网站HTTP://www.web-deli.com/欢迎！'
var result = p.exec(str);
for (var i = 0, len = result.length; i < len; i++) {
  console.log(result[i]);
}
```

```
http://www.wings.msn.to/
undefined
msn.
/
```

和清单3-37的结果进行比较，有明显的不同。

exec方法不论全局检索（g选项）是否有效，一次执行只返回一个运行结果。所以和清单3-38的结果相同，将匹配到的字符串整体和子匹配项以数组形式返回。

那么，如果「想使用exec方法获取和清单3-37一样的结果」，应该怎么办呢？从结论来看，按照以下书写即可。

◉清单3-44 **exec2.js**

```
var p = /http(s)?:\/\/([\w-]+\.)+[\w-]+(\/[\w- .\/?%&=]*)?/gi;
var str = '支持网站是http://www.wings.msn.to/。';
str += '示例讲解网站HTTP://www.web-deli.com/欢迎！'
while((result = p.exec(str)) !== null) {
  console.log(result[0]);
}
```

这里的关键点是exec方法（或者说是RegExp对象）「具有记住最后匹配的字符位置的功能」。然后，在执行下一次exec方法时，RegExp对象会「从上次匹配的位置开始检索」。如果exec方法没有下一次的检索结果时返回null。

变量 str

第1次检索的开始位置　　　　　匹配结束　　　第2次检索的开始位置

支持网站是 http://www.wings.msn.to/ 。

匹配结束　　　第3次检索的开始位置

示例讲解网站 HTTP://www.web-deli.com/

欢迎！

下一次没有匹配到，
所以返回 null

●exec方法的动作

在这个例子中，使用exec方法的这个特性，不断循环直到exec方法的返回值为null，即可得到所有的匹配结果。

◉写法　**exec方法**

```
regexp.exec(str)
        regexp：正则表达式            str：被检索的字符串
```

3.5.6　验证匹配是否成功

如上所述，要取出正则表达式匹配到的字符串，可以使用String.match或RegExp.exec方法。但是，也有「只是想知道是否能够匹配到（=不需要匹配到的字符串本身）」这种情况。

这时，查看String.match或RegExp.exec方法的返回值是否为null，就可以判断是否匹配成功。但是，更简单的是使用test方法。

◉写法　**test方法**

```
regexp.test(str)
        regexp：正则表达式            str：被检索的字符串
```

test方法检索所给的字符串，并将其结果以布尔类型（true／false）返回。

◉清单3-45　**test.js**

```
var p = /http(s)?:\/\/([\w-]+\.)+[\w-]+(\/[\w- .\/?%&=]*)?/gi;
var str1 = '支持网站是http://www.wings.msn.to/。';
var str2 = '欢迎访问支持网站"服务器端技术的学堂"！';
console.log(p.test(str1));      // 结果：true
console.log(p.test(str2));      // 结果：false
```

另外，尽管不如test方法直观，但也可以使用String.search方法来验证匹配是否成功，它可以返回由指定的正则表达式首次匹配到的字符位置。

◉ 写法 search方法

```
str.search(pattern)
        str：被检索的字符串          pattern：正则表达式
```

search方法如果没有匹配到字符串，将−1作为返回值返回。

◉ 清单3-46 search.js

```
var p = /http(s)?:\/\/([\w-]+\.)+[\w-]+(\/[\w- .\/?%&=]*)?/gi;
var str1 = '支持网站是http://www.wings.msn.to/。';
var str2 = '支持网站「服务器站点技术的校舍」欢迎!';
console.log(str1.search(p));     // 结果：8
console.log(str2.search(p));     // 结果：-1
```

3.5.7 使用正则表达式替换字符串

使用String.replace方法，可以替换匹配到的字符串。下面，是将字符串中的URL字符串替换为锚标签的例子。

◉ 清单3-47 replace.js

```
var p = /(http(s)?:\/\/([\w-]+\.)+[\w-]+(\/[\w- .\/?%&=]*)?)/gi;
var str = '支持网站是http://www.wings.msn.to/。';
document.write(str.replace(p, '<a href="$1">$1</a>'));
```

┗ JavaScript完全学习手册 ×
← → C ⌂ | localhost/js/chap03/repl ☆ | ≡

支持网站是http://www.wings.msn.to/。

●URL字符串被设定为了链接。

replace方法的语法如下所示。

◉ 写法 replace方法

```
str.replace(pattern, rep)
        str：替换目标字符串          pattern：正则表达式
        rep：替换后的字符串
```

注意，在参数rep中含有「$1...$9」这样特殊的变量。这些是用来保存匹配字符串的变量，在这个例子中，以下的值分别保存在$1...$4中。

变量	保存的值
$1	http://www.wings.msn.to/
$2	无
$3	msn.
$4	/

●特殊变量的内容（示例）

仔细的读者可能已经发现，在清单3-47中，使用括号将正则表达式整体括起来了。这样是为了更方便地将特殊变量$1设置为匹配字符串。

3.5.8 使用正则表达式分割字符串

要使用正则表达式分割字符串，可以使用String.split方法。

◉写法 **split方法**

```
str.split(sep [,limit])
        str：要分割的字符串          sep：分隔符(正则表达式)
        limit：分割次数的上限(参考P.98)
```

例如，下面是将「YYYY/MM/DD」「YYYY-MM-DD」「YYYY.MM.DD」等日期字符串使用「/」「-」「.」分割为年月日的代码。

◉清单3-48 **split.js**

```
var p = /[\/\.\-]/gi;
console.log('2016/12/04'.split(p));    // 结果：["2016", "12", "04"]
console.log('2016-12-04'.split(p));    // 结果：["2016", "12", "04"]
console.log('2016.12.04'.split(p));    // 结果：["2016", "12", "04"]
```

split方法将分割后的结果以数组的形式作为返回值返回。不论分隔符为「/」「-」「.」中的哪一个，都可以正确地分割字符串。

Note	**replace和split方法**

replace和split方法的第1个参数中，都可以只设定为单纯的字符串字面量（不是RegExp对象）。这时，不是根据正则表达式分割的，而是根据固定字符串来分割。

3.6 所有对象的雏形 -Object对象-

目前为止介绍的对象，都是以使用自身为目的的对象。但是，本节要介绍的Object对象则稍有不同。这是因为Object对象的作用是为其他对象

提供对象共通的属性或功能。

Object对象也可以说是

所有的对象的基础对象。

也就是说，内置对象也好、将在Chapter5中介绍的用户定义对象也好，只要是能够称为「对象」的，都可以共通使用Object对象中定义的属性和方法。

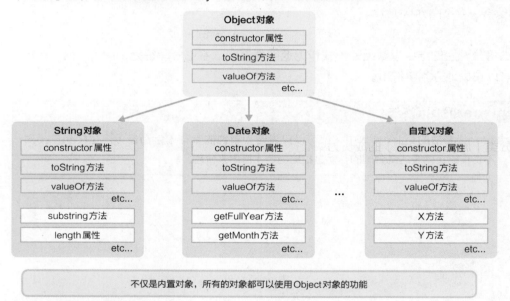

●Object对象是所有对象的基础

Note	也有例外的，不继承Object类的功能的对象

但是，使用Object.create这个方法，可以生成不继承Object对象的功能的对象。

Object对象中可以使用的主要成员如下。

分类	成员	概要
基本	constructor	用于实例化的构造函数（只读）
	toString()	获取对象的字符串表示
	toLocaleString()	获取对象的字符串表示（依赖地区）
	valueOf()	获取对象的基本类型表示（大多是数字）
	*assign(*target*, *src*,...) `ES2015`	将对象src复制到对象target中
	*create(*proto* [,*props*])	根据对象proto，生成新的对象（参数props是生成的对象中包含的属性信息）
	*is(*v1*, *v2*) `ES2015`	判断参数v1、v2是否相等
属性	*keys(*obj*)	获取对象自身可枚举属性名称的数组
	hasOwnProperty(*prop*)	判断对象是否含有指定的属性
	propertyIsEnumerable(*prop*)	判断属性prop是否可枚举
	*defineProperties(*obj*, *props*)	给对象obj添加多个属性props（5.4.2节）
	*defineProperty(*obj*, *prop*, *desc*)	给对象obj添加属性prop（5.4.2节）
	*getOwnPropertyDescriptor(*obj*, *prop*)	获取属性prop的属性信息
	*getOwnPropertyNames(*obj*)	获取对象obj中包含的所有属性名（不区分可枚举／不可枚举）
	*getOwnPropertySymbols(*obj*) `ES2015`	获取对象obj中包含的所有符号属性（5.3.3节）
原型	*getPrototypeOf(*obj*)	获取对象obj的原型（5.2.1节）
	*setPrototypeOf(*obj*, *proto*) `ES2015`	设置对象obj的原型
	isPrototypeOf(*obj*)	判断指定的对象是否在本对象的原型链中
是否可以更改	*preventExtensions(*obj*)	禁止添加属性
	*freeze(*obj*)	冻结对象（其他代码不能删除或者更改任何属性）
	*seal(*obj*)	密封对象（防止其他代码删除对象的属性）
	*isExtensible(*obj*)	判断对象是否可扩展
	*isFrozen(*obj*)	判断对象是否已经冻结
	*isSealed(*obj*)	判断对象是否已经密封

●**Object对象中可以使用的主要成员（*是静态成员）**

以属于分类「属性」「原型」的成员为中心，Object对象的成员和面向对象编程紧密相关。这些内容将在Chapter 5中介绍，本节先介绍除此之外的主要成员。

3.6.1 将对象转换为基本类型 − toString／valueOf方法 −

toString／valueOf方法，将对象的内容转换为基本类型。虽然两者的功能很相似，但也有如下的差异。

- **toString方法** ➡ **返回字符串**
- **valueOf方法** ➡ **用于「期待」返回字符串以外的基本类型**

这两种方法都很少由应用开发者自己调用，而是在应该将对象转换为字符串或者基本类型的值的上下文中被隐式调用。例如到目前为止出现的window.alert方法、「＋」运算符等，都会隐式调用toString方法并将其转换为字符串。

那么，我们来看一下在标准的内置对象中toString和valueOf方法的返回值。

● 清单3-49 **obj_tostring.js**

```javascript
var obj = new Object();
console.log(obj.toString());    // 结果: [object Object]
console.log(obj.valueOf());     // 结果: {}

var dat = new Date();
console.log(dat.toString());
          // 结果: Wed Jun 15 2016 16:08:03 GMT+0900 (东京（标准时）)
console.log(dat.valueOf());     // 结果: 1465974483876

var ary = ['prototype.js', 'jQuery', 'Yahoo! UI'];
console.log(ary.toString());    // 结果: prototype.js,jQuery,Yahoo! UI
console.log(ary.valueOf());     // 结果: ["prototype.js", "jQuery", "Yahoo! UI"]

var num = 10;
console.log(num.toString());    // 结果: 10
console.log(num.valueOf());     // 结果: 10

var reg = /[0-9]{3}-[0-9]{4}/g;
console.log(reg.toString());    // 结果: /[0-9]{3}-[0-9]{4}/g
console.log(reg.valueOf());     // 结果: /[0-9]{3}-[0-9]{4}/g
```

首先，Object对象的toString方法，不会返回有意义的信息。自己创建对象时，内置对象也是这样，要返回每个对象中有意义的信息，请定义toString方法（关于如何定义将在5.2.1节中介绍）。通过使用toString方法来适当地返回对象管理的信息，在调试／测试时便可以简单地查看对象的内容。

另一方面，使用valueOf方法，大多数内置对象只返回其自身。只有Date对象返回其日期／时间的数字表示（时间戳）。同样，如果对象有作为基本类型表示的值，请逐个定义。

3.6.2 合并对象 – assign方法 – ES2015

通过使用assign方法，可以合并现有的对象（merge）。

● 写法 **assign方法**

```
Object.assign(target, source, ...)
        target: 目标对象   source: 源对象
```

将参数source...指定的对象的成员复制到参数target中。需要注意的是，虽然assign方法将合并后的对象作为返回值返回，但还是会影响到原来的对象（参数target）。

下面，我们来看一下具体的例子。

● 清单3-50 **obj_assign.js**

```javascript
let pet = {
  type: '白雪公主仓鼠',
  name: '基拉',
  description: {
    birth: '2014-02-15'
  }
```

```
};

let pet2 = {
  name: '山田基拉',
  color: '白色',
  description: {
    food: '向日葵种子'
  }
};

let pet3 = {
  weight: 42,
  photo: 'http://www.wings.msn.to/img/ham.jpg'
};

Object.assign(pet, pet2, pet3);  ←── ❶
console.log(pet);
```

```
{
  color: "白色",
  description: {
    food:"向日葵种子"
  },
  name: "山田基拉",
  photo:"http://www.wings.msn.to/img/ham.jpg"
  type: "白雪公主仓鼠",
  weight: 42
}
```

在assign方法中，请注意以下几点。

- **同名的属性，会使用之后的属性覆盖（在这个例子中是name）**
- **不支持递归合并（在这个例子中description属性整个覆盖）**

另外，正如之前介绍到的，assign方法会改写参数target（在这里是变量pet）。如果不想影响到原来的对象的话，需要将❶的部分修改为以下内容。

```
let merged = Object.assign({}, pet, pet2, pet3);
```

该代码表示「将pet1～pet3合并到空对象中」，所以不会影响原来的对象pet1～pet3。

▍3.6.3 创建对象 – create方法

要创建对象，可以采用以下方法。

◉清单3-51 **obj.js**

```
var obj = { x:1, y:2, z:3 };  ←── ❶
```

```
var obj2 = new Object();
obj2.x = 1;
obj2.y = 2;                                    ❷
obj2.z = 3;

var obj3 = Object.create(Object.prototype, {
  x: { value: 1, writable: true, configurable: true, enumerable: true},
  y: { value: 2, writable: true, configurable: true, enumerable: true },    ❸
  z: { value: 3, writable: true, configurable: true, enumerable: true }
  }
);
```

首先，❶是在2.3.2节中接触到的对象字面量，是创建没有名字的对象（匿名对象）的最简单的方法。

❷中使用new运算符显式实例化Object对象，并逐个添加属性。❶和❷的含义相同。也就是说，在对象字面量中像

```
var obj = {};
```

这样的字面量，乍一看是创建的空对象，但是内部是Object对象的实例，默认继承了toString、valueOf等方法（不是完全的空），这一点请特别注意。

Note 创建匿名对象的方法

要生成匿名对象，不仅可以使用Object对象，也可以像下面一样，使用现有的内置对象。

```
var obj = new Array();
obj.name = '德次郎';
```

但是，要创建匿名对象，一般不使用这些具有特定目的的对象，因为可能会导致错误或者bug。通常，应该使用中性功能的Object对象。

最后，是创建对象的第3个方法：Object.create方法（❸）。

◉写法 **create方法**

```
Object.create(proto [,props])
    proto：新创建对象的原型对象
    props：属性信息
```

❸中将Object.prototype传递给参数proto是表示「请创建继承Object对象的功能的对象」。关于prototype属性，将在5.2节中介绍。

如果给参数proto传递null，则create方法连Object对象都不继承——也就是说可以创建完全空的对象。

```
var obj = Object.create(null);
```

create方法的参数props中，可以使用如下的形式一次定义属性。

```
{ 属性名: { 属性名: 值, ... }, ... }
```

属性是指用来表示各种特性的信息，下表为可以使用的属性。

属性	概要	默认值
configurable	是否可以变更或者删除属性（writable除外）	false
enumerable	是否可枚举	false
value	值	–
writable	是否可写	false
get	getter函数（5.4.2节）	–
set	setter函数（5.4.2节）	–

● 主要属性

configurable、enumerable、writable属性的默认值都是false。在清单3–51中如果删除粗体字部分，更改x属性的值、使用for...in语句枚举、删除属性本身将都不可以实现。

> **Note** **library / 方法的设定信息**
>
> 像create方法的参数prop这样，将对象字面量作为参数传递的做法在JavaScript中是很常见的。通过使用对象字面量，在传递无需再次使用的结构化数据时，不需要逐个定义后面将介绍的「类」，可以使代码更简洁。

3.6.4 定义不可变对象

不可变对象是指在最开始生成实例之后，不能更改任何状态（值）的对象。使对象不可变，就不用担心对象的状态会意外改变，比「可变对象」更容易实现和使用，也可以防止混入bug，使代码更牢固。

为了定义这样的不可变对象，JavaScript中提供了preventExtensions、seal、freeze方法。这些方法各自对属性操作的限制如下。

方法	preventExtensions	seal	freeze
添加属性	不可以	不可以	不可以
删除属性	可以	不可以	不可以
改变属性值	可以	可以	不可以

● 用来限制操作属性的方法

通过下面的代码我们来看一下具体的动作吧。

◉ 清单3-52 **freeze.js**

```javascript
'use strict';

var pet = { type: '白雪公主仓鼠', name: '基拉' };

// 注释掉下面的各个代码并查看动作
//Object.preventExtensions(pet);  ← ❶
//Object.seal(pet);  ← ❷
//Object.freeze(pet);  ← ❸
```

```
//  更改现有的属性
pet.name = '山田基拉';
//  删除现有的属性
delete pet.type;
//  添加新属性
pet.weight = 42;
```

去掉各个的注释之后，结果如下。

❶ **Can't add property weight, object is not extensible（不能增加weight属性）**

❷ **Cannot delete property 'type' of #<Object>（不能删除type属性）**

❸ **Cannot assign to read only property 'name' of object '#<Object>'（name属性是只读的）**

另外，本示例是以Strict模式运行的，在非Strict模式中，会无视preventExtensions、seal、freeze方法的制约而不产生异常。例如，调用preventExtensions方法之后即使添加新的属性，也只会无条件地无视，不显示异常。这是很难理解的行为，所以在使用preventExtensions、seal、freeze方法时，应该使Strict模式有效。

Note **Internet Explorer 9的情况**

使用上述介绍的方法定义不可变的对象，在Internet Explorer 9中无论Strict模式是否有效，都不会发生异常。

3.7 提供JavaScript程序经常用到的功能–Global对象–

Global对象（全局对象）和目前为止介绍的对象不同。例如，不能像

```
var g = new Global();
```

这样实例化，也不能像

```
Global.方法名(...);
```

这样调用其成员。

全局对象是指用来管理全局变量和全局函数的，由JavaScript自动生成的方便的对象。

全局变量／全局函数是指不属于任何函数的顶层的变量／函数。可以自己定义全局变量／函数，JavaScript也默认提供了一些全局变量／函数（参考下面的表格）。

要调用这些全局变量／全局函数，不需要使用「Global.～」，只需要像

```
变量名
函数名(参数,...)
```

这样就可以了。

Global对象中包含了对执行程序来说很重要的（或者是经常使用的）功能。下面，让我们来看一下各个成员以及其具体例子吧。

分类	成员	概要
特殊值	NaN	不是数字（Not a Number）
	Infinity	无穷大（∞）
	undefined	未定义值
检查	isFinite(*num*)	是否是有限数值（不是NaN、正负的无穷大）
	isNaN(*num*)	判断是否是非数字（Not a Number）
转换	Boolean(*val*)	转换为布尔类型
	Number(*val*)	转换为数字类型（3.2.2节）
	String(*val*)	转换为字符串类型
	parseFloat(*str*)	将字符串转换为浮点数
	parseInt(*str*)	将字符串转换为整数
编码	encodeURI(*str*)	将字符串编码为URI
	decodeURI(*str*)	将已编码的URI解码为原字符串
	encodeURIComponent(*str*)	将字符串编码为URI
	decodeURIComponent(*str*)	将已编码的URI解码为原字符串
解析	eval(*exp*)	解析表达式／值

●JavaScript中可以使用的全局变量／函数

145

3.7.1 移动到Number对象中的方法 `ES2015`

在ES2015中，属于全局对象的部分方法移到了Number对象中，因为数值相关的功能属于具有语义的Number对象更容易理解。

- **isFinite**
- **isNaN**
- **parseFloat**
- **parseInt**

在可以使用ES2015的环境中，应该优先使用Number对象中的这些方法。

另外，在上面的方法中，parseFloat、parseInt在全局对象和Number对象中的功能完全一致。但是，isFinite、isNaN方法则有所不同。

具体请看下面的例子。

◉ 清单3-53 **is_nan.js**

```
console.log(isNaN('hoge'));           // 结果: true
console.log(Number.isNaN('hoge'));    // 结果: false
```

全局对象将各个参数转换为数字之后再进行判断，而在Number对象中，参数必须是数字类型，并且只有是NaN结果才为true。也就是说Number.isNaN方法可以比全局对象中的这个方法更严格地判断NaN值。

Number.isFinite和Global.isFinite也同样有这个关系。

3.7.2 对查询信息进行编码处理 – encodeURI /ncodeURIComponent函数 –

比如，在使用Google或者Yahoo!这样的搜索引擎时，可以发现有以下这样的URL。

```
http://search.yahoo.co.jp/search?p=WINGS&ei=UTF-8&fr=my-top&x=wrt
```

像这样，在URL末尾的「～?」之后以「键名=值&...」的形式记述的是用来访问服务器上运行的应用时所需的数据。这个称为查询信息。

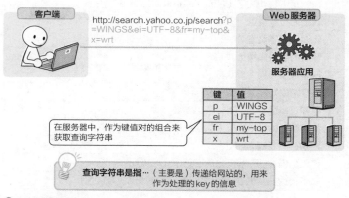

◉ 查询字符串的作用

这个查询信息虽然简单，但是在传递的信息中也有一些限制。比如，查询信息的分隔符是「&」，不可以使用表示哈希的「#」、空格、多字节字符等。如果查询信息中可能会包含这些字符，需要事先将这些字符串转换为无害的字符串（「%xx」的形式）。

像这样的转换处理称为URI编码。执行这样转义处理的就是encodeURI和encodeURIComponent函数。虽然两者的功能基本相同，但是作为编码对象的字符串有所不同。请看下面的例子。

◉清单3-54 **is_nan.js**

```
var str = '!"#$%&()+-*/@~_|;:,.';
console.log(encodeURI(str));        // 结果：!%22#$%25&()+-*/@~_%7C;:,.
console.log(encodeURIComponent(str)); // 结果：!%22%23%24%25%26()%2B-*%2F%40~_%7C%3B%3A%2C.
```

例如，在encodeURIComponent函数中，「#」「$」「+」「/」「@」「;」「:」「,」等也会被转换，而在encodeURI函数中则不会被转换。另外，「!」「(」「)」「-」「*」「~」「.」等在这两个函数中都不会被转换。

和encodeURI、encodeURIComponent函数很相似的escape函数。该函数会根据使用的平台或者浏览器（种类／版本）、字符编码等产生不同的结果。因此，除非有「需要保持向后兼容」等特殊的理由，否则请不要使用。

通过encodeURI和encodeURIComponent函数编码的字符串，可以使用decodeURI和decodeURIComponent函数还原为原来的字符串。

3.7.3 执行动态生成的脚本 − eval函数 −

eval函数可以将所给的字符串作为JavaScript代码来解析／运行。

◉清单3-55 **eval.js**

```
var str = 'console.log("eval函数")';
eval(str);         // 在日志中输出「eval函数」
```

由此可见，可以自由地给eval函数传递JavaScript代码并执行，所以看似是很灵活的编码方式。但是，由于以下原因，应该避免乱用。

·存在第三方自由地执行任意的脚本的可能性（安全风险）
·和通常执行代码相比，处理速度更慢（性能恶化）

如果是一般的用途，有比eval函数更安全的替代方案。例如，来思考一下「根据变量（表达式）的值来切换应该访问的属性」这个案例。使用eval函数，相关代码如下。

◉清单3-56 **eval2.js**

```
var obj = { hoge: 1, foo: 2 };
var prop = 'hoge';
eval('console.log(obj.'+ prop + ')');    // 结果：1
```

但是，使用中括号的写法，则更简单，而且更安全。

```
console.log(obj[prop]); // 结果: 1
```

另外，读取像"{"hoge":1, "foo":2}"这样的数据字符串时，不需要书写如下的代码。

```
eval('var data = { "hoge": 1, "foo": 2 }');
console.log(data.hoge); // 结果: 1
```

而是使用JSON.parse方法代替。

◉清单3-57 **json.js**

```
var data = JSON.parse('{ "hoge": 1, "foo": 2 }');
console.log(data.hoge); // 结果: 1
```

JSON.parse方法可以处理的代码比eval函数更具体，所以如果是为了转换数据，使用该方法可以更智能地，更安全地处理。

Note | **什么是JSON**

JSON（JavaScript Object Notation）是指以JavaScript的对象字面量的形式为基准的数据格式。因为和JavaScript的亲和性很高，经常用于Ajax通信（7.4节）等。

但是，需要注意，JSON中可以使用的字面量表示和JavaScript中不是完全一致的。具体有如下限制。

- **属性名必须使用双引号括起来**
- **数组／对象中的元素末尾不能使用逗号结束**
- **禁止0开头的值**

顺便介绍一下，要将JavaScript的数组／对象转换为JSON字符串，可以使用JSON.stringify方法。

```
var obj = { hoge: 1, foo: 2 };
console.log(JSON.stringify(obj))          // 结果: {"hoge":1,"foo":2}
```

在使用eval函数时，基本都会有代替的方案。所以，首先要考虑能不能用其他方法代替。因为「eval is evil」（eval函数是邪恶的）。

Chapter 4

将重复使用的代码整理在一处 - 函数 -

4.1 什么是函数

根据所给的输入值（参数）执行某种处理，并返回其结果的构造称为函数。虽然JavaScript中默认提供了许多函数，但应用开发者也可以自己定义函数。这个函数区别于默认函数，称为用户定义函数。

应用开发者定义函数，大致有4种方法。

- **使用function语句定义**
- **通过Function构造函数定义**
- **使用函数字面量表示法定义**
- **使用箭头函数定义** `ES2015`

下面我们逐个学习这些定义函数的方法。

▎4.1.1 使用function语句定义函数

使用function语句是用来定义函数的最基本的方法。

◉**写法** **function语句**

```
function 函数名(参数, ...) {
    ...函数的处理...
    return 返回值;
}
```

给函数命名时，要注意以下几点。

- **（不只是单纯的字符串）需要满足标识符的条件（参考2.2.2节）**
- **起个可以容易理解「这个函数执行什么样的处理」的名字**
  - ➡ **通常像「showMessage」这样使用「动词+名词」的形式来命名**

Note　camelCase形式

名字的开头是小写字母，单词间使用大写字母来分隔的表示法称为camelCase命名法。函数名通常是使用camelCase命名法。

参数是用来决定函数动作的。将用于从调用方接收指定的值的变量使用逗号分隔以设定参数。也称为形参，只可以在函数内部使用。

返回值是用来将函数的处理结果返回给调用方的值。通常，在函数的末尾使用return命令来实现。需要注意，如果在函数中途使用return命令，之后的代码都不会被执行。在函数中途使用时，应该配合if、switch等条件分歧语句使用。

另外，在没有返回值——不将值返回给调用方的函数中，可以省略return命令。省略return命令时，函数默认返回undefined（未定义值）。

什么是函数

介绍了很多定义函数写法的说明，接下来我们来看一下基本的函数的例子吧。

下面的getTriangle函数是将变量base（底边）、height（高）作为参数接收，并将三角形的面积作为返回值返回的函数。

清单4-01 function.js

```
function getTriangle(base, height) {
  return base * height / 2;
}

console.log('三角形的面积：' + getTriangle(5, 2));        // 结果：5
```

定义后的函数，可以如下调用。

```
函数名([参数,...]);
```

请注意，即使参数不存在，函数后面的括号也不可以省略（如果省略括号，将直接输出函数的定义内容）。

另外，为了区别在函数定义时声明的参数（形参），将调用方的参数称为实参。

> **Note** **中括号不能省略**
>
> 正如2.5.1节所介绍的，只有当if、for、while等控制语句中只有1条语句时才可以省略中括号。但是，在function语句中，即使函数的内容只有1条语句也不可以省略中括号。

4.1.2 通过Function构造函数来定义

正如3.1.4节中所介绍的，JavaScript中有作为内置对象的Function对象。函数也可以通过使用这个Function对象的构造函数来定义。

```
var 变量名 = new Function(参数... ,函数的主体);
```

例如，我们将上述清单4-01（getTriangle函数）使用Function构造函数来改写。

◉ 清单4-02 **function_obj.js**

```
var getTriangle = new Function('base', 'height', 'return base * height / 2;');
console.log('三角形的面积：' + getTriangle(5, 2));        // 结果：5
```

可以看到得到的结果和清单4-01相同。

Function构造函数中，依次排列接收到的形参，在最后设定函数主体。

和String、Number、Boolean等对象相同，可以省略new运算符，像全局函数那样书写。

```
var getTriangle = Function('base', 'height', 'return base * height / 2;');
```

另外，也可以像下面一样，将形参作为一个参数来书写。

```
var getTriangle = new Function('base, height', 'return base * height / 2;');
```

在本例中，虽然主体中定义了只有1个语句的函数，但是可以看出使用Function构造函数也和通常的函数定义相同，可以使用分号（；）分隔包含多条语句。

像这样，虽然写法规则本身是简明易解的，但是不使用function语句而使用Function构造函数有什么好处呢？使用function语句的代码反而更简洁易读，也可以不用引号将函数主体括起来，可以避免额外的编码错误。

其实，除非有特别的理由，使用Function构造函数并没有什么好处。但是，Function构造函数中有1个function语句所没有的重要特征。这就是「在Function构造函数中可以将参数和函数主体作为字符串来定义」。

也就是说，使用Function构造函数，可以如下书写代码。

◉ 清单4-03 **function_obj2.js**

```
var param = 'height, width';
var formula = 'return height * width / 2;';
var diamond = new Function(param, formula);
console.log('菱形的面积：' + diamond(5, 2));        // 结果：5
```

虽然为了简单起见将变量param、formula分别设定为固定值，但是在脚本中生成字符串，也可以动态生成参数／函数主体。

但是，这样的使用方法，和之前介绍的eval函数的理由相同，不应该乱用。特别是根据外部输入生成函数时，有执行外部任意的代码的可能性。

所以，在原则上应该使用function语句，或者是之后将介绍的函数字面量、箭头函数定义为JavaScript的函数。

「怎么也要使用Function构造函数」时，请避免在以下地方使用。

- **while / for等循环代码块中**
- **频繁调用的函数中**

Function构造函数在代码运行过程中被调用时，会执行从代码的解析到生成函数对象的处理，可能会造成运行性能低下。

4.1.3 使用函数字面量表现定义

第3个定义函数的方法和在2.3.2节中所接触到的一样，在JavaScript中，函数也是数据类型的一种。即和字符串、数字相同，

可以作为字面量来表示，将函数字面量赋给变量，可以作为参数传递给某个函数或者作为返回值返回函数。因此，JavaScript中可以实现灵活的编码。

下面是使用函数字面量来改写清单4-01的代码。

◉清单4-04 **function_literal.js**

```javascript
var getTriangle = function(base, height) {
  return base * height / 2;
};

console.log('三角形的面积: ' + getTriangle(5, 2));      // 结果: 5
```

虽然函数字面量的表示法和function语句很相似，但也有如下的差异。

- **function语句** ➡ **直接定义函数getTriangle**
- **函数字面量** ➡ **定义「function(base,height) {...}」这样的匿名函数之后，存储在变量getTriangle中**

函数字面量在声明时，是没有名字的匿名函数，或者也被称为是无名函数。匿名函数是在使用JavaScript的函数方面很重要的概念，将在后面详细说明。

4.1.4 使用箭头函数定义 ES2015

最后，是在ES2015中新增的箭头函数的表示法。

使用箭头函数（Arrow Function），可以比函数字面量更简单地记述。我们试着使用箭头函数来改写上述的getTriangle函数。

```
let getTriangle = (base, height) => {
 return base * height / 2;
};

console.log('三角形的面积: ' + getTriangle(5, 2));        // 结果: 5
```

箭头函数的基本写法如下。

◉写法　**箭头函数**

```
(参数,...) => { ...函数的主体... }
```

箭头函数中没有function关键字，而是使用表示名字由来的=>（箭头）连接参数和函数主体。

虽然这样已经很简单了，但是根据条件还可以更简单。首先，如果主体只有1条语句，表示代码块的{...}可以省略。另外，因为语句的返回值直接视为返回值，所以return语句也可以省略。因此，示例的粗体字部分可以改写为如下内容。

```
let getTriangle = (base, height) => base * height / 2;
```

如果只有1个参数，括住参数的括号也可以省略。例如，下面是计算圆面积的getCircle函数的例子。

```
let getCircle = radius => radius * radius * Math.PI;
```

但是，没有参数时，括号不可以省略。

```
let show = () => console.log('你好, 世界! ');
```

除了以上写法上的差异外，在箭头函数中（不是函数字面量）有「this的绑定」这个功能。关于这个，将在介绍this之后，在6.7.4节中再介绍。

Note　返回对象字面量时

习惯箭头函数的表示法并不会很难，但也要注意正是因为表示法的自由度高所以容易产生错误。例如，下面是箭头函数将对象字面量作为返回值返回的例子。请注意，此时，字面量整体需要用括号括起来。

```
let func = () => ({ hoge: '霍格' });
```

这是因为在像下面这样不使用括号时，{...}表示函数代码块，「hoge:」表示标签。结果，函数整体的返回值为undefined（未定义）。

```
                     函数代码块
                       |
let func = () => { hoge: '霍格' };
                   |      |
                  标签  字符串表达式
```

4.2 函数定义中的4个注意点

通过上一节的学习可见在JavaScript中函数的定义很简单，但是在实际写代码时也可能会因为意料之外的错误而烦恼。以下是避免常见错误的四个注意点。

4.2.1 return语句后不换行

正如2.1.3节中介绍的，在JavaScript中，通常将分号视为语句结束。但是，即使省略分号，JavaScript也可以根据上下文来判断语句的结束。也就是说，在JavaScript中，在语句末尾添加分号是标准行为，但「不是必须的」。这样的宽容度通常是用来降低JavaScript难度，但有时，也会带来意料之外的混乱。我们来看下面的例子。

◉清单4-06 **return.js**

```
var getTriangle = function(base, height) {
  return
 base * height / 2;
};

console.log('三角形的面积：' + getTriangle(5, 2));
```

这个代码预期是返回三角形的面积——表达式「base * height / 2」的结果，但实际调用这个方法后，并没有得到预期的结果。运行的结果应该是「三角形的面积：undefined」。

这是宽容的JavaScript导致的副作用。上面的代码（粗体字部分），实际上在return后面自动补全了分号，相当于以下内容，

```
return;
base * height / 2;
```

结果，getTriangle函数将（默认的）undefined作为返回值返回并且忽略下一行的表达式「base * height / 2」。

要想得到预期的结果，需要像下面这样删除两行代码中间的换行。

```
return base * height / 2;
```

像以上情况，「虽然没有发生错误，但是没有按照预期执行」，会使以后的调试更困难。当然，可能不会在这么短的表达式中间加入换行，但是如果是将更长的表达式作为返回值，可能会下意识地换行，所以需要十分小心。

和上述理由一样，像下面这样的语句，也不可以在语句后面直接换行。

1.带标签的break／continue语句
2.throw语句
3.++、――运算符（后置）

特别是在复杂的循环中，第1种情况可能比return语句更难发现问题。

总结以上内容，虽然在JavaScript中可以在语句中途换行，但是不应该无限制的换行。通常，在运算符、逗号、左括号等明显语句还继续的位置之后换行是安全的。

4.2.2 函数是数据类型的一种

如果是学习了其他编程语言的人，可能会直观地认为下面的代码「是错误的」。

◉清单4-07 **data.js**

```
var getTriangle = function(base, height) {
  return base * height / 2;
};


console.log(getTriangle(5, 2)); // 结果：5
getTriangle = 0;         ←─ ❶
console.log(getTriangle);      // 结果：0 ←─ ❷
```

「如果定义了和函数同名的变量是有问题的，❶应该是错误的才对」「如果将函数和变量一样调用是有问题的，那么❷应该是有问题的」。

但是，这在JavaScript中是正确的代码。

在JavaScript中「函数是数据类型的一种」。因此，定义getTriangle函数其实是「将函数类型的字面量存储到getTriangle这个变量中」。

因此，❶中重新给getTriangle设置数字类型的值没有错误，当然，引用替换为数字类型后变量❷的代码也是正确的。

利用函数的这个特性，还可以更进一步书写以下代码。

◉清单4-08 **data2.js**

```
var getTriangle = function(base, height) {
  return base * height / 2;
};


console.log(getTriangle);
```

```
function(base, height) {
  return base * height / 2;
}
```

这个例子中，将getTriangle作为变量引用，所以将getTriangle中的函数定义作为字符串原样输出了（严格来说，是调用Function对象的toString方法将其转换为字符串后输出）。

之前介绍过调用函数时「即使没有参数也不能省略括号」。因为括号也有「执行函数」的意思。

4.2.3 function语句声明的是静态结构

使用function语句定义函数和「将函数字面量通过赋值运算符（=）赋给变量」有所不同。例如，下面的例子。

◉清单4-09 **static.js**

```
console.log('三角形的面积：' + getTriangle(5, 2));  ← ❶

function getTriangle(base, height) {
  return base * height / 2;
}
```

如果认为「定义函数就是定义变量」，那么❶一定是错误的。因为在❶的时间点getTriangle函数（存储函数定义的变量getTriangle）还没有声明。

但是，实际执行这段代码getTriangle函数是可以正确执行的，结果也正确地显示了。这是因为function不是动态执行的命令，而是声明静态结构的关键字。虽然称为「静态结构」可能难以理解，简单来说就是「function语句是在解析／编译代码时注册函数的」。

因此，在运行代码时函数已经是代码内的结构之一，所以可以在任何地方调用getTriangle函数。

> **Note** **<script>元素要写在调用之前**
>
> 正如2.1.2节中所介绍的，定义函数的脚本块（<script>元素）必须写在「调用的脚本块之前」或者是「同一个脚本块中」。因为浏览器是以<script>元素为单位来依次处理脚本的。这一点容易混淆，请特别注意。

4.2.4 函数字面量／Function构造函数是在运行时被解析的

那么，我们使用函数字面量（或者Function构造函数）来改写清单4-09会怎么样。函数字面量和Function构造函数是否和function语句一样是在解析／编译代码时注册函数的？

◉清单4-10 **static2.js**

```
console.log('三角形的面积：' + getTriangle(5, 2));  ← ❶

var getTriangle = function(base, height) {
  return base * height / 2;
};
```

如果❶中的结果是5那么是成功的，但结果……很可惜，在运行时报错了「getTriangle is not a function（getTriangle不是一个函数）」。使用Function构造函数改写清单4-09也是同样的结果。

根据这个结果我们可以知道它们和function语句不同，

函数字面量和Function构造函数是在运行时被解析的

因此，使用函数字面量和Function构造函数定义函数时，必须「写在调用代码之前」。

请注意，即使同样是定义函数，根据写法不同会有不同的解释。

此外，函数字面量和Function构造函数之间也有不同，关于这点将在下一节中配合作用域一起说明。

4.3 变量在哪里可以访问−作用域−

作用域是指决定「变量在脚本中的什么地方可以访问到」的概念。JavaScript的作用域分为以下两类。

- **在脚本整体任何地方都可以访问的全局作用域**
- **只有在定义的函数中可以访问的局部作用域**

```
var scope = '全局';
function getValue() {
    var scope = '局部';        局部作用域 =
    return scope;             局部变量scope
}                            的有效范围
console.log(getValue());
console.log(scope);
```

全局作用域 =
全局变量scope的有效范围

scope：全局变量   scope 局部变量

◎全局作用域和局部作用域

Note	块级作用域

在ES2015中新增了块级作用域的概念，将在4.3.6节中介绍。

因为目前为止只接触过在顶层定义（=在函数外定义）的变量，所以没有必要留意作用域。但是，在介绍函数之后，就有必要理解作用域了。

4.3.1 全局变量和局部变量的不同

具有全局作用域的变量称为全局变量，具有局部作用域的变量称为局部变量。首先了解二者的含义（实际上混合了一些不恰当的地方，关于这个将在后面介绍）。

- **在函数之外声明的变量 ➡ 全局变量**
- **在函数中声明的变量 ➡ 局部变量**

我们通过具体的例子来分别查看各自的动作。下面，是分别在函数的内部和外部声明同名变量scope的例子。

```
var scope = 'Global Variable';  ←── ❶

function getValue() {
  var scope = 'Local Variable';  ←── ❷
  return scope;
}

console.log(getValue());        // 结果：Local Variable  ←── ❸
console.log(scope);             // 结果：Global Variable  ←── ❹
```

在函数的外部声明❶的变量scope视为全局变量，在函数中声明❷的变量scope视为局部变量。

我们可以发现，在❸中通过getValue函数访问变量scope时，返回局部变量scope的值，在❹中直接访问变量scope时，返回全局变量scope的值。这是因为作用域不同时，各个变量（即使是同名的）被识别为不同的变量。

4.3.2 变量声明中需要var语句的理由

那么，像下面这样的代码会怎么样？

```
scope = 'Global Variable';  ←── ❶

function getValue() {
  scope = 'Local Variable';  ←── ❷
  return scope;
}

console.log(getValue());  ←── ❸
console.log(scope);  ←── ❹
```

不同的只是从每个变量的声明中去除了var命令。正如2.2.1节中介绍的，在JavaScript中表示声明变量的var命令可以省略，所以这个代码可以正常运行。

但是，这个结果会是什么呢？这次❸❹都返回「Local Variable」。看来是❶中定义的全局变量被❷覆盖了。

从结论来看，在JavaScript中

不使用var语句声明的变量都视为全局变量

结果，❶中定义的全局变量scope，在运行getValue函数时（❷时）被覆盖了。

这便是为什么开头介绍的「定义函数的地方决定了作用域」这个说明「有些不恰当」。准确地来说应该是「var语句定义的变量，根据定义的位置来决定变量的作用域」，即，

要定义局部变量，必须使用var语句

由以上理由我们可以知道，除了「在函数内替换全局变量」这样的用途，原则上不应该省略var语句。声明全局变量时，「全局变量不使用var语句，局部变量使用var语句」这样反而会产生混乱。所以原则上，习惯「使用var语句声明变量」，可以防止产生bug。

4.3.3 局部变量的有效范围是多大

正如之前介绍的，局部变量是「只在声明的函数中有效的变量」，更严格地来说是「在声明的函数整体范围内有效的变量」。「整体是什么?」，请先看下面的代码。

只是在清单4-11中添加了粗体字部分。

◉清单4-13 scope3.js

```
var scope = 'Global Variable';

function getValue() {
  console.log(scope);      // 结果: ？？？    ← ❶
  var scope = 'Local Variable';   ← ❷
  return scope;
}

console.log(getValue());    // 结果: Local Variable
console.log(scope);         // 结果: Global Variable
```

那么，这里提一个问题。❶中输出的值是多少?

在❶的时间点，局部变量scope还没有定义，所以输出全局变量scope的值「Global Variable」，如果你也是这么想的话，那么很可能是不正确的。

根据本节开头的说明，如果局部变量在函数整体中有效，那么会输出局部变量的值「Local Variable」，如果你是这么认为的，也是不正确的。

正确的答案是「undefined（未定义）」。

解释一下理由吧，首先在JavaScript中局部变量是「在函数整体中有效」，所以在❶的时间点局部变量scope已经有效了。但是，在❶的时间点只是确保了局部变量，还没有执行var语句。也就是说局部变量scope的内容还是未定义（undefined）的。像这样的动作我们称之为变量提升。

可能有些难以理解，而JavaScript的这样的动作也是造成意料之外的错误的原因之一。

为了避免，请记住

在函数的开头声明局部变量

（请注意，这种做法和其他语言中的「变量尽量在靠近使用的地方定义」相反）。

通过这个方法，可以消除直观变量的有效范围和实际的有效范围的不一致问题，不必担心会产生预期之外的错误。

4.3.4 形参的作用域 — 注意基本类型和引用类型的不同 —

正如4.1.1节中所介绍的，形参是指「用来接收调用方传递给函数的值的变量」。例如，get-Triangle函数的形参是base、height。

```
function getTriangle(base, height) {...}
```

形参通常是作为局部变量来处理的。这里可能会在意「通常」的含义，但我们先把它放一边，来查看以下示例。

◉清单4-14 **reference.js**

```
var value = 10;  ←── ❶

function decrementValue(value) {
  value--;
  return value;
}

console.log(decrementValue(100)); // 结果：99  ←── ❷
console.log(value);               // 结果：10  ←── ❸
```

首先，❶中将局部变量value设为10。接着，❷中调用函数decrementValue，在其内部使用的形参value被视为是局部变量，所以这些操作不会影响到全局变量value。

因此，在❷中即使给decrementValue函数的形参value传100，给形参value做递减，也不会替换全局变量value，因此❸中输出的还是原来的值10。

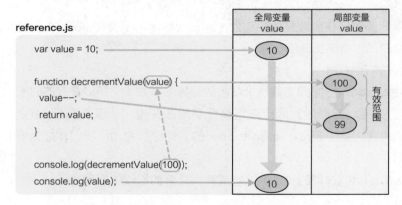

◉全局变量和局部变量（基本类型）

通过上述示例应该可以很直观地理解了形参的作用域。但是，如果给形参传递的值是引用类型会怎么样？我们来看具体的例子吧。

◉清单4-15 **reference2.js**

```
var value = [1, 2, 4, 8, 16];  ←── ❶
function deleteElement(value) {  ←── ❷
  value.pop(); // 删除末尾的元素
```

```
    return value;
}

console.log(deleteElement(value)); // 结果: [1, 2, 4, 8]  ←── ❸
console.log(value);                // 结果: [1, 2, 4, 8]  ←── ❹
```

正如之前多次介绍的，引用类型「存储的不是值本身，而是存储值用来保存值内存的地址（address）的类型」。因此，要接收引用类型的值，传递的值（不是值本身）也只是内存上的地址信息（像这样的传值方式称为引用传递）。

也就是说，在这个例子中，虽然❶中定义的全局变量value和❷中定义的形参（局部变量）作为变量来说分别是不同的变量，但❸中将全局变量value的值传递给形参value时，从结果上来说实际引用的内存地址是相同的。

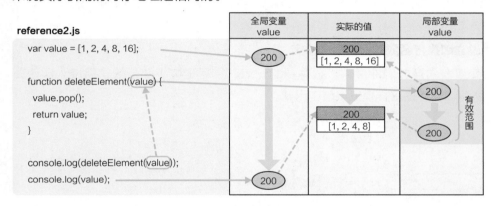

全局变量和局部变量引用的是相同的地址
→ 从结果来看，对局部变量的更改也会反映到全局变量中

● 全局变量和局部变量（引用类型）

因此，在deleteElement函数中操作数组时（这里是使用Array.pop方法删除数组末尾的元素），其结果也会反映到全局变量value中（❹）。

如果理解了引用类型的特性是很平常的，但是全局变量和局部变量混合在一起，是很容易混淆的。所以，请务必要好好理解。

4.3.5 不存在块级作用域（ES2015之前）

如果是学习过像Java或者C#、Visual Basic这样的编程语言的人，应该知道只有在代码块（{...}）的范围内变量才有效的作用域（块级作用域）吧。例如，下面是很简单的（不是Java-Script）Java的例子。

◉ 清单4-16 Scope.java

```
if (true) {
  int i = 5;
}

System.out.println(i); // 错误  ←── ❶
```

因为在Java的世界中是以代码块为单位来决定作用域的，所以这时「变量i的有效范围只是if代码块的内部」。也就是说，❶处视为「没有定义变量i」，所以出错了。

而在JavaScript的世界中，同样的代码却可以正常运行。

◉ 清单4-17 **compare_scope.js**

```
if (true) {
  var i = 5;
}

console.log(i);// 结果: 5
```

在JavaScript中，不存在块级作用域，所以即使离开了代码块（这里是if代码块）之后变量i依然是有效的。对于学过其他编程语言的人来说可能会稍微有点违和感，所以请牢记。

■ **补充说明：通过立即执行函数防止变量名冲突**

为了「防止变量发生意外的冲突」，很重要的一点就是尽量减小变量的作用域。即使在JavaScript中，也可以像下面这样模拟块级作用域。

◉ 清单4-18 **block.js**

```
(function() {
  var i = 5;
  console.log(i);      // 结果: 5 ←————❶立即执行函数
}).call(this);
              ❷立即执行
console.log(i);        // 因为变量i在作用域之外，所以出错
```

「如果函数可以决定作用域，那么就将函数（不是作为处理的集合）作为代码块的结构来使用」。首先在❶中将代码块的结构作为匿名函数定义，然后使用call方法（5.1.5节）立即调用（❷）。因为函数只是形式上的结构，只要定义了，就可以直接执行。

函数中的变量（这里是i）成为了局部变量，所以在代码块之外无法引用。立即调用定义的函数，这样的技巧称为立即执行函数。

在创建自己的应用时，通过使用立即执行函数将代码整体包起来，这样就不用担心和应用之外的代码（例如外部js库等）有变量名冲突。

4.3.6 对应块级作用域的let命令 ES2015

在ES2015中新增的let命令可以声明支持块级作用域的变量。将清单4-17使用let命令改写的话会怎么样？

◉ 清单4-19 **let.js**

```
if (true) {
  let i = 5;
}
```

```
console.log(i); // 结果：错误
```

使用let命令声明的变量在代码块外是无效的，所以结果出错了（i is not defined）。

从「作用域要尽可能地限定范围」这个一般的编程规则来看，在可以使用ES2015的环境中，比起var命令更应该使用let命令。另外，使用const命令（2.2.3节）定义的变量也具有块级作用域。

■ 不使用立即执行函数

在上一节中介绍的立即执行函数在ES2015的环境中是不需要的。将相应的代码使用代码块包围起来，在其中使用let命令声明变量的话，可以得到和立即执行函数一样的效果，代码如下。

◎清单4-20 **let_block.js**

```
{
  let i = 5;
  console.log(i);  // 结果：5
}

console.log(i);     // 变量i在作用域外所以出错
```

和清单4-18相比较，代码简洁了很多。

■ 注意switch代码块中的let声明

switch语句是将条件分支作为一个整体的代码块（case是使用标签修饰的语句，不是代码块）。因此，在case语句中声明变量时会出错。

◎清单4-21 **let_switch.js**

```
switch(x) {
  case 0:
    let value = 'x:0';
  case 1:
    let value = 'x:1';  // 重复的变量名
}
```

在这样的案例中，请事先在switch代码块的外部声明变量value。

4.3.7 函数字面量／Function构造函数中作用域的不同

关于作用域的另一点，是在4.2.4节中留下的关于函数字面量和Function构造函数的差异。

函数字面量和Function构造函数，虽然都是用来定义匿名函数的，但是在实际使用时对作用域的解释则不相同。我们来看下面代码中的动作吧。

◎清单4-22 **scope4.js**

```
var scope = 'Global Variable';
```

```
function checkScope() {
  var scope = 'Local Variable';

  var f_lit = function() { return scope; };
  console.log(f_lit()); // 结果: Local Variable

  var f_con = new Function('return scope;');
  console.log(f_con()); // 结果: Global Variable
}

checkScope();
```

　　函数字面量f_lit，Function构造函数f_con都是在函数内部定义的。因此，可能会认为变量scope都是参照的局部变量，但从结果可以发现，Function构造函数参照的是全局变量。

　　这个动作直观地来看很难理解，因为Function构造函数中的变量无论是在哪里声明的，始终是全局作用域。

　　正如4.1.2节中所介绍的，如果以原则上不使用Function构造函数为前提，可能会减少产生这样混乱的情况，这里再次强调「函数的3种表示法不一定都是相同的含义」。

4.4 参数的各种表示法

理解了用户定义函数的基础之后，我们来介绍关于用户定义函数的各种技巧。首先，从关于参数的技巧开始。

关于参数，在ES2015中做了很大的改善。本节的内容只是针对ES2015之前的环境，使用ES2015环境的读者，请参考下一节内容。

4.4.1 JavaScript不检查参数的个数

在介绍关于参数的具体技巧之前，先了解一下JavaScript中参数的特性。

首先，尝试以下的代码。

◉清单4-23 **args.js**

```
function showMessage(value) {
  console.log(value);
}

showMessage();                // 结果: undefined  ←── ❶
showMessage('山田');           // 结果: 山田  ←── ❷
showMessage('山田', '铃木');    // 结果: 山田  ←── ❸
```

用户定义函数showMessage接收1个参数。对于这样的函数，像清单4-23这样，分别传递0、1、2个参数的话会得到怎样的结果呢？

我们会直观地认为只有传递1个参数的❷可以正常运行，❶和❸会出错。但是，实际上❶~❸都正常运行了。也就是说，在JavaScript中

即使给的参数和函数要求的个数不一致，也不会检查

因此，在案例❶中将形参value的值作为undefined（未定义）来处理，在案例❸中忽略多出来的第2个参数（"铃木"），所以结果和❷是相同的。

不过，多出来的参数（案例❸）也不是被舍弃了。在JavaScript内部将其作为「参数信息之一」保存起来并处于之后可以再使用的状态。而管理这个参数信息的，就是arguments对象。

arguments对象是只能在函数中（定义函数的主体部分）使用的特殊的对象。

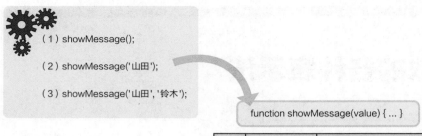

（1）showMessage();

（2）showMessage('山田');

（3）showMessage('山田', '铃木');

function showMessage(value) { ... }

No.	形参value	arguments 对象	
（1）	undefined		
（2）	山田	[0] 山田	
（3）	山田	[0] 山田	[1] 铃木

传递给 arguments 对象的所有参数值都
会被保存起来

●arguments对象

　　arguments对象是在调用函数时生成的并且保存调用函数传递的参数值。通过使用arguments
对象，可以进行例如「将实际给的值和要求的值进行比较，如果不一致则返回错误」这样的处理。

　　清单4-24添加了这样的参数检查。这里，我们为了查看错误，调用函数的代码只保留清单
4-23中的案例❸（清单4-24的❷的部分）。

◉清单4-24 **args_check.js**

```javascript
function showMessage(value) {
  if (arguments.length !== 1) {          ◀──
    throw new Error('参数的个数不同:' + arguments.length);   ──❶
  }
  console.log(value);
}

try {
  showMessage(' 山田', ' 铃木');      ◀── ❷
} catch(e) {
  window.alert(e.message);
}
```

localhost上的网页显示：　　　　　　✕

参数的个数不同：**2**

☐禁止此页再显示对话框

　　　　　　　　　　　　　OK

●因为参数个数过多，所以显示错误对话框

　　关于try...catch和throw命令请参考2.5.9节，这里需要关注的是❶。length是arguments对
象的属性之一，表示实际传递给函数的参数个数。也就是说在这个例子中「如果实际传递的参数
个数不为1，则抛出异常」。示例中，因为调用函数的参数有2个（❷），所以发生了异常并显示
错误消息对话框。

虽然这个例子中只检查了参数的个数，根据同样的方法，也可以检查参数的类型和值的有效范围等。

Note	arguments和Arguments，哪个是正确的？

arguments对象严格地来说应该是「参照Arguments对象的arguments属性」。因此，很多入门书籍中都写作Arguments对象（不是arguments对象）。

但是，（尝试一下就能知道）在函数中不能写作「Arguments.length」。Arguments对象毕竟是在函数内部隐式生成的，程序员甚至都意识不到其存在。所以在本书中，为了避免混乱和方便起见，统称之为「arguments对象」。

■ **补充说明：设定参数的默认值**

不检查参数的个数——也就是说在JavaScript中可以省略所有的参数。但是，在大多数情况下，只是省略参数的话程序基本上是不能正常运行的。

因此有必要像下面这样设定参数的默认值。在下面的getTriangle函数中，参数base和height的默认值都是1。

◉清单4-25 **default_args.js**

```javascript
function getTriangle(base, height) {
  if (base === undefined) { base = 1; }
  if (height === undefined) { height = 1; }
  return base * height / 2;
}

console.log(getTriangle(5));    // 结果: 2.5 ← ❷
```

在JavaScript中，因为没有用来设置参数的默认值的写法，所以像❶这样，检查参数的内容，如果是undefined（未定义值），则分别设置默认值。

例如在❷中只设定了1个参数。因此，后面的参数heigth被忽略，「5×1÷2」得到2.5。

需要注意的是，不可以只省略参数base，「可以省略的，只能是后面的参数」。

Note	要易于理解地表示参数可以省略

要表示参数可以省略，可以像「o_base」「o_height」这样给参数名添加「o_」（代表optional的意思）等前缀，用来区分必须的参数，使代码更易读。

4.4.2 定义可变参数函数

对于学过真正的编程语言的人来说，可能会觉得上一节中介绍的内容是「应该由编译器来检查，而必须在应用中检查，难道不是JavaScript的缺点吗？」

但是，arguments对象的用途不仅仅是用来检查参数的有效性。还具有可变参数函数这个重要的功能。

可变参数函数是指「参数的个数不一定的函数」。例如，参考Function构造函数便很好理解。在Function构造函数中，可以根据生成函数对象所要求的参数个数，自由地改变参数。

```
var showMessage = new Function('msg', 'console.log(msg);');
                                          ↑ 给了2个参数(分别是形参和处理内容)
var getTriangle = new Function('base', 'height', 'return base * height / 2;');
                                          ↑ 给了3个参数(两个形参和1个处理内容)
```

像Function构造函数这样，根据调用函数参数的个数可能发生改变——在声明时不能确定参数个数的函数，就是可变参数函数。

通过使用可变参数函数，可以灵活地记述处理。例如，下面是用来合计参数中任意个的数字的sum函数。

◉清单4-26 **variable_args.js**

```
function sum() {
  var result = 0;
  // 依次取出给的参数并做加法
  for (var i = 0, len = arguments.length; i < len; i++) {    ←
    var tmp = arguments[i];
    if (typeof tmp !== 'number') {
      throw new Error('参数不是数字: ' + tmp);                    ❶
    }
    result += tmp;
  }                                                           ←
  return result;
}

try {
  console.log(sum(1, 3, 5, 7, 9));        // 结果: 25
} catch(e) {
  window.alert(e.message);
}
```

请注意清单的❶。在这个例子的for循环中从arguments对象中取出所有的元素（参数的值），并计算其合计值。要从arguments对象中取出第i个元素可以像arguments[i]这样写。

另外，这个例子中使用typeof运算符，确认元素值是否是数字。如果typeof运算符的返回值不是number（即元素不是数字），则将Error对象抛给调用函数并中断处理。

4.4.3 混用显式声明的参数和可变参数

虽然目前为止的例子都是「在声明时显示声明所有的参数」或者「所有都不声明」，但这两者也可以混用。

◉清单4-27 **variable_args2.js**

```
function printf(format) {
  // 依次处理第2个和之后参数
  for (var i = 0, len = arguments.length; i < len; i++) {
    var pattern = new RegExp('\\{' + (i - 1) + '\\}', 'g');
```

```
      format = format.replace(pattern, arguments[i]);
    }
  console.log(format);
}

printf('你好，{0}先生。我是{1}。', '挂谷', '山田');
      // 结果：你好，挂谷先生。我是山田。
```

printf函数是将在第1个参数中设定的格式字符串中包含的{0}、{1}、{2}...这样的占位符（放置参数的地方）替换为第2个及以后的参数的值并将其输出的函数。

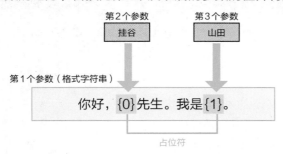

printf函数的动作

在这个例子的printf函数中，只有第1个参数是作为形参format显式声明的，第2个及之后的参数都是作为可变参数来处理的。在这样的案例中，arguments对象也是按照显式声明的参数→可变参数的顺序存储了所有的参数。所以，不是只有可变参数才会被arguments对象管理。

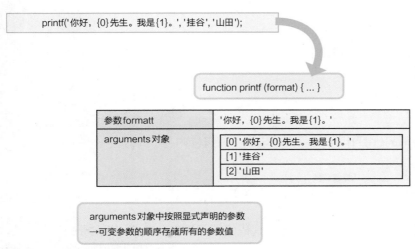

arguments对象中存储参数的顺序

也就是说，在这个例子中，从arguments对象中取出可变参数的部分（arguments[1]...[n]），依次替换相应的占位符（{0}、{1}、{2}...）（关于replace方法请参考3.5.7节）。

■ **最小限度地使用匿名参数**

由上图我们可以知道，除了可以使用变量名format直接访问显式声明的参数外，还可以通过arguments对象像「arguments[0]」这样来访问。也就是说，即使是像清单4-27这样的例子，（从写法上来看）也可以将所有的参数作为可变参数来写。

但是，从代码的可读性的角度来看，不推荐这么写。这是因为，相比使用索引来管理参数的arguments对象，使用名称来管理参数可以更直观更容易地把握参数的内容。不要把什么都交给arguments对象，对于事先就决定好的内容或者个数的参数，请尽可能地给其明确命名。

> **Note** **可变参数也可以临时命名**
>
> 为了使代码更易读，最好也给可变参数命名。例如，清单4-27的例子可以书写为以下代码。
>
> ```
> function printf(format, var_args) {
> ```
>
> 这样，之后阅读代码的人便可以知道在printf函数的末尾可以设定可变参数。
>
> 但是，参数var_args毕竟只是为了方便起见的名称，所以在函数中，还是需要和之前一样通过arguments对象来访问（参数var_args中不能存储所有的可变参数）。

4.4.4 使用命名参数使代码更易读

命名参数是指像下面这样在调用时可以显式设定名称的参数。

```
getTriangle({ base:5, height:4 })
```

使用命名参数，有以下好处。

- **即使参数很多，也很容易理解代码的意思**
- **可以聪明地表示可以省略的参数**
- **可以自由地改变参数的顺序**

如果使用命名参数，之前的getTriangle函数可以像下面这样调用。

```
getTriangle({ height:4 })              ←── 只省略前面的参数
getTriangle({ height:4, base:5 })      ←── 改变参数的顺序
```

在调用时，因为必须显式设定名称，所以会出现代码变得冗长这个缺点。但对于

- **原本参数就很多**
- **可以省略的参数很多，也有很多种省略的模式**

这样的情况是很有效的方法。这时请根据上下文正确使用。

命名参数的具体实现方法如下。

◉清单4-28 **named_args.js**

```
function getTriangle(args) {  ←— ❶
  if (args.base === undefined) { args.base = 1; }
  if (args.height === undefined) { args.height = 1; }
  return args.base * args.height / 2;
}

console.log(getTriangle({ base:5, height:4 })); // 结果: 10  ←— ❷
```

命名参数也不是很难，只需要使用对象字面量（在这里是形参args）来接收参数（❶）。需要注意，在此方法中也是作为对象的属性来访问各个参数的。

在调用时将参数写作「{...}」是因为要表示对象字面量（❷）。

4.5 ES2015中参数的表示法

正如上一节中介绍的，在ES2015中参数的写法发生了很大的改变。在本节中，将介绍在ES2015环境中如何表示「参数的默认值」「可变参数」「命名参数」等。

因为新写法，基本不需要arguments对象了，也就可以摆脱上一节中那种JavaScript特有的冗长的代码了。虽然将来本节中介绍的写法会成为主流，但是在目前还是不可以忽略上一节中的写法。请配合上一节的内容理解新的写法吧。

4.5.1 参数的默认值 ES2015

在ES2015中要声明参数的默认值，只需要使用「形参 = 默认值」的形式。我们尝试使用新写法来改写清单4-25的代码。

◉清单4-29 **default_new.js**

```js
function getTriangle(base = 1, height = 1) {
  return base * height / 2;
}

console.log(getTriangle(5)); // 结果: 2.5
```

函数代码块的开头没有if语句，改为在函数的声明部分设定默认值，使代码更简单更易读了。

默认值不仅可以设定为字面量，还可以设为其他的参数、函数（表达式）的结果等。

◉清单4-30 **default_new2.js**

```js
function multi(a, b = a) {
  return a * b;
}
console.log(multi(10, 5));  // 结果：50
console.log(multi(3));      // 结果：9（参数b的值和a一样都是3）
```

但是，需要注意，将其他参数设为默认值时，能设定的只能是在该参数之前定义了的参数。例如，下面这样的代码是错误的。

◉清单4-31 **default_new3.js**

```js
function multi(a = b, b = 5) {
  return a * b;
}

console.log(multi());      // 结果: ReferenceError: b is not defined
```

※但是，在Firefox中，或者是在转义后的代码中，参数a被视为undefined，得到的结果是NaN。

■ 使用默认值时的注意点

使用默认值的写法可以使代码变得简单很多，当然使用时也有一些需要注意的地方。

（1）可以应用默认值的情况和不能应用的情况

只有在没有显式传递参数时才可以应用默认值。因此，即使显式地传递了如null、false、0或空字符串等表示空的值，也不能应用默认值。

例如下面是改写清单4-29的代码。

◉清单4-32 default_new.js（只有变更部分）

```
function getTriangle(base = 1, height = 1) {...}

console.log(getTriangle(5, null));          // 结果: 0
```

没有应用第2个参数height的默认值，所以「5 × null ÷ 2」得到结果是0。

但是，undefined是例外的。给参数传递undefined（未定义）时，视为没有传递参数并应用默认值。

◉清单4-33 default_new.js（只有变更部分）

```
console.log(getTriangle(5, undefined)); // 结果: 2.5
```

（2）拥有默认值的形参放在参数列表的末尾

拥有默认值的形参，应该在参数列表的末尾声明（不是语法规则）。

例如，有默认值的形参不在参数列表的末尾——请思考下面这样的代码。

◉清单4-34 default_new4.js

```
function getTriangle(base = 1, height) {...}

console.log(getTriangle(10));
```

在这个例子中，会得到怎么的结果呢？因为调用时只传递了1个参数，所以可能会认为「参数base应用默认值1，给参数height传递10」。

但是其实更简单。答案是「给参数base传递10，参数height没有默认值所以视为undefined」。因此计算结果是「10 × undefined ÷ 2」的NaN。也就是说，在这样的函数中，不可以只给参数height传值（参数base本质上是必须的）。

通常来说这样的动作难以理解，也是bug的成因，所以在有默认值的参数（任意的参数）后面不能写没有默认值的参数。不过，大多数其他语言是由语法来限制的，所以这样书写，代码的意图也更明确。

■ 补充说明：声明必须的参数

在JavaScript的世界中，参数有没有声明默认值并不能直接表示参数是必须的还是可选的。例如，以下代码。

◉清单4-35 **default_required.js**

```
function show(x, y = 1) {
  console.log('x = ' + x);
  console.log('y = ' + y);
}

show();
```

```
x = undefined
y = 1
```

没有默认值的参数x，只是直接成为了undefined。虽然没有传值，也不会有参数不完整的提示信息（这和4.4.1节中介绍的一样）。

如果要表示参数是必须的，相关代码如下。

◉清单4-36 **default_required2.js**

```
function required() {                    ←─────
  throw new Error('参数不完整');                    ─── ❶
}                                         ←─────

function hoge(value = required()) {   ←─── ❷
  return value;
}

hoge();   // 结果：Error：参数不完整
```

使用抛出异常的required函数（❶），并且设定为必须参数的默认值（❷）。因此，如果没有设定参数，便会执行required函数（抛出异常）。

4.5.2 定义可变参数函数 `ES2015`

在ES2015中，在形参的前面添加「...」（3个句号），便能成为可变参数（英语写为Rest Parameter）。是将收到的任意个数的参数作为数组接收的功能。

接下来我们将清单4-26使用「...」改写吧。

◉清单 4-37 **rest_param.js**

```
function sum(...nums) {
  let result = 0;
  for (let num of nums) {
    if (typeof num !== 'number') {
      throw new Error('设定的值不是数字：' + num);
    }
    result += num;
```

```
    }
    return result;
}

try {
    console.log(sum(1, 3, 5, 7, 9));
} catch(e) {
    window.alert(e.message);
}
```

使用新写法，有下面这些好处。

（1）函数接收可变参数更容易理解

不需要准备在P.172的Note中的「var_args」这样的形参。另外，在函数内部也可以使用有含义的名称（在这里是nums）来访问，相比arguments这样的中性名称，代码的可读性更高。

（2）具有所有的数组操作

因为arguments对象有length属性和中括号写法，所以经常会被误以为是数组，但其本质并不是Array对象。只是作为一个数组来处理的——类数组对象。

例如要删除或者添加部分可变参数时，不可以使用push、shift等方法。但是，因为使用新写法声明的可变参数是真正的Array对象，所以没有这样的限制。

4.5.3 使用「...」运算符展开参数 ES2015

在实参中使用「...」运算符可以将数组（准确地说是可以使用for...of语句处理的对象）展开为各个值。

首先要了解「...」运算符的使用场景，我们来看下面的例子。

◉清单4-38 **spread.js**

```
console.log(Math.max(15, -3, 78, 1));   // 结果: 78  ← ❶
console.log(Math.max([15, -3, 78, 1])); // 结果: NaN  ← ❷
```

因为Math.max方法接收的是可变参数，所以在❶中可以正确地计算出参数的最大值。但是，如果传递的是像❷这样的数组，便不能识别，结果为NaN。

这时，如果是ES2015之前的版本，需要使用apply方法。

◉清单4-39 **spread2.js**

```
console.log(Math.max.apply(null, [15, -3, 78, 1]));  // 结果: 78
```

关于apply方法会在5.1.5节中再介绍，所以这里先理解为「将第2个参数（数组）作为参数执行方法」。

但是，使用「...」运算符可以改写为如下。

177

◉清单4-40 **spread3.js**

```
console.log(Math.max(...[15, -3, 78, 1]));  // 结果：78
```

通过在实参（数组）的前面添加「...」，将数组展开后的元素传递给了max方法。所以，可以正确地得到了最大值。

4.5.4 使用命名参数使代码更易读 ES2015

在ES2015中，通过使用解构赋值（2.4.2节），可以更简单地表示命名参数。下面，是使用解构赋值来改写清单4-28的代码。

◉清单4-41 **named_args_new.js**

```
function getTriangle({ base = 1, height = 1 }) {
  return base * height / 2;
}

console.log(getTriangle({ base:5, height:4 }));  // 结果：10
```

使用对象字面量传递实参（命名参数）这一点没有变化。有变化的是粗体字部分——声明形参。像这样，以

{属性名 = 默认值,...}

的形式声明，作为对象分解传递的参数，并且可以在函数中作为不同的参数来访问。

■ 补充说明：从对象中取出指定的属性

同样是解构赋值的例子，也可以从传递给参数的对象中取出指定的属性。

◉清单4-42 **named_args_prop.js**

```
function show({name}) {
  console.log(name);
};

let member = {
  mid: 'Y0001',
  name: '山田太郎',
  address: 't_yamada@example.com'
};

show(member);  // 结果：山田太郎
```

在这个例子中，虽然将对象整体作为参数传递给show函数，但是在函数内部，只将name属性通过解构赋值取出。如果需要多个属性，在调用函数时也不必在意每个属性，传递整个对象就可以了。另外，即使是改变所需的属性，也不会影响调用函数的代码。

178

4.6 函数的调用和返回值

理解了参数的各种表示法，接下来我们介绍关于调用函数的各种方法和返回值相关的内容。

4.6.1 将多个返回值赋值给各个变量 ES2015

经常会有「需要从函数中返回多个值」这样的情况。但是，使用return命名不能像「return x,y;」这样返回多个值。这时，需要将多个值作为数组或对象返回。

下面是从所给的任意个数的数字中分别计算出最大值和最小值的getMaxMin函数的例子，相关代码如下。

◉清单4-43 return_array.js

```javascript
function getMaxMin(...nums) {
  return [Math.max(...nums), Math.min(...nums)];
}

let result = getMaxMin(10, 35, -5, 78, 0);   ←── ❶
console.log(result);    // 结果: [78, -5]

let [max, min] = getMaxMin(10, 35, -5, 78, 0);   ←── ❷
console.log(max);       // 结果: 78
console.log(min);       // 结果: -5
```

可以像❶这样直接获取getMaxMin函数的返回值。但是，考虑到代码的可读性，最好是为每个元素取个有含义的名字（相比result[0]，max更容易让人理解其内容）。

也可以像❷这样使用解构赋值（2.4.2节）。在这个例子中，将getMaxMin函数得到的最大值和最小值分别赋值给变量max和min。如果不需要其中某个值，也可以用以下代码表示。

```javascript
let [,min] = getMaxMin(10, 35, -5, 78, 0);
```

这样，就只获取了最小值min，舍弃了最大值。

4.6.2 递归地调用函数自身 – 递归函数 –

递归函数（Recursive Function）是指在函数内部调用自身的函数。通过使用递归函数可以更简洁地实现像阶乘计算这样多次调用相同计算过程的处理。

首先，我们来看下阶乘计算的例子。factorial函数是用来计算指定的自然数的n阶乘的用户定义函数。

```
function factorial(n) {
  if (n != 0) { return n * factorial(n – 1); }
  return 1;   ←── ❶
}

console.log(factorial(5));        // 结果：120
```

阶乘是指对于自然数n，计算1～n所有的积（在数学中用「n!」表示）。例如，自然数5的阶乘是5×4×3×2×1（但是，0的阶乘是1）。

在这个例子中，自然数n的阶乘使用「n×(n-1)!」来计算。用代码表示的话则是粗体字部分。也就是说，将所给的数字减去1然后再递归调用自身本身（factorial函数）——即表示「n×(n-1)!」。

了解以上内容之后来查看代码，内部是像下面这样的顺序来执行处理的。使用递归调用，可以将这样多个层级的处理仅用短短的一行就能实现。

```
factorial(5)
  → 5 * factorial(4)
    → 5 * 4 * factorial(3)
      → 5 * 4 * 3 * factorial(2)
        → 5 * 4 * 3 * 2 * factorial(1)
          → 5 * 4 * 3 * 2 * 1 * factorial(0)
            → 5 * 4 * 3 * 2 * 1 * 1
            → 5 * 4 * 3 * 2 * 1
          → 5 * 4 * 3 * 2
        → 5 * 4 * 6
      → 5 * 24
  → 120
```

在使用递归函数时，一定要设置递归的结束点。在这个例子中是「自然对数为1时返回值是1」（❶）。如果没有结束点，将会永远不断地调用factorial函数（无限循环的一种）。

4.6.3 函数的参数也是函数 – 高阶函数 –

正如之前介绍的，「JavaScript的函数是数据类型的一种」。换句话说，函数本身和其他的数据类型一样，可以作为函数的参数来传递或者返回。「将函数作为参数，返回值处理的函数」称为高阶函数。

例如3.3.1节中介绍的Array对象的forEach、map、filter等方法都是高阶函数。但是，3.3.1节中是从使用高阶函数的角度介绍的，在本节中，我们将从实现的角度来介绍。

■ 高阶函数的基础

下面定义的arrayWalk函数是将参数数组data的内容使用指定的用户定义函数f依次处理的高阶函数（想象成自己实现「Array对象的forEach方法」可能更好理解）。

● 清单4-45 **higher.js**

```javascript
// 定义高阶函数arrayWalk
function arrayWalk(data, f) {
  for (var key in data) {
    f(data[key], key);
  }
}

// 用来处理数组的用户定义函数
function showElement(value, key) {
  console.log(key + ': ' + value);
}

var ary = [1, 2, 4, 8, 16];
arrayWalk(ary, showElement);
```

```
0: 1
1: 2
2: 4
3: 8
4: 16
```

　　用户定义函数f接收作为参数传递的数组的值（形参value）、键名（形参key），然后将接收到的数组元素执行任意处理（这是作为arrayWalk函数而不是高阶函数的规则）。

　　在这个例子中给参数f传递的是showElement函数。showElement函数根据所给的参数，以「键:值」这样的形式输出到日志中。从结果来看，arrayWalk函数将数组内所有的键名和值以列表的形式输出。

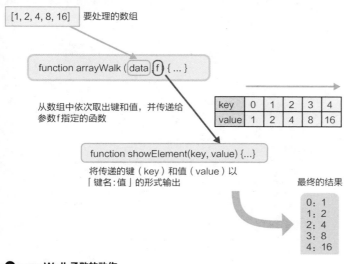

● **arrayWalk函数的动作**

Note	**什么是回调函数**

　　像showElement这样，在调用函数中调用的函数称为回调函数。是之后需要调用（回调）处理的意思。

当然，用户定义函数可以自由地更换函数的内容，这也是使用高阶函数最大的理由。例如，下面是将数组内的元素（数字）依次相加，最终计算数组内元素的合计值的代码。该段代码是使用arrayWalk函数实现的。

◉清单4-46　higher2.js

```javascript
// 定义高阶函数arrayWalk
function arrayWalk(data, f) {
    for (var key in data) {
        f(data[key], key);
    }
}

// 用来存储结果值的全局变量
var result= 0;
function sumElement(value, key) {
    // 将所给的值和变量result相加
    result += value;
}

var ary = [1, 2, 4, 8, 16];
arrayWalk(ary, sumElement);
console.log('合计值: ' + result);        // 结果: 31
```

用户定义函数sumElement将所给的值和全局变量result相加（这里没有使用参数key）。因此，arrayWalk作为一个整体，最终计算数组元素的合计值。可以看到将数组ary传递给arrayWalk函数得到结果为31。

需要注意的是，在这个例子中，没有对基础的arrayWalk函数做任何更改。像这样，通过使用高阶函数可以只是先定义大致框架的功能（这里是遍历数组的部分），然后详细的功能可以由函数的使用者自由决定。

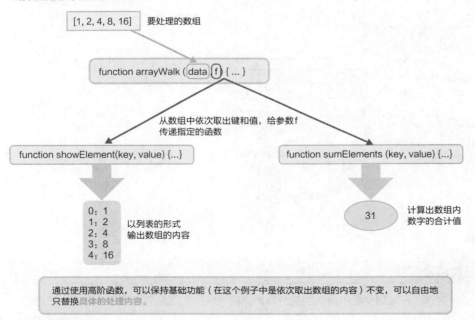

●高阶函数的优点

4.6.4 用匿名函数实现「一次性的函数」

实际上，之前介绍的匿名函数和高阶函数也有紧密的关系。这是因为在高阶函数中，作为参数传递的函数很多时候「只在这里」使用。

像这样的「一次性函数」，相比定义为命名函数，使用匿名函数（函数字面量）更简单。例如下面我们试着使用匿名函数改写清单4-45的代码。

● 清单4-47 **anonymous.js**

```
// 定义高阶函数arrayWalk
function arrayWalk(data, f) {
  for (var key in data) {
    f(data[key], key);
  }
}

var ary = [1, 2, 4, 8, 16];
arrayWalk(
  ary,
  function (value, key) {
  console.log(key + ': ' + value);
 }
);
```

结果和想象的一样。使用匿名函数（函数字面量）可以直接为函数调用的代码设定函数。这样，不仅代码变短了，而且因为将相关的处理写在1个语句中，所以更容易理解调用的代码和定义处理的函数之间的关系，代码的可读性也更高了。另外，因为不需要为一次性的函数命名——而且是全局作用域的名称，所以也可以「避免一些意外的名称重复」。

像这样的写法，对于编写更高级的脚本来说非常重要，也被很多JavaScript开发人员使用，在阅读外部库等代码时很有用。请务必好好掌握使用匿名函数的方法。

4.7 高级函数的主题

JavaScript函数是一个真正深奥的世界。深入研究函数也可以说是对JavaScript的「深入研究」。本节我们将介绍更高级的函数使用的相关内容。如果暂时只想学习基础知识，可以跳过这一节，但之后请一定要好好阅读。

4.7.1 按照应用规范自定义模版字符串 – 带标签的模板字符串 – ES2015

在2.3.2节中我们学习了使用模版字符串（~）可以将变量嵌入字符串字面量中。但是，有些时候不需要将变量直接嵌入，而是进行某些处理之后再嵌入。

例如，嵌入变量时希望将「＜」「＞」等字符替换为「<」「>」（这个称为转义）。「＜」「＞」被识别为标签，所以不能正确地识别字符串，而且安全上（6.3.3节）存在隐患等。

这时，带标签的模板字符串（Tagged template strings）功能就很有用。我们来看具体的例子来理解其动作吧。

◉清单4-48　**tag_tagged.js**

```javascript
// 将所给的字符串进行转义处理
function escapeHtml(str) {
  if (!str) { return ''; }
  str = str.replace(/&/g, '&amp;');
  str = str.replace(/</g, '&lt;');
  str = str.replace(/>/g, '&gt;');
  str = str.replace(/"/g, '&quot;');
  str = str.replace(/'/g, '&#39;');
  return str;
}

// 依次连接被分解的template和values(values使用escapeHtml函数转义)
function e(templates, ...values) {                    ←─────────┐
  let result = '';                                              │
  for (let i = 0, len = templates.length; i < len; i++) {  ←──  │  ③  ──  ②
    result += templates[i] + escapeHtml(values[i]);           │
  }                                                      ←─────  │
  return result;                                                │
}                                                        ←──────┘

// 对模版字符串做转义处理
let name = '<"Mario" & \'Luigi\'>';
console.log(e`你好, ${name}先生！`);      ←─── ❶
  // 结果：你好, &lt;&quot;Mario&quot; &amp; &#39;Luigi&#39;&gt;先生！
```

带标签的模版字符串本质上只是调用函数。像❶这样，可以用「函数名\`模版字符串\`」的形式表示。

但是，为了能在带标签的模版字符串中使用，函数需要满足以下条件（❷）。

・接收「模版字符串（分解后的）」「嵌入的变量（可变参数）」作为参数

・将加工处理后的字符串作为返回值返回

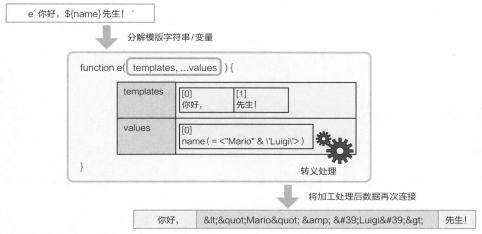

●带标签的模版字符串的动作

在这个例子中，参数template（模版字符串）和values（嵌入变量）在for循环中交互输出。请注意，这时，变量的内容使用escapeHtml函数进行了转义处理（❸）。因此，不会影响模版字符串，而只加工变量的值。

Note	容易使用的函数名称

在4.1.1节中，介绍「函数名要以「动词+名词」的形式并且尽可能的易于理解」。但是，像e函数这样在脚本任意地方频繁调用的函数，为了提高输入效率需要取较短的名字。容易使用的名字的标准会不时地变化。

▌**4.7.2 变量是按照怎样的顺序处理的－作用域链－**

正如在3.7节所介绍的，在JavaScript中执行脚本时，会隐式地生成Global对象（全局对象）。全局对象通常是不被开发者所留意的，「用来管理全局变量和全局函数的对象」。全局变量和全局函数也可以说是「全局对象的属性和方法」。

此时，头脑里闪现出「那么，局部变量实际上也是对象的属性吗？」这样想法的人是正确的。因为实际上局部变量是Activation Object（通称Call对象）的属性。

Call对象是「每次在调用函数时内部自动生成的对象」。和全局对象一样，是「用来管理函数内定义的局部变量的对象」，实际上之前介绍的arguments属性也是Call对象的属性。

那么，这个全局对象的Call对象，不是开发者自己创建的，也不是在程序中显式调用的，所以开发者通常意识不到。虽然如此，理解其存在也能帮我们更好地认识变量的机制。

这个就是作用域链。作用域链指的是依次连接全局对象、Call对象的列表。

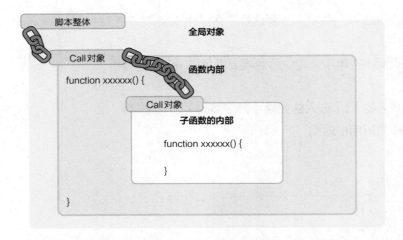

在 JavaScript 中以各个作用域为单位生成全局对象、Call 对象。将这些按照生成的顺序依次连接的就是作用域链

● **在作用域链变量解析的顺序**

在JavaScript中，从这个作用域开头位置的对象开始依次检索属性（变量），采用第一次匹配到属性的值。

例如，我们来看下面这个子函数的例子。

◉ 清单4-49 **scope_chain.js**

```
var y = 'Global';
function outerFunc() {
  var y = 'Local Outer';

  function innerFunc() {
    var z = 'Local Inner';
    console.log(z);      // 结果: Local Inner
    console.log(y);      // 结果: : Local Outer
    console.log(x);      // 结果: 错误（变量x未定义））
  }
  innerFunc(); // 调用innerFunc函数
}
outerFunc();    // 调用outerFunc函数
```

在这段代码中，作用域链从开头开始，是由内部的Call对象、外部的Call对象、全局对象构成的。在这个作用域中，分别访问变量x、y、z时，按照下图这样的顺序来寻找变量。

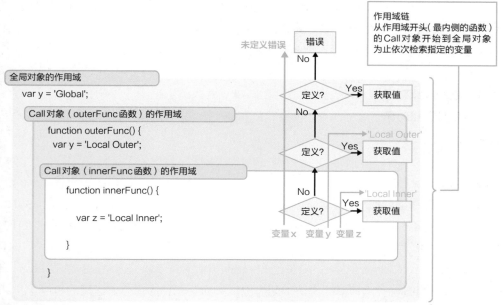

● **作用域链的机制**

理解了作用域链，当变量名重复时，我们也能很清晰地看出变量的取值规则。

4.7.3 其行为和对象一样 – 闭包 –

前面介绍了关于函数的相关内容，本节将介绍本章的最后一个主题——闭包。闭包，用一句话来说是「访问局部变量的函数内的函数」。不过，总结为一句话可能完全不理解，所以我们还是先看下具体的代码吧。

● 清单4-50 **closure.js**

```javascript
function closure(init) {
  var counter = init;

  return function() {
    return ++counter;
  }
}

var myClosure = closure(1);
console.log(myClosure());  // 结果: 2
console.log(myClosure());  // 结果: 3
console.log(myClosure());  // 结果: 4
```

❶

我们首先介绍closure函数。乍一看，像是「接收参数init作为初始值，并将其递增的结果作为返回值返回」。但是，仔细看的话我们发现返回值不是「数字」是「用来递增数字的匿名函数」。像这样，我们将参数或者返回值是函数的函数称为「高阶函数」。

那么，像这样将函数的子函数作为返回值返回的话会发生什么呢？从这开始就是闭包的机制了。

通常，在函数中使用的局部变量（这里是变量counter），在函数处理结束时就被释放了。

但是，在清单4-50的案例中因为closure函数返回「匿名函数继续访问的局部变量counter」，所以在closure函数结束时会继续保留局部变量counter。

使用之前介绍的作用域链来说明的话，就是在匿名函数有效的期间内，会一直保留着

- **表示匿名函数的Call对象**
- **closure函数的Call对象**
- **全局对象**

这个作用域链。

理解了这句话，便能看清❶的动作了。首先，调用最开始的closure函数，并在myClosure中设置了匿名函数。这里的匿名函数myClosure会一直保留着局部变量counter，（因为closure函数本身已经结束了）并且可以独立于原本的closure函数继续运行。

在这之后，通过调用myClosure函数，变量counter递增，得到了2、3、4…的结果。

根据这样的结果，（稍微有些难理解的说法）闭包也能称为「一种提供存储区域的机制」。

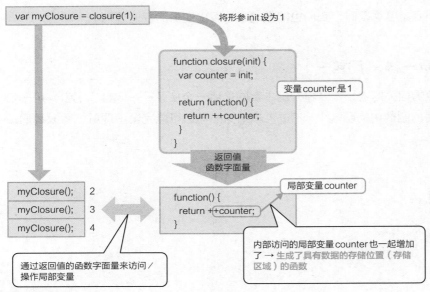

●什么是闭包

一种存储区域……可能还是难以理解。接下来我们再看另外一个具体的例子吧。

◉清单4-51 **closure2.js**

```javascript
function closure(init) {
  var counter = init;

  return function() {
    return ++counter;
  }
}
```

```
var myClosure1 = closure(1);
var myClosure2 = closure(100);                    ①

console.log(myClosure1());    // 结果: 2
console.log(myClosure2());    // 结果: 101       ②
console.log(myClosure1());    // 结果: 3
console.log(myClosure2());    // 结果: 102
```

明明访问的应该是同一个局部变量counter，而从结果来看访问的就像是不同的变量一样，得到了相互独立的递增值。

可能会觉得是不可思议的动作，但是用之前的作用域链的概念来分析的话便能很清晰地解读以上代码。

首先，在①中调用closure函数时，生成了

- **表示匿名函数的Call对象**
- **closure函数的Call对象**
- **全局对象**

这个作用域链。但是，正如4.7.2节中所介绍的，「Call对象是每次在调用函数时生成的」，每个作用域链是相互独立的——所以每个作用域链中管理的局部变量counter是「不同」的。

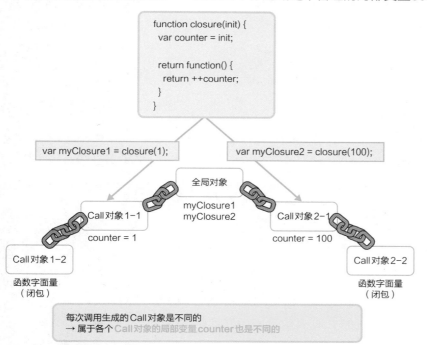

● **Call对象是在调用函数时生成的**

理解了以上内容，例子的动作就很清晰了。首先，①中调用closure函数时生成了相互独立的闭包和闭包中访问的局部变量counter（值是「1」和「100」）。最后，调用闭包myClosure1、myClosure2时，分别递增独立的局部变量，所以得到了2、3和101、102…这样的结果（②）。

根据本节介绍的内容，不觉得闭包和对象中的属性和方法的关系很相似吗？因为闭包也可以说是「简单的对象」。实际上，将闭包相关的构成元素和对象的元素对照来看的话，有如下对应关系。

闭包	对象
包围闭包的父函数（这个例子中是closure函数）	构造函数
可以从闭包中访问的局部变量	属性
闭包本身	方法
在清单4-51中的❶中调用函数	实例化
闭包中存储的变量	实例

●闭包和对象的关系

可能还是很难理解闭包，而关于闭包更实际的用法将在5.4.1节中介绍。请配合着阅读以加深对闭包的理解。

Chapter 5

掌握在大型开发中也通用的写法 −
面向对象语法 −

5.1 JavaScript中面向对象的特征

ES2015中最大的改变就是面向对象编程。在ES2015中，因为引入了class，所以代码的外观也发生了改变。在本书中，为了避免说明的混乱，前半部分整理ES2015之前的写法，后半部分整理ES2015之后的新写法。

将来，ES2015的写法应该会成为主流。但是，新写法不会完全替代旧写法，目前应该同时学习新旧写法并加深理解。

5.1.1 不是「类」而是「原型」

正如之前介绍的，JavaScript是真正的面向对象的语言。但是，和Java、C++和C#等面向对象的语言有根本的不同点。

不同点就是「有『实例化／实例』这个概念，没有所谓的「类」，而只有「原型（雏形）」这个概念」。

原型是指「某个对象的原始对象」。在JavaScript中，使用（代替类型）原型来创建新的对象。因为这个特性，JavaScript的面向对象也称为基于原型的面向对象。

对于熟悉基于类的面向对象的人来说，稍微有点难以理解，可以当做是「约束较弱的类」。在本书中，为了方便起见也会将原型称为「类」，请注意这一点。

5.1.2 定义一个最简单的类

通过具体的例子会更容易理解类，所以我们来看一个定义了没有内容的最简单的「类」的例子吧。

◉清单5-01 simple.js（前半部分）

```
var Member = function() {};
```

可能会认为「不就是将空的函数字面量赋给了变量Member吗」，正是这样，这就是JavaScript的类。

实际上，这个Member对象，也可以像下面这样使用new运算符来实例化。

◉清单5-02 simple.js（后半部分）

```
var mem = new Member();
```

再重复一遍，在JavaScript的世界中不存在「所谓的严格意义上的类」这个概念。请记住，请记住这一点。

箭头函数（4.1.4节）不能定义构造函数，例如下面的代码会出错。在ES2015中，应该使用class（5.5.1节）命令。

```
let Member = () => { ...构造函数的内容... };
let m = new Member(); // 结果：Member is not a constructor
```

5.1.3　使用构造函数初始化

正如3.1.2节中所介绍的，构造函数是指在「生成实例（对象）时，用来处理对象的初始化的特殊方法（函数）」。

在清单5-01中定义的Member函数也是「被new运算符调用并生成对象」的含义，所以严格来说，比起类，称为构造函数更正确。

构造函数的名称为了区别于普通的（不是构造函数）函数，开头通常为大写字母。

■ 属性和方法

下面我们在之前清单5-01创建的构造函数中添加初始化处理。

◉清单5-03　simple2.js

```
var Member = function(firstName, lastName) {
  this.firstName = firstName;
  this.lastName = lastName;
  this.getName = function() {
    return this.lastName + ' ' + this.firstName;
  }
};

var mem = new Member('祥宽', '山田');
console.log(mem.getName());      // 结果：山田 祥宽
```

这里要注意的是this关键字。this关键字表示由构造函数生成的实例（也就是自己本身）。通过对this关键字设定变量，可以设定实例的属性。

◉写法　属性的定义

```
this.属性名 = 值;
```

另外，需要注意，属性不仅可以设定为字符串、数字和日期，也可以设定为函数对象（函数字面量）。在JavaScript中，严格来说没有方法这个独立的概念，因为因为在这个例子中为getName属性传递了函数字面量，所以也就是声明了「getName方法」。

实际上，实例化Member对象并调用getName方法，确实可以看到输出了Member对象的字符串「山田 祥宽」。

Note | **构造函数不需要返回值**

　　构造函数不能有返回值。说到生成对象，可能会将对象作为返回值返回，但构造函数的功能只是「初始化要生成的对象」，不需要返回值本身。

　　这对于熟悉基于类的面向对象的人来说是很平常的，但如果是初次接触面向对象，请留意这一点。

5.1.4　添加动态方法

　　方法不都是由构造函数定义的。通过new运算符实例化对象之后，也可以再添加方法。例如下面是将清单5-03构造函数中定义的getName方法改写为之后定义的例子。

◉清单5-04 **dynamic.js**

```javascript
var Member = function(firstName, lastName) {
  this.firstName = firstName;
  this.lastName = lastName;
};

var mem = new Member('祥宽', '山田');
mem.getName = function() {
  return this.lastName + ' ' + this.firstName;
}

console.log(mem.getName());     // 结果：山田 祥宽
```

　　这时，我们看到getName方法也正确运行了。

　　但是，在实例中直接添加成员（属性或者方法）时，有几点需要注意，我们来看下面这个例子吧。

◉清单5-05 **dynamic2.js**

```javascript
var Member = function(firstName, lastName) {
  this.firstName = firstName;
  this.lastName = lastName;
};

var mem = new Member('祥宽', '山田');
mem.getName = function() {
 return this.lastName + ' ' + this.firstName;        ①
}
```

```
console.log(mem.getName());      // 结果：山田 祥宽

var mem2 = new Member('奈美', '挂谷');                    ←──────── ❷
console.log(mem2.getName());     ←────────
```

添加的是字体加粗部分。从❷中新生成的实例mem2中调用动态添加的getName方法时，返回了「mem2.getName is not a function（mem2.getName不是函数）」这个消息。

总之，在❶中，不是对Member类本身添加了方法，而是「对生成的实例添加了方法」。

如果是熟悉Java这样的基于类的面向对象的人，「根据同一个类生成的实例有同样的成员」是常识，但是在基于原型的面向对象（JavaScript）的世界中，

即使是根据同一个类生成的实例，也不一定有同样的成员

在这个例子中是添加了新的成员，使用delete运算符（2.4.6节）也可以删除已有的成员。因为这样的宽容性，所以本章的开头将原型称为「约束较弱的类」。

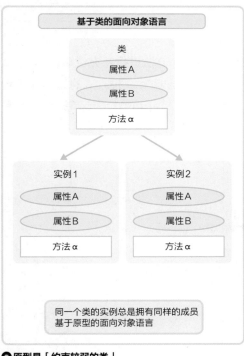

●原型是「约束较弱的类」

Note　**冻结对象**

如果不想之后对实例添加或删除属性，可以使用3.6.4节中介绍的seal方法。在这个例子中，请在构造函数的最后一行添加下面这行代码。

```
Object.seal(this);
```

5.1.5 根据上下文内容发生变化的变量 – this关键字 –

之前介绍了「this关键字表示由构造函数生成的实例」，但严格来说，要在前面加上「在构造函数的上下文中」这个条件。

this是可以在脚本中的任何地方都可以访问的特殊变量，也是一个会根据调用的位置或者是调用的方法（上下文）内容会改变的奇怪变量。因为这个特性，对于JavaScript初学者来说this很难理解，有时也会导致bug。这里，我们来整理下this关键字表示的内容。

■ this关键字的指向

this关键字的指向，会根据以下的条件产生变化。

位置	this的指向
顶层（函数外）	全局对象
函数	全局对象（在Strict模式中是undefined）
call / apply方法	参数指定的对象
事件监听器	事件的发生源
构造函数	生成的实例
方法	调用位置的对象（接收函数）

●this关键字的指向

关于事件监听器会在6.2.3节中介绍，所以这里只对call和apply方法进行补充说明。

call和apply方法都是用来给函数传递参数并调用这个函数。call和apply方法的区别在于给要运行的函数func传递参数的方法。call方法是逐个设定参数值，而apply方法传递的是包含多个参数的数组。

◉写法　call / apply方法

```
func.call(that [,arg1 [,arg2 [,...]]])
func.apply(that [,args])
    func：函数对象                    that：函数中this对象表示的内容
    arg1、arg2...：传递给函数的参数    args：传递给函数的参数(数组)
```

这里需要注意的是参数that。在call和apply方法中，通过设定参数that，可以改变函数对象中this关键字的指向。

下面我们来看一个call方法的具体的例子吧，apply方法也一样。

◉清单5-06　call.js

```
var data = 'Global data';
var obj1 = { data: 'obj1 data' };
var obj2 = { data: 'obj2 data' };

function hoge() {
  console.log(this.data);
}

hoge.call(null); // 结果: Global data
hoge.call(obj1); // 结果: obj1 data
hoge.call(obj2); // 结果: obj2 data
```

通过给参数that传递不同的对象，可以发现hoge函数中this的内容（这里输出的是this.data的值）也不同。并且，给参数that传递null时，会隐式地传递全局对象。

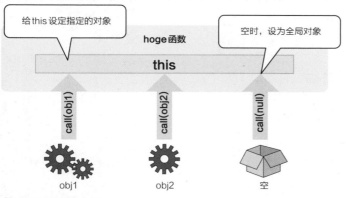

给this设定指定的对象

hoge 函数

空时，设为全局对象

this

call(obj1)

call(obj2)

call(null)

obj1

obj2

空

◉**通过call方法改变this**

■ **补充说明：将类数组对象转换为数组**

使用call和apply方法可以像arguments对象那样将「和数组很相似但不是数组」的对象转换为数组。我们来看下面这个例子。

◉清单5-07 **call_arguments.js**

```
function hoge() {
  var args = Array.prototype.slice.call(arguments);   ← ❶
  console.log(args.join('/'));   ← ❷
}

hoge('Angular', 'React', 'Backbone');   // 结果：Angular/React/Backbone
```

这个例子是「将arguments对象作为this并调用Array.slice对象」的意思（❶）。关于prototype会在下一节中介绍，这里先暂时将其理解为「用来表示Array对象中的成员的属性」。

slice方法（3.3.1节）如果不指定参数，会直接返回原来的数组。因此，通过这个语句，可以以数组的形式得到arguments对象的内容。

最后在❷中，可以看到能够使用原本在arguments对象中无法使用的join方法（转换为了Array对象）。

这个技巧除了可以将NodeList(6.2.1节)对象转换为数组外，还有很多其他用处，记住的话会很方便。

Note	**使用Array.from方法转换数组**

在ES2015之后，可以使用新增的Array.from方法。因此，不需要写像清单5-07中❶那样冗长的代码也可以更直观地转换为数组，下面是使用from方法改写清单5-07的❶例子。

```
let args = Array.from(arguments);
```

5.1.6 构造函数的强制调用

在JavaScript的世界中，由于函数承担着构造函数的功能，因此也存在一些问题。原因是在写法上，可以将构造函数作为函数调用。

◉清单5-08 **no_constructor.js**

```javascript
var Member = function(firstName, lastName) {
  this.firstName = firstName;
  this.lastName = lastName;
};

var m = Member('权兵卫', '佐藤');
console.log(m);              // 结果: undefined
console.log(firstName);      // 结果: 权兵卫
console.log(m.firstName);        // 结果: 错误(Cannot read property 'firstName' of undefined)
```

这时，不会生成Member对象，而是生成了全局变量的firstName和lastName（因为this表示全局对象）。

这不是预期的状态，所以为了安全需要进行以下处理。

◉清单5-09 **simple3.js**

```javascript
var Member = function(firstName, lastName) {
  if(!(this instanceof Member)) {
    return new Member(firstName, lastName);
  }
  this.firstName = firstName;
  ...中间省略...
};
```
❶

将构造函数作为普通函数调用时，this表示的不是Member对象，而是全局对象（在Strict模式中是undefined）。在❶中，利用这个特性，当this不是Member对象时，会重新使用new运算符调用构造函数。instanceof运算符是用来判断对象是否指定类的实例（详情请参考5.3.3节），这样可以防止调用构造函数。

5.2 构造函数的问题点和原型

在5.1节中，我们了解到要定义实例的方法，需要使用构造函数。但是，实际上使用构造函数添加方法，存在

与方法的数量成比例地消耗内存

这个问题。

构造函数在生成实例时，预留了保存各个实例所需的内存空间。例如，在清单5-03的例子中，为了实例化，需要复制Member类中的firstName和lastName属性、getName方法。

但是，像getName这样的方法（函数字面量）在所有的实例中内容都是一样的，所以以实例为单位预留内存是浪费的。

这里只有getName这一个方法，可能不会有太大的问题。但是，如果是更复杂的，拥有10个以及20个方法的类会怎么样？如果这样的类进行多次实例化，这些方法在每次实例化时都需要复制一次，就会存在很大的内存浪费。

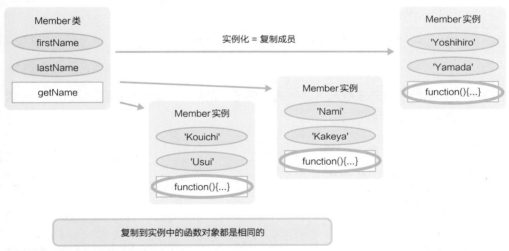

●**在构造函数中定义方法存在的问题**

5.2.1 使用原型声明方法 – prototype属性 –

在JavaScript中为了给对象添加成员，准备了prototype这个属性。prototype属性默认引用的是空对象，但可以为它添加属性和方法。

在这个prototype属性中存储的成员，会被继承到实例化的对象中——也就是说，在prototype中添加的成员，可以在根据这个类（构造函数）生成的所有的实例中使用。用稍微难

点的说法是，

可以这么说吧。

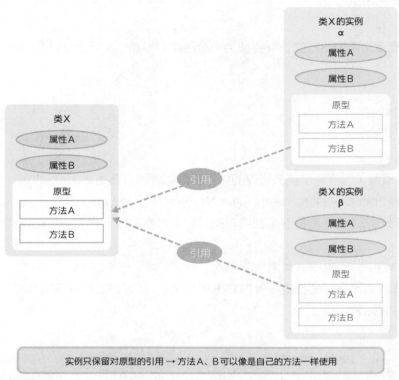

实例只保留对原型的引用 → 方法A、B可以像是自己的方法一样使用

●**原型对象**

稍微有点复杂了，我们还是先来看一下具体的代码吧。清单5-10是将之前的Member对象中的getName方法定义到原型中的例子。

◉清单5-10 **prototype.js**

```javascript
var Member = function(firstName, lastName){
  this.firstName = firstName;
  this.lastName = lastName;
};


Member.prototype.getName = function() {
  return this.lastName + ' ' + this.firstName;
};


var mem = new Member('祥宽', '山田');
console.log(mem.getName());      // 结果：山田 祥宽
```

从结果可以看到，Member类的实例（变量mem）可以正确地访问为原型对象（prototype属性引用的对象）添加的getName方法。

对于熟悉「基于类的面向对象」的人来说可能难以理解「基于原型（雏形）的面向对象」，总之，看作「JavaScript的世界中没有类这样的抽象的设计」就可以了。

JavaScript的世界中有的只是具体的对象，是基于对象（不是类）来生成新的对象，而各个对象的属性中「原型」是用来表示新建对象的原型（雏形）的特殊对象。

怎么样？是否对「基于原型的面向对象」稍微熟悉了一点呢？

5.2.2 使用原型对象的两个优点

像这样，使用原型对象来定义方法有以下两个好处。

（1）节省内存的使用量

再重复一遍，原型对象的内容只是「从实例隐式地引用的」，不会复制到实例中。

也就是说在JavaScript中，调用对象的成员时，会按照以下的流程来获取成员。

· **确认实例中要求的成员是否存在**
· **不存在时，根据隐式引用检索原型对象**

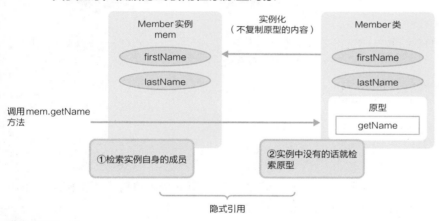

◉隐式引用

这样，就可以避免使用构造函数定义方法时引起的「浪费内存」的问题。

（2）可以实时地识别、添加或者更改成员

「不向实例中复制成员」，也就是说「可以在实例中动态地识别对原型对象做的变更（添加或者删除）」。

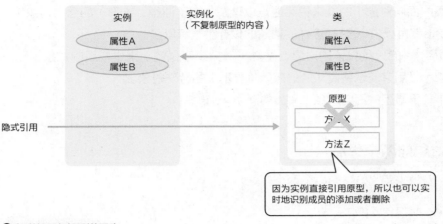

实例　　　　实例化　　　　　　类
　　　　　　（不复制原型的内容）

属性A　　　　　　　　　　　属性A

属性B　　　　　　　　　　　属性B

　　　　　　　　　　　　　　原型

隐式引用　　　　　　　　　　方 - X

　　　　　　　　　　　　　　方法Z

因为实例直接引用原型，所以也可以实时地识别成员的添加或者删除

◉ **实时地识别对原型的更改**

我们通过下面这段代码来理解实时地识别成员。

◉ 清单5-11 **dynamic_prototype.js**

```javascript
var Member = function(firstName, lastName){
  this.firstName = firstName;
  this.lastName = lastName;
}

var mem = new Member('祥宽', '山田');

// 实例化后添加方法
Member.prototype.getName = function() {
 return this.lastName + ' ' + this.firstName;
};

console.log(mem.getName());      // 结果：山田 祥宽
```

以上代码和清单5-10的不同在于「getName方法是在使用new运算符生成实例之后添加的」。这时，我们看到也可以没有任何问题地识别添加的方法。

考虑到实例是「对象（类）的复制」，可能会觉得很奇怪，但是如果理解了之前介绍的「隐式引用」，这反而是理所当然的动作。

▌5.2.3 原型对象的不可思议（1）- 属性的设定 -

如果在原型对象中声明属性会怎么样呢？如果从「隐式引用」的角度来看，实例可以共享所有的属性值。如果某个实例改变了属性值，这个改变会反映到所有的实例中。

那么，我们通过以下示例来确认一下实际的动作吧。

◉ 清单5-12 **prototype2.js**

```javascript
var Member = function() { };

Member.prototype.sex = '男';
var mem1 = new Member();
var mem2 = new Member();
```

```
console.log(mem1.sex + '|' + mem2.sex); // 结果：男|男  ←── ❶
mem2.sex = '女';  ←── ❷
console.log(mem1.sex + '|' + mem2.sex); // 结果：男|女  ←── ❸
```

需要注意的是❸的部分。

在❷中，因为实例mem2改变了sex属性，所以基础的原型也改变了，认为❸中双方都应该输出「女」。但是，结果实例mem1的内容还是保持原样，只有实例mem2的内容改变了。

这究竟是怎么回事呢？

从结论来看，是因为原型对象使用的「只是引用时的值」。

值的设定，总是对实例执行的。

我们再稍微看一下属性设定、引用的内部动作吧。

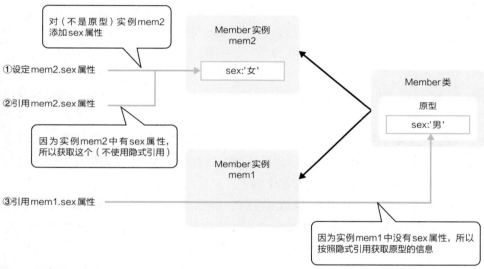

● 隐式引用（设定属性）

首先，在❶的时间点，实例mem1和mem2都没有sex属性，所以「隐式引用」拥有sex属性的原型对象。但是，在❷的时间点，改变实例mem2的sex属性，那么「实例mem2自己就拥有了sex属性」，所以，实例mem2就不需要引用原型了。结果，引用了实例mem2中设定的sex属性（这个称为「实例的sex属性隐藏了原型的sex属性」）。

当然，这时实例mem1依然没有sex属性，所以依旧隐式地引用原型对象的sex属性。

像这样，即使给原型定义了属性，但「实例拥有各自不同的属性」是没有问题的。但是，为原型对象声明原本以实例为单位的不同值的属性是没有意义的（只读属性除外）。通常，按照以下方法使用。

· **属性的声明** ➡ **在构造函数中**

· **方法的声明** ➡ **在原型中**

5.2.4 原型对象的不可思议（2）- 属性的删除 -

在上一节中，介绍了为原型添加成员。那么，如果是删除成员呢？首先，我们来看一下实际的例子吧。

◉清单5-13 **prototype3.js**

```javascript
var Member = function() { };

Member.prototype.sex = ' 男';

var mem1 = new Member();
var mem2 = new Member();

console.log(mem1.sex + '|' + mem2.sex); // 结果：男|男
mem2.sex = ' 女';
console.log(mem1.sex + '|' + mem2.sex); // 结果：男|女

delete mem1.sex  ⟵ ❶
delete mem2.sex  ⟵ ❷
console.log(mem1.sex + '|' + mem2.sex); // 结果：男|男 ⟵ ❸
```

上面的代码是在清单5-12的末尾添加了delete运算符（2.4.6节）的相关代码。请注意这时输出的结果（❸）。

首先在❶中，delete运算符想要删除「实例mem1的」sex属性。但是，因为实例mem1没有sex属性，所以delete运算符没有执行（不能删除原型的属性）。结果，在❸中实例mem1返回了隐式引用的原型对象的sex属性。即，结果是「男」。

另一方面，❷中是怎么样的？因为实例mem2自己有sex属性，所以delete运算符将它删除了。此时，❸中实例mem2（因为没有自己的属性值）再次隐式引用，返回了原型对象的sex属性（「男」）。

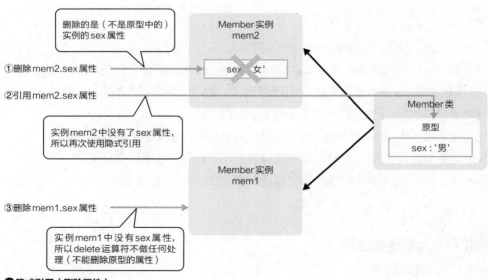

●隐式引用（删除属性）

再重复一遍，

请好好理解。

■ **补充说明：以实例为单位删除原型的成员**

通过以下这段代码也可以删除原型对象的成员。

```
delete Member.prototype.sex
```

但是，需要注意，这样的代码会影响引用了这个原型的所有实例（所有实例的sex属性都被删除了）。

如果想要以「实例为单位」删除原型中定义的成员，需要一定的技巧，请看下面利用常量undefined的方法。

◉清单5-14 **undefined.js**

```
var Member = function() { };

Member.prototype.sex = '男';

var mem1 = new Member();
var mem2 = new Member();
console.log(mem1.sex + '|' + mem2.sex); // 结果：男|男
mem2.sex = undefined;
console.log(mem1.sex + '|' + mem2.sex); // 结果：男|undefined
```

在本例中，使用常量undefined覆盖sex属性的值来使成员无效。

但是，这个方法只是「将成员本身的值强制设为未定义」。严格来说并不是删除成员，所以使用for…in循环遍历成员时，sex属性依然存在。

◉清单5-15 **undefined2.js**

```
var Member = function() { };

Member.prototype.sex = '男';
var mem = new Member();
mem.sex = undefined;

for (var key in mem) {
  console.log(key + ":" + mem[key]);
}      // 结果：sex:undefined
```

5.2.5 使用对象字面量定义原型

在目前为止的例子中都是使用句号运算符（.）来给原型添加成员的。虽然从语法上来说是正确的写法，但是，如果成员的数量很多，代码就会很冗长，所以这并不是令人满意的写法。

每次都要重复写「Member.prototype.~」这样的代码很麻烦，而且如果对象名称（这里是

Member）改变了，必须要替换所有地方的名称。另外，因为每个成员写在不同的代码块中，所以存在「很难看出从哪开始到哪结束是属于同一个对象的成员」这样的可读性上的问题。

这里要介绍的就是在2.3.2节中也出现的对象字面量表示法。如果使用字面量表示法，清单5-16可以改写为清单5-17这样。

◉清单5-16 **literal.js**

```javascript
var Member = function(firstName, lastName) {
  this.firstName = firstName;
  this.lastName = lastName;
};

Member.prototype.getName = function() {
  return this.lastName + ' ' + this.firstName;
};

Member.prototype.toString = function() {
  return this.lastName + this.firstName;
};
```

◉清单5-17 **literal2.js**

```javascript
var Member = function(firstName, lastName) {
  this.firstName = firstName;
  this.lastName = lastName;
};

Member.prototype = {
  getName : function() {
    return this.lastName + ' ' + this.firstName;
  },
  toString : function() {
    return this.lastName + this.firstName;
  }
};
```

像这样，使用对象字面量，有

- 可以减少「Member.prototype.~」这样的代码
- 更改对象名时可以减少需要修改的地方
- 同一个对象的成员定义在一个代码块中，提高了代码的可读性

这样的效果。和清单5-16分开写相比，代码清晰了很多。

通常，定义原型时，推荐使用字面量表示法。

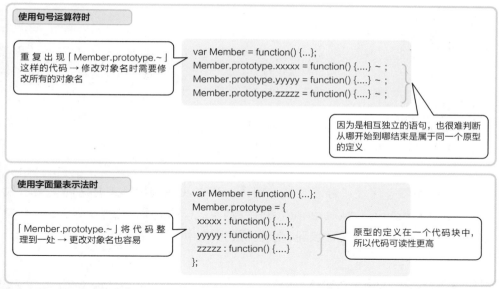

使用句号运算符时

重复出现「Member.prototype.~」这样的代码 → 修改对象名时需要修改所有的对象名

```
var Member = function() {...};
Member.prototype.xxxxx = function() {....} ~ ;
Member.prototype.yyyyy = function() {....} ~ ;
Member.prototype.zzzzz = function() {....} ~ ;
```

因为是相互独立的语句，也很难判断从哪开始到哪结束是属于同一个原型的定义

使用字面量表示法时

「Member.prototype.~」将代码整理到一处 → 更改对象名也容易

```
var Member = function() {...};
Member.prototype = {
  xxxxx : function() {....},
  yyyyy : function() {....},
  zzzzz : function() {....}
};
```

原型的定义在一个代码块中，所以代码可读性更高

●句号运算符和字面量表示法

5.2.6 定义静态属性／静态方法

正如3.1.3节中所介绍的，静态属性／静态方法是「不需要生成实例也可以直接从对象中调用的属性／方法」（顺便说下，通过实例调用的属性／方法称为实例属性／实例方法）。

定义这样的静态属性／静态方法时，

不能定义在原型对象中

需要特别注意（原型对象是以从「实例」中被隐式引用为目的的对象，所以这是当然的）。静态属性／静态方法需要像下面这样直接添加到构造函数（对象）中。

◉写法　**静态属性／静态方法**

```
对象名.属性名 = 值
对象名.方法名 = function() { /* 方法的定义 */ }
```

下面是定义汇总了计算基本图形面积的「工具类Area」的例子。Area类中，包含了表示类的版本号的version属性、计算三角形／菱形面积的triangle／diamond方法。

◉清单5-18　**static.js**

```
var Area = function() {};   // 构造函数

Area.version = '1.0';        // 定义静态属性

     // 定义静态方法triangle
Area.triangle = function(base, height) {
  return base * height / 2;
};
```

```
      // 定义静态方法diamond
Area.diamond = function(width, height) {
  return width * height / 2;
};

console.log('Area类的版本号: ' + Area.version);           // 结果: 1.0
console.log('三角形的面积: ' + Area.triangle(5, 3));       // 结果: 7.5

var a = new Area();
console.log('菱形的面积: ' + a.diamond(10, 2));           // 结果: 错误
```

确实，可以直接调用静态属性／静态方法。另外，通过实例调用静态方法时，会产生「a.diamond is not a function（a.diamond不是函数）」这样的错误。因为静态成员只是向Area这个函数中动态添加的成员，不会添加到Area生成的实例中。

■ 定义静态属性／静态方法时的两个注意点

定义静态属性／静态方法时，请注意以下两点。

（1）静态属性通常是用于只读的

静态属性和实例属性不同的是「以类为单位的信息」。也就是说，改变其内容时，会反映到脚本内所有的元素中。原则上在静态属性中定义的值仅限用于只读的用途。

（2）在静态方法中，不能使用this关键字

在实例方法中this关键字（正如之前所介绍的）指向的是实例本身。

静态方法中的this关键字指向的是构造函数（函数对象）。需要注意，因为没有实例，所以不能从静态方法中访问实例属性的值。

不过，准确地来说「在静态方法中即使使用this关键字也没有意义」，但和实例方法一样记作「this关键字不能使用」则更简单。

Note　为什么要定义静态成员

静态成员在功能上和全局变量／函数没有任何区别。可能会觉得「那么，不使用静态属性／静态方法，全部使用全局变量／函数就可以了？」。

但是，这是不可取的。因为全局变量／函数存在名字冲突的问题。

例如，试想一下有100个全局变量／函数的库。

应用中使用这个库时，这里定义的100个名称就成为了所谓的保留字，在应用中就不能使用这些名字了（如果覆盖了保留字，就会丧失原有的功能或信息）。全局变量／函数越多，在应用中编写代码时就越要留意名字的冲突。

这当然不是一个令人满意的状态，所以应该尽量少的定义全局变量／函数。如果使用静态成员，因为变量／函数在类的下面，所以可以减少名字冲突的可能性（例如，全局变量version和静态属性Area.version是不同的两个变量）。

请记住——尽量减少全局变量／函数，将有关联的功能和信息集中到静态成员中。

5.3 对象的继承—原型链—

要理解面向对象的语言，重要概念之一就是继承。继承是指继承原始对象（类）的功能并定义新的类。

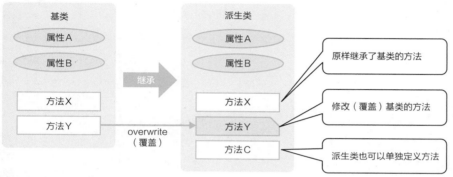

○继承

利用继承，可以不需要在多个类中重复定义共同的功能，只需要定义和被继承的类不同的功能就可以了（这也称为差分编程）。

在继承中，被继承的类称为超类或者基类，通过继承生成的类称为子类或者派生类。

5.3.1 原型链的基础

那么，在JavaScript的世界中实现这个继承的机制的，就是原型链。关于原型链，首先来看下示例代码。

◉清单5-19 chain.js

```
var Animal = function() {};

Animal.prototype = {
  walk : function() {
    console.log('踢嗒踢嗒......');
  }
};

var Dog = function() {
  Animal.call(this);    ←── ❶
};
Dog.prototype = new Animal();    ←── ❷
Dog.prototype.bark = function() {
  console.log('汪汪!');
}
```

```
var d = new Dog();
d.walk();        // 结果：踢嗒踢嗒……
d.bark();        // 结果：汪汪！
```

需要注意的是❶的部分。可以看到将Animal对象的实例设为了Dog对象的原型（Dog. prototype）。这样，就可以从Dog对象的实例中调用在Animal对象中定义的walk方法。

回忆之前介绍的「隐式引用」应该容易理解这个动作。具体的调用方法的流程如下。请配合图解分析。

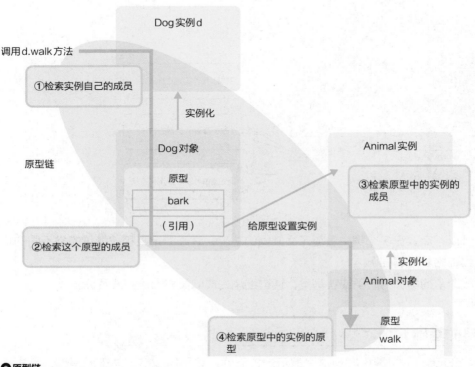

●原型链

1. 检索Dog对象的实例d中有没有成员

2. 没有相应的成员时，检索Dog对象的原型——也就是Animal对象的实例

3. 还是没有检索到目的成员时，再检索Animal对象的原型

在这个例子中，因为在Animal对象中检索到了walk函数，所以检索到这就结束了，如果没有检索到，再继续检索上层的原型（到最上层的Object.prototype为止）。

在JavaScript中，通过给原型设定实例，实例之间可以使用「隐式引用」相连，互相保持继承关系。像上述这样的连接称为原型链。

Note	**原型链的终点是Object.prototype**

　正如3.6节中所介绍的，Object对象是所有对象的根。也就是说，所有的对象都隐式地（即使不显式地设定原型）继承Object对象，引用Object.prototype。换句话说，原型链的终点一定是Object. prototype。

正如2.5.6节中介绍的，使用for...in语句可以枚举对象的成员。使用原型时，也会沿着原型链枚举（但是，除去3.6.3节中介绍的enumerable属性为false的成员）。

如果不引用原型，只想枚举当前的实例的属性时，请使用下面的hasOwnProperty方法。hasOwnProperty方法返回true／false来表示指定的属性是否为当前实例自身的成员。

```
for(var key in obj) {
  if (obj.hasOwnProperty(key)) {
    console.log(key);
  }
}
```

■ **调用基类的构造函数**

清单5-19的❷是「使用this调用Animal构造函数」的意思。因为这里的构造函数是空的，所以不会有什么问题。但是，如果基类中定义了属性，或者是执行了某些初始化处理时，首先要在基类的构造函数处理之后，再写派生类自己的初始化处理。

如下，为基类的构造函数传递参数。

```
Animal.call(this, 'hoge', 'foo');
```

5.3.2 继承关系可以动态变更

原型链是在JavaScript中实现所谓「继承」功能的结构，学习过Java或者C#这类面向对象语言的读者需要特别注意。不过，Java或者C#中的继承只是静态的（一旦决定了继承关系中途就不能再更改），而JavaScript的继承是动态的。也就是说，「同一个对象，可以在某个时间段继承对象X，在下一个时间段又继承对象Y」。我们来看下面的例子。

◉清单5-20 **chain_dynamic.js**

```
var Animal = function() {};

Animal.prototype = {
  walk : function() {
    console.log('踢嗒踢嗒......');
  }
};

var SuperAnimal = function() {};
SuperAnimal.prototype = {
  walk : function() {
    console.log('嗒嗒嗒嗒! ');
  }
};

var Dog = function() {};
Dog.prototype = new Animal();    // 继承Animal对象
var d1 = new Dog();    ←── ❶
```

```
d1.walk();  // 结果: 踢嗒踢嗒……  ← ③

Dog.prototype = new SuperAnimal();     // 继承SuperAnimal对象
var d2 = new Dog();  ← ②
d2.walk();  // 结果: 嗒嗒嗒嗒!  ← ④
d1.walk();  // 结果: ??????  ← ⑤
```

在①中，Dog.prototype设置为Animal的实例，生成实例d1。在②中，切换为了SuperAnimal的实例之后生成实例d2，结果，在③和④中可以正确地执行Animal／SuperAnimal对象（正确来说是其原型）中定义的walk方法。

目前为止都是可以直观理解的动作。

但是，最后的⑤会怎么样呢。在生成d1的时间点，Dog对象的原型是Animal对象。但是，在⑤的时间点，已经更换为了SuperAnimal对象。

如果考虑到隐式引用是会实时变更，在⑤中应该会调用SuperAnimal对象的walk方法并且输出「嗒嗒嗒嗒!」。但是，结果却是「踢嗒踢嗒……」——也就是说调用了Animal对象的walk方法。

现在可以这样说，JavaScript的原型链

是在生成实例时就固定了，然后保存下来而且和之后的变更无关

对于认为「JavaScript拥有动态的特性」的人来说这是很容易弄错的一点，请注意了。

5.3.3 判断对象的类型

正如目前为止所介绍的，JavaScript严格来说没有「类」这个概念。在JavaScript的世界中，根据某个对象生成的实例，不一定就会拥有相同的成员。

因此，所谓的「基于类的面向对象类型」的概念也不准确。但是，仍然可以使用以下功能轻松地判断类型。

在学习了原型的继承之后，本节将介绍判断脚本中处理类型的4种方法。

（1）获取继承的构造函数 – constructor属性 –

使用constructor属性，可以获取对象继承的构造函数。

◉ 清单5-21 obj_type.js

```
// 准备Animal类和继承Animal类的Hamster类
var Animal = function() {};
var Hamster = function() {};
Hamster.prototype = new Animal();

var a = new Animal();
var h = new Hamster();
console.log(a.constructor === Animal);   // 结果: true
console.log(h.constructor === Animal);   // 结果: true     ← ❶
console.log(h.constructor === Hamster);  // 结果: false    ←
```

但是，原型继承时，constructor属性表示的是被继承的类（这里是Animal类）（❶）。要判断是否为Hamster类的实例请使用instanceof运算符。

（2）判断继承的构造函数 - instanceof运算符 -

constructor属性返回对象对应的构造函数，而instanceof运算符是以「对象 instanceof 构造函数」的形式，判断「对象是否为由特定的构造函数生成的实例」。

◉ 清单5-22 **obj_type.js**

```
console.log(h instanceof Animal);   // 结果：true
console.log(h instanceof Hamster);  // 结果：true
```

使用instanceof运算符，不仅可以判断原本的构造函数（Hamster），还可以判断原型链上其他的构造函数（在这个例子中是Animal）。

（3）查看引用的原型 - isPrototypeOf方法 -

isPrototypeOf方法和instanceof运算符很相似，这里用来查看对象引用的原型。

◉ 清单5-23 **obj_type.js**

```
console.log(Hamster.prototype.isPrototypeOf(h));// 结果：true
console.log(Animal.prototype.isPrototypeOf(h)); // 结果：true
```

（4）判断有没有成员 - in运算符 -

在JavaScript中，根据相同类生成的实例也不一定有同样的成员（可以以实例为单位动态添加成员）。

因此，如果要检查在这个时间点是否能使用特定的成员，使用in运算符会很方便。比起类型，更关心特定的成员时，使用in运算符更可靠。

◉ 清单5-24 **obj_in.js**

```
var obj = { hoge: function(){}, foo: function(){} };

console.log('hoge' in obj);   // 结果：true
console.log('piyo' in obj);   // 结果：false
```

5.4 正式开发前的准备

在此之前，我们学习了面向对象基础的写法和使用上的注意点。虽然目前为止的内容足以进行初步编程，但是为了使用JavaScript构建更正式的（大规模的）应用或者库，从本节开始将介绍更高级的内容。

5.4.1 定义私有成员

私有成员是指只可以由类内部的方法调用的属性／方法。要定义只可以在类内部使用的信息或者处理时，将其定义为私有成员，可以不用担心外部异常访问。

顺便说一下，可以自由地在类的内部和外部访问的成员（目前为止定义的成员）称为公有成员。在JavaScript中，不做任何考虑定义的成员就是公有成员。

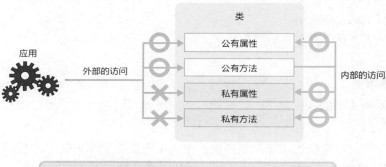

公有成员 ➡ 可以在类的内外部自由访问
私有成员 ➡ 只允许在类的内部访问

●公有成员和私有成员

在JavaScript中，严格来说没有定义私有成员的写法，但是使用闭包可以模拟定义私有成员。首先，我们来看一下具体的例子吧。

◉清单5-25 **private.js**

```javascript
function Triangle() {
  // 定义私有属性(定义底边/高)
  var _base;
  var _height;
  // 定义私有方法(检查参数是否是正数)
  var _checkArgs = function(val) {
    return (typeof val === 'number' && val > 0);
  }
  // 定义用来访问私有成员的方法
```

```
  this.setBase = function(base) {
    if (_checkArgs(base)) { _base = base; }
  }
  this.getBase = function() { return _base; }

  this.setHeight = function(height) {
    if (_checkArgs(height)) { _height = height; }
  }
  this.getHeight = function() { return _height; }
}

// 定义不访问私有成员的普通方法
Triangle.prototype.getArea = function() {
  return this.getBase() * this.getHeight() / 2;
}

var t = new Triangle();
t._base = 10;
t._height = 2;
console.log('三角形的面积：' + t.getArea());      // 结果：NaN

t.setBase(10);
t.setHeight(2);
console.log('三角形的底边：' + t.getBase());      // 结果：10
console.log('三角形的高：' + t.getHeight());      // 结果：2
console.log('三角形的面积：' + t.getArea());      // 结果：10
```

需要注意以下两点。

❶私有成员使用构造函数定义

私有成员，需要「在构造函数中」定义。写法如下

◉写法 **私有属性 / 方法**

```
var 属性名
var 方法名 = function(参数,...){...任意的处理...}
```

需要注意，定义私有成员时，不像「this.属性名 = ~」「this.方法名 = ~」这样使用this关键字，而是使用var命令声明的。

在上面的代码中，_base／_height属性，_checkArgs方法是私有成员。在❸中，想要在外部直接访问私有成员，但是没能按照预期实现。

❷定义特权方法访问私有成员

可以访问私有成员的方法称为特权方法（privileged method）。特权方法除了「在构造函数中定义」之外，也可以和通常的方法一样定义。

特权方法是在构造函数中定义的子函数——就是4.7.3节中介绍的闭包。因此，可以自由访问在构造函数中定义的私有成员（局部变量）。

回忆一下闭包那一节内容，这里实例的特权方法（setBase／setHeight／getBase／

getHeight）访问了各个私有成员，所以私有成员在实例存在的期间内一直存在。也可以说是私有成员「依靠特权方法而活」。

顺便说下，公有成员或者类的外部也可以自由访问特权方法。

■ 通过存取方法公开属性

像本例那样，有很多「让属性不可以从类的外部访问，而准备用于访问属性的方法」这样的情况。我们将这样的方法称为存取方法（Accessor Method）（细分一下，将取值用的方法称为getter方法（Getter Method）、将设值用的方法称为setter方法（Setter Method））。

和直接公开属性相比，可能会觉得通过存取方法公开属性是转弯抹角的，但是像下面这种情况，可以实现更细致的控制。

- **想要将值设为只读（只写）**
- **想要在引用值时做加工处理**
- **想要在设定值时做校验**

例如，如果准备getter方法而省略setter方法，就可以将属性设为只读，也可以像清单5-25那样在设定值时检查参数的合法性。

另外，在清单5-25中，虽然只是直接输出了私有属性的值，但是也可以在getBase／getHeight方法中对值进行加工／转换。

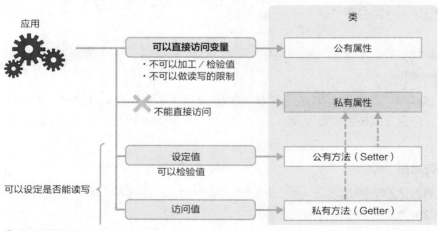

●**存取方法的功能**

通过存取方法，可以更安全地（可靠地）操作属性。存取方法通常以「get+属性名」「set+属性名」的形式命名。

5.4.2　根据Object.defineProperty方法实现存取方法

　　清单5-25（存取方法）的例子可以使用Object.defineProperty方法更简单地实现。在本书中介绍的是以前常用的（在旧版浏览器中可以使用）的技巧，所以首先介绍了特权方法的实现。但是，如果是以本书的目标浏览器（参考P.4）为前提，而且从代码的可读性来看，推荐使用本节的方法。

◎写法　**defineProperty方法**

```
Object.defineProperty(obj, prop, desc)
        obj：定义属性的对象      prop：属性名
        desc：属性的配置信息(参考P.143的表格)
```

　　在defineProperty方法中，通过为参数desc设定get／set参数，可以定义getter／setter方法。

◎清单5-26　**accessor_define.js**

```
function Triangle() {
  // 声明私有变量
  var _base;
  var _height;

  // 定义base属性
  Object.defineProperty(
  this,
  'base',
  {
    get: function() {
      return _base;
    },
    set: function(base) {
      if(typeof base === 'number' && base > 0) {
        _base = base;
      }
    }
  }
  );

  // 定义height属性
  Object.defineProperty(
  this,
  'height',
  {
    get: function() {
      return _height;
    },
    set: function(height) {
      if(typeof height === 'number' && height > 0) {
        _height = height;
      }
    }
  }
  );
};
```

❶

❷

```
Triangle.prototype.getArea = function() {
  return this.base * this.height / 2;
};

var t = new Triangle();
t.base = 10;      ←────────┐   ❸
t.height = 2; ←────────────┘
console.log('三角形的底边：' + t.base);        // 结果：10
console.log('三角形的高：' + t.height);        // 结果：2
console.log('三角形的面积：' + t.getArea());   // 结果：10
```

get／set参数最简单的写法如下（❶❷）。

◉写法 **get／set方法**

```
get: function() {
  return 私有变量
},
set: function(value) {
  私有变量 = value
}
```

设定getter／setter时，需要先准备存储属性值的私有变量（属性）_height／_base，这一点和上一节的例子相同。

然后，只要分别在get参数中定义用来获取属性值的getter，在set参数中定义用来设定值的setter就可以了。给setter的参数（这里是value）传递属性的设定值。只读的属性可以省略set参数，只写的属性可以省略get参数。

通过使用Object.defineProperty方法，可以将getter方法和setter方法在一个代码块中声明。另外，需要注意，虽然getter方法／setter方法在内部是方法，但是在使用者看来只是变量（属性）（❸）。

■ 同时定义多个属性

要同时定义多个属性时，也可以使用Object.definePropeties方法（复数类型）。

◉语法 **defineProperties方法**

```
Object.defineProperties(obj, props)
     obj：定义属性的对象
     props：属性的配置信息（「属性名：配置信息」的哈希形式）
```

我们试着使用definePropeties方法改写清单5-26中的代码（粗体字部分）。

◉清单5-27 **accessor_define2.js**

```
Object.defineProperties(this, {
  base: {
    get: function() {
      return _base;
```

```
  },
    set: function(base) {
      if(typeof base === 'number' && base > 0) {
        _base = base;
      }
    }
  },
  height: {
    get: function() {
      return _height;
    },
    set: function(height) {
      if(typeof height === 'number' && height > 0) {
        _height = height;
      }
    }
  }
});
```

5.4.3 创建命名空间／包

类的数量变多的话，就会出现「库间的类名产生冲突，或者是库和使用库的应用发生冲突」的情况（关于名字的冲突，请参考5.2.6节）。

这当然不是我们所期望的。创建某个规模的类库时，推荐将其放到命名空间（包）下。

命名空间（包），总而言之就像是集中整理类的箱子这样的东西。例如，「Wings命名空间的Member对象」和「MyApp命名空间的Member对象」是区分为两个不同的对象的。

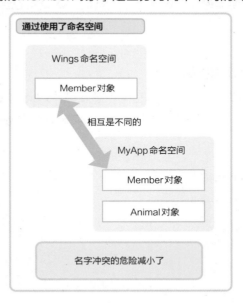

●命名空间的功能

在Java或者C#这样的语言中，默认就有命名空间（包）这样的构造，但是JavaScript却没有。因此，在JavaScript中，使用空的对象模拟创建「命名空间这样的东西」。

219

```
var Wings = Wings || {};   ←── ❶

Wings.Member = function(firstName, lastName){
  this.firstName = firstName;
  this.lastName = lastName;
};                                              ❷

Wings.Member.prototype = {
  getName : function() {
    return this.lastName + ' ' + this.firstName;
  }
};

var mem = new Wings.Member('祥宽', '山田');   ←── ❸
console.log(mem.getName());
```

要定义命名空间，（正如之前所介绍的）只要「创建空的对象」就可以了。在这个例子中，在❶中定义了Wings命名空间。

```
var Wings = {};
```

虽然这样也可以运行，但是使用「Wings || {}」，只有「在Wings没有定义时」才能创建。在Wings命名空间（对象）中，和添加静态属性（5.2.6节）一样，定义想要的放置类（构造函数）（❷）。这样，Wings命名空间中的Member类就定义好了。

需要注意，要实例化命名空间下的类时，需要将包含命名空间的名称（完全限定名）作为类名来指定（❸）。

■ 定义有层级的命名空间

随着应用规模的变大，命名空间也想要像「Wings.Gihyo.Js.~」这样具有层级。这时，虽然重复使用清单5-28中的❶的代码也可以实现，但是如果准备了用于创建命名空间的函数会更方便。

◉清单5-29 **namespace_util.js**

```
function namespace(ns) {
  // 使用「.」分隔命名空间
  var names = ns.split('.');   ←── ❶
  var parent = window;

  // 从上层依次创建命名空间
  for (var i = 0, len = names.length; i < len; i++) {
    parent[names[i]] = parent[names[i]] || {};      ❷
    parent = parent[names[i]];
  }
  return parent;   ←── ❸
}

// 创建Wings.Gihyo.Js.MyApp命名空间
```

```
var my = namespace('Wings.Gihyo.Js.MyApp');
my.Person = function() {};
var p = new my.Person();
console.log(p instanceof Wings.Gihyo.Js.MyApp.Person);   // 结果: true
```
④

在namespace函数中，使用「.」分隔命名空间（参数ns）之后（❶），从上层依次注册到parent中（❷）。最上层的命名空间是Global对象（在浏览器环境中是window）。namespace函数最终返回层级化的命名空间——在这个例子中返回Wings.Gihyo.Js.MyApp对象（❸）。

将这个返回值保存到变量中作为命名空间的别名，之后就可以访问了。在这个例子中是用「my.Person」来表示「Wings.Gihyo.Js.MyApp.Person」的（❹）。

5.5 ES2015的面向对象语法

正如本章开头所介绍的，在ES2015中面向对象的写法发生了很大的改变。虽然之前的写法也可以使用，但是由于引入了class命令，可以更简单地书写目前为止介绍的JavaScript独特的类定义。如果是学过Java、C#等面向对象语言的读者，大概可以更直观地理解ES2015版的面向对象写法。

5.5.1 定义类 ― class语句 ― ES2015

那么我们就试着使用class命令来定义Member类吧。Member类有firstName／lastName属性和getName方法。

◉清单5-30 **class.js**

```javascript
class Member {
  // 构造函数
  constructor(firstName, lastName) {
    this.firstName = firstName;
    this.lastName = lastName;
  }

  // 方法
  getName() {
    return this.lastName + this.firstName;
  }
}

let m = new Member('太郎', '山田');
console.log(m.getName());        // 结果：山田太郎
```

class命令的写法如下。

◉写法 **class命令**

```
class 类名 {
    ...定义构造函数...
    ...定义属性...
    ...定义方法...
}
```

在这个例子中，首先定义构造函数／方法。构造函数／方法的写法如下。

```
方法名(参数，...) {
  ...方法的主体...
}
```

但是，构造函数的名称固定为constructor。在构造函数中使用「this.属性名 = 值」的形式设定属性，这一点在之前章节也介绍过了。

另外，学过Java或C#的人，请注意，在定义构造函数／方法时，不能使用public／protected／private这样的访问修饰符。访问修饰符是表示在哪里可以访问方法／属性的信息。JavaScript的类的所有成员都是public（在任何地方都可以访问）。

Note　class命令也可以表示匿名类

使用「class{...}」的形式，也可以设定类字面量（表示）。因为是字面量，所以和函数字面量相同，也可以在表达式中使用。

```
const Member = class { ...内容和清单5-30相同... };
```

■ **补充说明：类和function构造函数不等价**

使用class命令定义的类，内部是函数。也就是说，不是在JavaScript中导入了所谓的类，只是可以更容易理解地表示「一直以来使用Function对象来表示的类（构造函数）」。class命令也可以说是基于原型的面向对象的语法。

需要注意，使用class命令定义的类，并不是和Function对象定义的类是完全等价的。

（1）不能作为函数调用

例如使用class命令定义的Member类，不可以使用下面这样的代码调用。

```
let m = Member('太郎', '山田');   ←── 没有new运算符
      // 结果: Class constructor Member cannot be invoked without 'new'
```

使用function命令的构造函数，为了防止这样的函数调用，需要像5.1.6节那样在应用端添加处理。

（2）不能调用定义之前的类

也就是说，下面这样的代码是不正确的。

```
let m = new Member('太郎', '山田');
        // 结果: Member is not defined
class Member { ...中间省略... }
```

因为function命令是静态结构，所以可以调用定义前的类（但是，使用函数字面量声明的则不可以）。

■ **定义属性**

目前为止，我们在构造函数中使用「this.属性名 = 值」的形式设置属性。而在class代码块中，使用get／set定义属性。

◉清单5-31 **class_prop.js**

```
class Member {
  // 构造函数
  constructor(firstName, lastName) {
    this.firstName = firstName;
    this.lastName = lastName;
  }

  // firstName属性
  get firstName() {
  return this._firstName;
  }

  set firstName(value) {
  this._firstName = value;
  }

  // lastName属性
  get lastName() {
  return this._lastName;
  }

  set lastName(value) {
  this._lastName = value;
  }

  getName() {
    return this.lastName + this.firstName;
  }
}

let m = new Member('太郎', '山田');
console.log(m.getName());         // 结果：山田太郎
```

getter／setter函数的基本概念和优点，在5.4.2节中介绍了。所以下面只展示get／set代码块的基本写法。

◉写法 **get／set命令**

```
get 属性名 {
  ...用来获取值的代码...
}
set 属性名(value) {
  ...用来设定值的代码...
}
```

熟悉Java或C#等语言的读者请注意了，在class代码块中不能定义像「let firstName = '权兵卫';」这样的所谓的实例字段。

■ 定义静态方法

将static关键字添加到方法定义的开头，就可以定义静态方法。这是决定方法特性的关键字，也称为static修饰符。

例如下面是在Area类中定义静态方法getTriangle的例子。

◉清单5-32 **class_static.js**

```
class Area {
  static getTriangle(base, height) {
    return base * height / 2;
  }
}


console.log(Area.getTriangle(10, 5));    // 结果：25
```

■ 继承现有的类

类的继承也变得很简单，使用extends关键字，可以定义继承现有类的子类。

◉清单5-33 **class_extends.js**

```
class Member {
  ...中间省略(参考清单5-30)...
}

// 定义继承Member对象的BusinessMember类
class BusinessMember extends Member {
  work() {
    return this.getName() + '在工作。';
  }
}

let bm = new BusinessMember('太郎', '山田');
console.log(bm.getName());        // 结果：山田太郎
console.log(bm.work()); // 结果：山田太郎在工作。
```

※extends关键字，转译后在Internet Explorer9中也不支持。

BusinessMember类中定义的work方法是不用说的，Member类中定义的构造函数和getName方法也可以作为BusinessMember类的成员来调用。

■ 调用基类的方法／构造函数 −super关键字−

基类中定义的方法／构造函数可以在子类中覆盖，这称为方法的重载。重载也可以说是「在派生类中重新定义基类中定义的功能」。

例如下面是在BusinessMember类中重载Member类中定义的构造函数和getName方法的例子。

◉清单5-34 **class_super.js**

```
class Member {
  ...中间省略(参考清单5-30)...
```

```
  }

  // 定义继承了Member对象的BusinessMember类
  class BusinessMember extends Member {
    // 参数添加clazz(职务)
    constructor(firstName, lastName, clazz) {
      super(firstName, lastName);      ← ❶
      this.clazz = clazz;
    }

    // 修改为返回包含职务的名字
    getName() {
      return super.getName() + '/职务：' + this.clazz;   ← ❷
    }
  }

  let bm = new BusinessMember('太郎', '山田', '課長');
  console.log(bm.getName());        // 结果：山田太郎/职务：科长
```

※super关键字，转译后在Internet Explorer9中也不支持。

重载时，不都是完全替换基类的功能。也有继承基类的处理，只添加有差异的部分。

这时，使用super关键字引用基类的方法和构造函数。❶中将设定firstName和lastName属性交给基类处理，❷中将组合姓名交给基类处理。

◉写法 **super关键字**

```
super(args,...)      ← 构造函数
super.method(args,...)   ← 方法
        method：方法名    args,...：参数
```

但是，需要注意，在构造函数中使用super关键字时，必须写在语句开头。

▊5.5.2 对象字面量的改善 ES2015

在ES2015中，改善了对象字面量的写法，使属性／方法的定义更加简单了。

▊ 定义方法

之前，方法需要像下面这样定义为函数类型的属性，因为没有直接表示方法的表示法。

```
名称: function(args,...) {...}
```

但是，在ES2015中，配合class代码块的写法，相关代码如下。这种写法沿用了其他语言中的方法定义，也更简单更直观。

```
名称(args,...) {...}
```

◉清单5-35 **literal_method.js**

```
let member = {
  name: '山田太郎',
  birth: new Date(1970, 5, 25),
  toString() {
  return this.name + '/ 出生日期: ' + this.birth.toLocaleDateString()
  }
};

console.log(member.toString()); // 结果：山田太郎/出生日期：1970/6/25
```

■ 将变量设为同名的属性

属性名称和表示这个值的变量同名时，可以省略值的设定。

◉清单5-36 **literal_prop.js**

```
let name = '山田太郎';
let birth = new Date(1970, 5, 25);
let member = { name, birth };

console.log(member);    // 结果：{name: "山田太郎", birth: Thu Jun 25 1970 00:00:00
GMT+0900 (东京（标准时))}
```

之前，粗体字的部分需要像下面这样书写 。虽然只定义了2个属性，但也简洁了很多。

```
{ name = name, birth = birth };
```

Note **也可以用于构造函数的初始值设定**

将本文的写法和Object.assign方法（3.6.2节）一起使用，可以更简单地表示构造函数的初始值设定。下面是改写清单5-30的构造函数的例子。

```
constructor(firstName, lastName) {
  Object.assign(this, { firstName, lastName });
}
```

在构造函数中，this指向的是当前实例，所以把this和整理了参数的对象字面量合并。通过这个写法，即使初始化的值增多了，也不用一一写出赋值表达式，代码就简洁了很多。

■ 动态生成属性

用中括号把属性名括起来，可以根据表达式的值动态地生成属性名。这称为Computed property names。

◉清单5-37 **literal_compute.js**

```
let i = 0;
let member = {
  name: '山田太郎',
  birth: new Date(1970, 5, 25),
```

```
    ['memo' + ++i]: '正式会员',
    ['memo' + ++i]: '支部会长',
    ['memo' + ++i]: '关东'
};

console.log(member);      // 结果: {name: "山田太郎", birth: Thu Jun 25 1970 00:00:00 ↵
GMT+0900 (东京 (标准时)), memo1: "正式会员", memo2: "支部会长", memo3: "关东"}
```

在这个例子中，变量i依次增加，所以生成了memo1、2、3……这样的属性名。更加实用的方法，会在5.5.4节介绍，请配合本节一起学习。

▌5.5.3 将应用按功能单位整理划分 – 模块 – ES2015

应用的规模越大，就越需要按应用的功能为单位划分／整理模块。不过，在之前的JavaScript中，因为不支持模块，所以需要依赖库。

但是，在ES2015中终于支持模块了。这样就准备好了靠标准的JavaScript就能使用模块的基础。但可惜的是，在撰写本文时还没有支持模块的浏览器。在本节介绍了模块的基础之后，在最后，将对在浏览器中运行模块的方法进行补充说明。

■ 模块的基础

首先，我们来查看基本的模块的例子吧。下面是将常量AUTHOR和Member／Area类写到Util模块中的例子。

◉清单5-38 **lib/Util.js**

```
const AUTHOR = 'YAMADA, Yoshihiro';

export class Member { ...中间省略... }

export class Area { ...中间省略... }
```

基础的模块作为1个文件来定义。在这个例子中，便是lib/Util.js。

要使成员作为模块使其可以被外部访问，需要添加export关键字。这个例子中，是为Member／Area类添加了export关键字，但是变量、常量、函数等的声明也同样可以添加。请注意，模块内的成员默认是非公开的。在例子中，因为常量AUTHOR没有使用export关键字，所以从模块的外部无法访问。

像这样定义的模块，可以进行访问。

◉清单5-39 **main.js**

```
import { Member, Area } from './lib/Util'

var m = new Member('太郎', '山田');
console.log(m.getName());      // 结果：山田太郎
```

import的功能是导入在别的文件中定义的模块。

```
import { name, ... } from module
      name：要导入的元素
      module：模块(不包含后缀名的路径)
```

在这里，使模块中的Member／Area类可以访问。

即使在模块中显式地声明了export，在使用的地方不导入的话也是无法访问的。

```
import { Member } from '../lib/Util'
```

■ import命令的各种写法

import命令，根据目的有各种各样的写法。下面整理了几个具有代表性的。

（1）导入模块整体

使用星号（＊）可以导入模块中的所有元素。这时，必须使用as语句为模块设定别名。

◎清单5-40　main2.js

```
// 给Util模块起别名app
import * as app from './lib/Util'

var m = new app.Member('太郎', '山田');
console.log(m.getName());       // 结果：山田太郎
```

这样，就可以使用app.~的形式访问Util模块中所有的导出。

（2）为模块中的各个元素起别名

也可以为模块中的各个元素起别名。

◎清单5-41　main3.js

```
// 给Util模块中的各个元素起别名
import { Member as MyMember, Area as MyArea } from './lib/Util'

var m = new MyMember('太郎', '山田');
console.log(m.getName());                // 结果：山田太郎
console.log(MyArea.getTriangle(10, 5)); // 结果：25
```

（3）声明默认的导出

如果模块中只包含一个元素，也可以声明默认的导出。要默认导出，请像下面这样添加default关键字。默认导出不需要类／函数的名称。

◎清单5-42　lib/Area.js

```
export default class {
  static getTriangle(base, height) {
    return base * height / 2;
```

```
  };
}
```

要导入这个，需要像下面这样添加import命令，就可以使用Area这个名字来访问Area模块的默认导出了。

◉清单5-43 **main_default.js**

```
import Area from './lib/Area';
console.log(Area.getTriangle(10, 5));    // 结果: 25
```

■ 使模块在浏览器环境中运行

在撰写本文时，没有可以直接运行import和export命令的浏览器环境。因此要使用模块功能，需要借助Babel+Browserify（babelify）这样的工具。

请注意，单靠Babel是不够的。 Babel在内部将import命令转换为Node.js的require函数，因此必须使用Browserify再次转换，以便浏览器可以使用。可以使用以下命令从命令提示符安装Browseiify（请事先按照8.2.2节和8.4.1节中的步骤安装Node.js／Babel）。

```
> npm install -g browserify
> npm install --save-dev babelify
```

然后，请使用下面的命令转换&合并相应的文件。

```
> browserify scripts/main.js scripts/lib/Util.js -t [ babelify --presets es2015 ] -o ☑
scripts/my.js
```

这个命令的意思是「将转换main.js／Util.js后的结果作为my.js输出」。最后，导入生成的my.js，就可以在浏览器上运行了。

要运行查看转换后的结果，请访问示例的import_access.html。同样，要查看清单5-40～42转换后的运行状况，需要访问import_access2.html／import_access3.html／import_default_access.html。

■ 补充说明：定义私有成员 −Symbol−

在5.4.1和5.4.2节中，介绍使用闭包／defineProperty方法定义私有成员的方法。在ES2015中，还可以使用模块+Symbol（3.2.3节）更直观地定义私有成员。

例如下面是在MyApp类中，将SECRET_VALUE属性定义为私有成员的例子。

◉清单5-44 **lib/MyApp.js**

```
// 将SECRET_VALUE属性的名称作为symbol
const SECRET_VALUE = Symbol();  ←── ❶

export default class {
  constructor(secret) {
```

```
    this.hoge = 'hoge';
    this.foo = 'foo';
    // 初始化SECRET_VALUE属性
    this[SECRET_VALUE] = secret;    ←—— ②
  }

  // 使用了SECRET_VALUE属性的方法
  checkValue(secret) {
    return this[SECRET_VALUE] === secret;
  }
}
```

◉ 清单5-45 **main_private.js**

```
import MyApp from './lib/MyApp';

let app = new MyApp('secret string');

// for...in语句也不能枚举
for (let key in app) {
  console.log(key);
}        // 结果：hoge、foo

// 转换为JSON字符串也看不到属性
console.log(JSON.stringify(app));        // 结果：{"hoge":"hoge","foo":"foo"}

// 使用方法则可以访问SECRET_VALUE属性
console.log(app.checkValue('secret string'));        // 结果：true
```

③

在清单5-44中，将SECRET_VALUE属性的名称作为symbol（①），使用
「this[SECRET_VALUE]=~」定义属性（②）。

因为在MyApp模块的外部无法知道symbol SECRET_VALUE的值，所以不可以直接访问
[SECRET_VALUE]属性。注意，for...in语句的枚举，使用JSON.stringify方法转换为字符
串，都不会显示通过symbol生成的属性（③）。

| Note | **不能完全隐藏symbol属性** |

并不是说通过symbol定义的属性可以完全隐藏。如果使用Object.getOwnProperty-
Symbols方法，就可以访问symbol属性。

```
let id = Object.getOwnPropertySymbols(app)[0];
console.log(app[id]);    // 结果：secret string
```

另外，需要注意，隐藏symbol的值终归只是对模块外部而言。如果在模块的内部，则可以通过常
量SECRET_VALUE访问属性。

```
console.log(app[SECRET_VALUE]);
```

5.5.4 定义可枚举的对象 – 迭代器 – _{ES2015}

迭代器，是指具有枚举对象内容功能的对象。例如，Array、String、Map、Set等内置对象都默认具有迭代器，可以使用for...of语句枚举内容。

◎清单5-46 **iterator.js**

```
let data_ary = ['one', 'two', 'three'];
let data_str = 'aiueo';
let data_map = new Map([['MON', '星期一'], ['TUE', '星期二'], ['WED', '星期三']]);

for(let d of data_ary) {
  console.log(d);        // 结果: one、two、three
}

for(let d of data_str) {
  console.log(d);        // 结果: aiueo
}

for(let [key, value] of data_map) {
  console.log(`${key}:${value}`);          // 结果: MON: 星期一、TUE: 星期二、WED: 星期三
}
```

为了更加明确地使用迭代器，下面，我们故意使用原始的方法来枚举数组。

◎清单5-47 **iterator_array.js**

```
let data_ary = ['one', 'two', 'three'];
let itr = data_ary[Symbol.iterator]();  ←── ❶
let d;
while(d = itr.next()) {
  if (d.done) { break; }  ←── ❸
  console.log(d.done); // 结果: false、false、false          ❷
  console.log(d.value); // 结果: one、two、three
}
```

[Symbol.iterator]方法返回用于枚举数组内元素的迭代器（Iterator对象）（❶）。迭代器拥有用来获取下个元素的next方法（❷）。但是请注意，next方法的返回值不是元素值本身，而是具有如下属性的对象。

属性	概要
done	迭代器是否到达了终点（有没有下个元素）
value	下一个元素的值

●next方法的返回值

在这个例子中，重复while循环输出数组的内容直到返回的done属性是true（❸）。所以for...of语句也可以称为是在内部「获取迭代器，判断done方法，获取value属性」的语法。

5

掌握在大型开发中也通用的写法 – 面向对象语法 –

> Symbol.iterator属性表示的是指定对象的默认迭代器的symbol。Symbol.iterator使用中括号
> （[...]）括起来是表示将Symbol.iterator返回的symbol作为key，调用Array对象的成员（2.3.2节中
> 介绍的中括号写法），而不是Array.Symbol.iterator，请不要弄错了。

■ 给自定义类创建迭代器

正如清单5-46中那样，在for...of语句内部，是使用[Symbol.iterator]方法获取迭代器的。
因此，要自己创建可枚举的对象，实现[Symbol.iterator]方法就可以了。

例如在下面的例子中，在自己创建的MyIterator类中嵌入迭代器，使得可以枚举通过构造函
数传递的数组。

◉清单5-48 **iterator_my.js**

```js
class MyIterator {
  // 将通过参数传递的数组设为data属性
  constructor(data) {
    this.data = data;
  }

  // 定义用来获取默认迭代器的方法
  [Symbol.iterator](){
    let current = 0;
    let that = this;    ← ❹
    return {
      // 获取data属性的下一个元素
      next() {
        return current < that.data.length ?
          {value: that.data[current++], done: false} :    ← ❷
          {done: true};    ← ❸
      }
    };
  }
}

// 枚举MyIterator类中的数组
let itr = new MyIterator(['one', 'two', 'three']);
for(let value of itr) {
  console.log(value);   //结果：one、two、three
}
```

使用中括号括住的[Symbol.iterator]称为Computed property names（计算属性）。
[Symbol.iterator]方法返回迭代器（Iterator对象）的条件是拥有next方法（❶）。在这个
例子中，检查当前的位置（current），如果没有达到数组的大小，就返回

{value:元素的值, done:false}

这样的数组（❷）。current++是「索引每次加一——获取下一个元素」的意思。如果变量current达到了数组的大小，则在最后使用

{ done: true }

来通知到达了终点（❸）。

> **Note** **that的含义**
>
> next方法中的this，表示自身本身（迭代器）。因此，在这个例子中，[Symbol.iterator]方法中的this暂时用that来表示（❹），这样就可以访问MyIterator对象中的成员了。

5.5.5 以更简单的方式定义可枚举的对象 – 生成器 – `ES2015`

使用生成器可以更简单地实现可枚举的对象。首先，我们来看一下基本的生成器的例子。

◉清单5-49 **gen.js**

```js
function* myGenerator() {
  yield 'abcde';
  yield 'fghij';
  yield 'klmno';
}

for(let t of myGenerator()) {
  console.log(t);
}      // 结果：abcde、fghij、klmno
```

看上去生成器就是个普通的函数，但是有以下几个不同点。

1.使用function* {…}定义（在function后面有「 * 」）
2.使用yield命令返回值

yield是和return很相似的命令，用来返回函数的值。但是，return命令会终止函数，而yield命令只是暂时停止处理。也就是说，下次再调用时，会从上次暂停处重新开始。

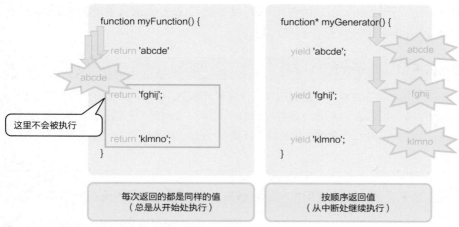

这里不会被执行

| 每次返回的都是同样的值
（总是从开始处执行） | 按顺序返回值
（从中断处继续执行） |

●**return命令和yield命令的不同**（调用3次同样的函数）

因此，将定义的myGenerator传递给for...of语句，每次循环时，依次通过yield命令返回「abcde」「fghij」「klmno」。

■ 计算质数的生成器

理解了生成器的基础概念之后，我们再来看一下稍微实用点的例子吧。下面是计算质数的生成器的例子。

◉ 清单5-50 **gen_prime.js**

```
// 用来计算质数的生成器
function* genPrimes() {
  let num = 2; // 质数的开始值
  // 从2开始依次判断质数，只有是质数才会yield(无限循环)
  while (true) {
    if (isPrime(num)) { yield num; }
    num++;
  }
}

// 判断参数value是否是质数
function isPrime(value) {
  let prime = true;    // 表示是否是质数的flag
  // 2~Math.sqrt(value)、判断value是否能除尽
  for (let i = 2; i <= Math.floor(Math.sqrt(value)); i++) {
    if (value % i === 0) {
      prime = false;   // 如果能除尽则不是质数
      break;
    }
  }
  return prime;
}

for(let value of genPrimes()) {
  // 如果质数在101以上则终止(请注意，没有这个的话就成了无限循环！)
  if (value > 100) { break; }
  console.log(value);
}      // 结果: 2、3、5、7、11、13、17、19、23、29、31、37、41、43、47、53、59、61、67、
71、73、79、83、89、97
```

埃拉托斯特尼筛法（从2开始依次剔除所有整数的倍数的方法）是很有名的判断质数的方法，而这里只是简单地从2开始依次判断是否存在约数。

在这个例子中，结果是无穷的，无法使用之前的函数来表示，因此在得到所有的结果之前，无法返回值。

即使是划分上限计算1万个质数，也需要准备存储1万个值的数组。但这会消耗很多内存，并不是理想的状态。

但是，通过使用生成器，每次使用yield命令返回值。也就是说，使用最小限度的内存消耗来管理当时的状态。对于根据某些规则重复生成值的用途来说，生成器是一个很有效的方法。

■ 使用生成器改写使用迭代器的类

最后，我们创建生成器来改写清单5-48中创建的MyIterator类。

◉清单5-51　gen_iterator.js

```
class MyIterator {
  // 将参数传递的数组设为data属性
  constructor(data) {
    this.data = data;
    this[Symbol.iterator] = function*() {
    let current = 0;
    let that = this;
    while(current < that.data.length) {
     yield that.data[current++];
    }
   };
  }
}
```

生成器的返回值，在内部是Iterator对象。因此，可以用来实现[Symbol.iterator]方法。最后，反复执行yield命令直到数组data读取结束。

┃5.5.6　自定义对象的基本动作 – Proxy对象 – ES2015

Proxy，是用来将（例如）属性的设定／获取／删除、for...of／for...in语句的枚举等对象的基本动作替换为应用自己动作的对象。

使用Proxy，可以在不改变现有对象的基础上实现「在操作对象时输出日志」「设定／获取属性值时，实现值的检验／转换等附加处理」等处理。

我们来看下具体的例子吧。下面是当访问的属性不存在时，默认返回「？」的例子。

◉清单5-52　**proxy.js**

```
let data = { red: '红色', yellow: '黄色' };
var proxy = new Proxy(data, {
  get(target, prop) {
    return prop in target ? target[prop] : '?';
  }
});

console.log(proxy.red); // 结果：红色
console.log(proxy.nothing);      // 结果：?
```

❶❷❸

※即使是转译之后，Internet Explorer／Safari也不支持Proxy对象。

Proxy构造函数的写法如下（❶）。

◉写法　**Proxy构造函数**

```
new Proxy(target, handler)
      target：要插入操作的目标对象（目标）
      handler：用来定义目标的操作的对象（处理）
```

在Proxy对象的世界中，将要插入操作的对象称为目标，将表示对目标的操作的对象称为handler。

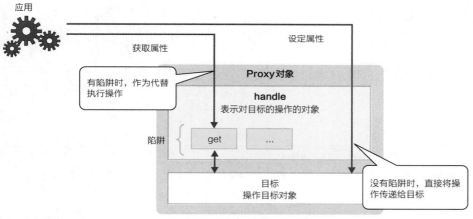

●**Proxy对象**

handle中可以定义的方法如下。handle方法也称为陷阱。

方法（陷阱）	返回值	对目标的操作
getPrototypeOf(*target*)	对象／null	获取原型
setPrototypeOf(*target*, *prototype*)	–	设定原型
get(*target*, *prop*, *receiver*)	任意的类型	获取原型（receiver是代理）
set(*target*, *prop*, *val*, *receiver*)	boolean值	设定属性
has(*target*, *prop*)	boolean值	根据in运算符判断成员是否存在
deleteProperty(*target*, *prop*)	boolean值	使用delete命令删除属性
construct(*target*, *args*)	对象	使用new运算符实例化
apply(*target*, *thisArg*, *args*)	任意的类型	使用apply方法调用函数

●**可以在handle中定义的主要方法（boolean值表示操作是否成功）**

❷中，实现了get方法，如果目标（target）的属性存在则返回这个值（target[prop]），否则返回默认的「？」。那么，我们来查看一下到底能否正确获取真实存在的red属性，而将不存在的nothing属性返回「？」（❸）。

另外，对代理进行的操作，会原样反映到目标上。

◉清单5-53 **proxy.js（只是添加部分）**

```
proxy.red = '红色';
console.log(data.red);  // 结果：红色
console.log(proxy.red); // 结果：红色
```

Column 「JavaScript的代替语言」altJS

正如我们在文中看到的那样，JavaScript看起来容易，但它作为一种语言具有很强的特性，也没有出色的开发效率。但是，JavaScript是唯一适用于浏览器的语言，用新语言替换它是不现实的。

近年来，有一种方法是在JavaScript之上覆盖另一个薄皮（语言）以隐藏JavaScript的特性。这种语言作为JavaScript的替代语言，总称为altJS。

altJS通常是由编译器转换为JavaScript后执行的，因此它对操作环境没有限制。

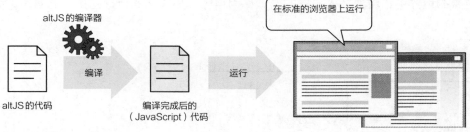

◉**什么是altJS?**

altJS的语言有以下几种分类。

语言	该要
TypeScript（http://www.typescriptlang.org/）	Microsoft开发的altJS。正如其名称，特征是可以声明类型
CoffeeScript（http://coffeescript.org/）	Ruby on Rails 3.1之后默认包含。语法和Ruby、Python类似
Dart（https://www.dartlang.org/）	Google开发的altJS。语法和Java类似，除了可以转换为JavaScript之后运行，也可以在专用虚拟机中运行

◉**分类为altJS的主要语言**

另外，近年来，将ES2015的代码转换为ES5的代码的Babel（1.2.1节）也很受关注。但是，正确地来说这不是代替「语言」，而应该分类为JavaScript转译器。

Chapter 6

操作HTML和XML文档 -DOM (Document Object Model)-

6.1 掌握DOM的基础

到目前为止，我们已经介绍了JavaScript作为一种语言的标准功能（对象）。 JavaScript可以在各种环境中使用，目前为止学习的内容在所有的环境中都是共通的。

但是，本章及之后的内容是基于浏览器环境（客户端JavaScript）为前提的。 请注意，不能在浏览器之外的环境中使用。

▌6.1.1 操作标记语言的标准结构「DOM」

在客户端JavaScript编程中，通常的流程为「接收终端用户或者外部服务的某个输入，然后将处理后的结果反映到页面上」。反映到页面上——也就是说使用JavaScript编辑HTML。

这时，字符串当然是可以编辑的。但是，编辑复杂的字符串时，代码的可读性会变差，还可能产生bug。所以将<div>元素或者锚标签这样的块级元素作为对象来操作会更方便。

因此就有了DOM（Document Object Model）。DOM是用来访问使用标记语言（HTML、XML等）书写的文档的标准结构，不仅是JavaScript，现在常用的语言基本上都支持DOM。当然，根据不同的语言写法会有细微的差异，但这里学习的内容对学习其他语言应该也会有所帮助。

DOM是由Web技术的标准化组织W3C（World Wide Web Consortium）进行标准化的，目前有4个等级（等级1~4）。可以认为等级越高提供的功能就越高级。

另外，有时会出现「DOM Level 0」「DOM 0」这样的词语，这是指在DOM Level 1制定之前的（没有标准化的）浏览器对象。「DOM Level0」不是标准规格。

▌6.1.2 文档树和节点

DOM是将文档作为文档树（Document Tree）来处理的。例如，清单6-01这样的代码，在DOM的世界中将其解释为下图这样的树结构。

◉清单6-01 **dom.html**

```html
<!DOCTYPE html>
<html>
<head>
<meta charset="UTF-8" />
<title>JavaScript完全学习教程</title>
</head>
<body>
  <p id="greet">这个是<strong>文档树</strong>。</p>
</body>
</html>
```

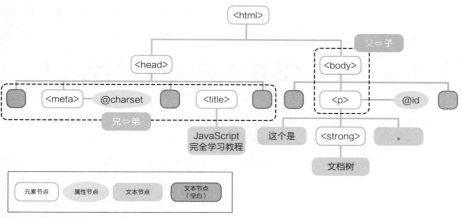

元素节点　属性节点　文本节点　文本节点（空白）

●dom.html的树结构

正如Document Object Model这个名字，在DOM中，将文档中的元素、属性和文本等都看作是对象，认为「对象的集合（层级关系）就是文档」。

顺便介绍一下，构成文档的元素、属性和文本等对象称为节点，根据对象的种类，称为元素节点、属性节点、文本节点等。DOM是用来提供获取／添加／替换／删除这些节点的通用方法的API（Application Programming Interface，函数和对象的集合）。

各个节点，根据在树上的上下关系，名称如下表所示。这些名称，除去根节点，都是相对的。某个节点子节点，也可能是其他节点的父节点。

节点	概要
根节点	树中最上层的节点。也称为顶级节点
父节点 子节点	有上下关系的节点。直接相连的节点中，离根节点近的节点称为父节点，离得远的节点称为子节点（有上下关系，但不是直接的父子的节点称为祖先节点和子孙节点）
兄弟节点	有同一个父节点的节点。有时也将先写的节点称为兄节点，后写的称为弟节点

●节点的种类

6.2 客户端JavaScript的必备知识

在进行客户端JavaScript（DOM）开发时，需要在一开始就理解的知识有以下几点。

- **获取元素节点**
- **遍历文档树**
- **事件驱动模型**

任何一项都是接下来使用JavaScript进行客户端开发不可或缺的知识。即使写法改变了或者是使用外部库时，思考方法还是一样的。让我们熟练掌握基本原理和思考方式。

6.2.1 获取元素节点

在客户端JavaScript中，不管是做什么，从文档树中取出节点（元素）是不可缺少的步骤。「获取元素然后取出值」「将处理的结果反映到某个元素中」「将新建的元素添加到某个元素下」——不管是什么，都需要获取操作目标的元素。

获取元素也可以说是编码的基点。使用JavaScript获取元素有以下几种方法。

■ 将id值作为key来获取元素 – getElementById方法 –

目标元素明确时，最简单的方法就是使用getElementById方法。getElementById方法将指定id的元素作为Element对象返回。

◉**写法** getElementById方法

```
document.getElementById(id)
        id：要获取的元素的id值
```

例如，下面是在<span id="result">元素中显示当前时间的例子。

◉**清单6-02** element_id.html（上）/ element_id.js（下）

```
当前时间：<span id="result"></span>                                    HTML
```

```
var current = new Date();                                              JS
var result = document.getElementById('result');
result.textContent = current.toLocaleString();
```

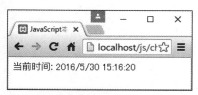

○将当前时间反映到页面上

使用textContent属性将文本写入获取的元素（Element对象）中。虽然关于文本的操作会在6.3.3节中再次介绍，但因为是经常使用的命令，所以我们先理解其使用方法。

> **Note** **id值重复时**
>
> 当存在id值重复的元素时，getElementById方法只会返回第1个匹配的元素。但是，这也可能会根据使用的浏览器、版本等环境发生改变。原则上，需要将页面内的id设为唯一的。

■ 将标签名作为key获取元素 – getElementsByTagName方法 –

接下来，使用getElementsByTagName方法，将标签名作为key来获取元素。

◎写法 **getElementsByTagName方法**

```
document.getElementsByTagName(name)
      name：标签名
```

和将id值作为key时不同，该方法可能会匹配多个元素，所以，需要注意，getElements-ByTagName方法的返回值是元素的集合（方法名也有getElementById，getElementsByTag-Name这样细微的差异）。

将参数name设为「 * 」，可以获取所有的元素。

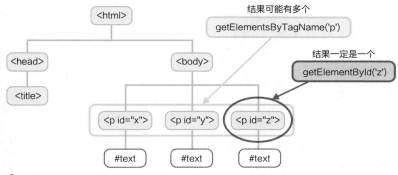

○getElementsByTagName方法和getElementById方法

例如，要获取某个页面中所有锚标签，并且以一栏显示时，相关代码如下。

◎清单6-03 **element_tag.html（上）/ element_tag.js（下）**

```html
<ul>
  <li><a href="http://www.wings.msn.to/">
     服务器站点技术的校舍 - WINGS</a></li>
  <li><a href="http://www.web-deli.com/">WebDeli</a></li>
  <li><a href="http://www.buildinsider.net/web/jqueryref">
```

```
      jQuery参考手册</a></li>
</ul>
```

```js
// 获取页面内的所有锚标签
var list = document.getElementsByTagName('a');
// 从列表(HTMLCollection对象)中依次获取锚标签、
// 并将其href属性输出到日志中
for (var i = 0, len = list.length; i < len; i++) {
  console.log(list.item(i).href);          ←②         ←①
}
```

```
http://www.wings.msn.to/
http://www.web-deli.com/
http://www.buildinsider.net/web/jqueryref
```

getElementsByTagName方法的返回值是HTMLCollection对象（元素的集合）。HTMLCollection对象中可以使用的成员如下。

成员	概要
length	列表中的元素个数
item(*i*)	获取第i个元素（i的范围是0～length）
namedItem(*name*)	获取id或者name属性一致的元素

●HTMLCollection对象的主要成员

也就是说，在❶中索引在0～length-1（这里是2）的范围内变化，然后从列表中逐个取出元素节点（锚标签）。

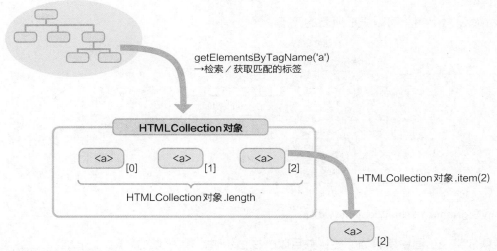

●HTMLCollection对象

关于访问属性的方法会在以后介绍，我们先记住通过「元素节点.属性名」的形式可以访问属性（❷）。

> **Note** **HTMLCollection对象的中括号写法**
>
> item／namedItem方法也可以替换为中括号写法。例如，清单6-03❷的代码和下面的写法是相同的意思。
>
> ```
> console.log(list[i].href);
> ```

■ 将name属性作为key获取元素 – getEelmenntsByName方法 –

也有将name属性作为key来获取元素的getEelmenntsByName方法。通常用来访问<input>／<select>等表单元素。但是，如果是获取单个元素，使用getElementById方法则更简单。所以getEelmenntsByName方法一般仅用于获取单选按钮、复选框等name属性相等的元素。

◉写法 **getElementsByName方法**

```
document.getElementsByName(name)
    name：name属性的值
```

我们来看一下具体的例子。下面是将当前时间设为输入框的初始值的例子。

◉清单6-04 **elment_name.html（上）/ elment_name.js（下）**

```html
<form>                                                              HTML
  <label for="time">时间：</label>
  <input id="time" name="time" type="text" size="10" />
</form>
```

```js
var current = new Date();                                            JS
// <input name="time">获取元素
var nam = document.getElementsByName('time');
// 设定这个value属性
nam[0].value = current.toLocaleTimeString();      ← ❶
```

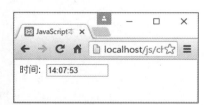

●为输入框设定当前时间

❶中写作name[0]是因为getEelmenntsByName方法的返回值是节点的集合（NodeList对象）。因为知道只有1个元素匹配，所以取出第0个（开头的）元素。使用value属性（6.4.1节）设定元素（输入框）的值。

正如之前所介绍的，如果是获取单个元素，使用getElementById方法会更简单。获取多个单选框等例子，请参考6.4.5节相关内容。

```js
var nam = document.getElementById('time');
nam.value = current.toLocaleTimeString();
```

Note	**NodeList对象**

NodeList对象，正如其名称，是用来表示节点列表的对象。可能会问「和之前介绍的HTMLCollection对象有什么不同？」，先暂时认为是基本一样的就可以了。

可以使用的成员基本相同，要说不同点，也就是NodeList对象中不能使用nameItem方法这一点。NodeList对象，也可以使用中括号写法。

■ 将class属性作为key来获取元素 –getElementsByClassName方法–

如果使用getElementsByClassName方法，可以将class属性（样式类的名称）作为key来获取元素（HTMLCollection对象）。为拥有特定功能（含义）的元素起同样的类名，就可以使用getElementsByClassName将目标元素都获取到（例如，可以为表示关键字的元素的类名命名为keywd）。

◉写法 **getElementsByClassName方法**

```
document.getElementsByClassName(clazz)
        clazz: class属性的值
```

我们来看一下具体的例子。下面是取出页面中class属性为my的元素，并将链接地址列出来的例子。

◉清单6-05 **element_class.html（上）/ element_class.js（下）**

```html
<ul>
  <li><a href="http://www.wings.msn.to/" class="my">
    服务器站点技术的校舍 - WINGS</a></li>
  <li><a href="http://www.web-deli.com/" class="my">
    WebDeli</a></li>
  <li><a href="http://www.buildinsider.net/web/jqueryref">
    jQuery参考手册</a></li>
</ul>
```

```js
// 获取「class="my"」的元素(锚标签)
var list = document.getElementsByClassName('my');
// 从列表中依次获取锚标签，并输出href属性
for (var i = 0, len = list.length; i < len; i++) {
  console.log(list.item(i).href);
}
```

```
http://www.wings.msn.to/
http://www.web-deli.com/
```

getElementsByClassName方法的参数中像「clazz1 clazz2」这样使用空格分隔（不是使用逗号分隔的）多个类名，这时，检索class属性为clazz1、clazz2的元素。

获取选择器匹配的元素 - querySelector / querySelectorAll方法 -

目前为止的getXxxxx方法是将特定名称／属性值作为key来检索元素的，而querySelector／querySelectorAll方法可以根据更加复杂的条件来检索。使用这些方法，可以使用选择器检索文档，获取匹配的元素。

◉写法 **querySelector / querySelectorAll方法**

```
document.querySelector(selector)
document.querySelectorAll(selector)
      selector: 选择器
```

选择器，原本是在CSS（Cascading StyleSheet）中使用的写法，用来获取应用了样式的对象。使用选择器，即使是像「检索id="list"的元素中class="new"的<img>元素」这样复杂的检索，也可以不需要书写复杂代码。因为使用「#list img.new」这样简短的表达式就可以检索出目标元素。

下面介绍一下常用的选择器。虽然这里列举的只是众多选择器中的一小部分，但将这些组合起来，就可以用于大多数的场景了。

选择器	概要	示例
*	获取所有的元素	*
#id	获取指定ID的元素	#main
.class	获取指定类名的元素	.external
elem	获取指定标签名的元素	li
selector1, selector2, selectorX	获取每个选择器匹配的所有元素	#main, li
parent > child	获取parent元素的子元素child	#main > div
ancestor descendant	获取ancestor元素的所有子孙元素descendant	#list li
prev + next	获取紧接在prev元素后面的next元素	#main + div
prev ~ siblings	获取prev元素之后的siblings兄弟元素	#main ~ div
[attr]	获取具有指定属性的元素	input[type]
[attr = value]	获取属性和value值相等的元素	input[type = "button"]
[attr ^= value]	获取属性值从value开始的元素	a[href^="https://"]
[attr $= value]	获取属性值以value结尾的元素	img[src$=".gif"]
[attr *= value]	获取属性值包含value的元素	[title*="sample"]
[selector1][selector2][selectorX]	获取和多个属性过滤器都匹配的元素	img[src][alt]

●querySelector / querySelectorAll方法可以使用的主要选择器

开场有些长了，接下来我们来看一下具体的示例吧。下面是获取「id="list"的元素」下「class="external"的锚标签」并列出链接地址的例子。

◉清单6-06 **element_query.html（上）／element_query.js（下）**

```html
<ul id="list">
  <li><a href="http://www.wings.msn.to/" class="my">
    服务器站点技术的校舍 - WINGS</a></li>
  <li><a href="http://www.web-deli.com/" class="my2">
    WebDeli</a></li>
  <li><a href="http://www.buildinsider.net/web/jqueryref" class="external">
    jQuery参考手册</a></li>
```

```
  <li><a href="http://www.buildinsider.net/web/angularjstips" class="external">
    AngularJS TIPS</a></li>
</ul>
```

```js
var list = document.querySelectorAll('#list .external');
for (var i = 0, len = list.length; i < len; i++) {
  console.log(list.item(i).href);
}
```

```
http://www.buildinsider.net/web/jqueryref
http://www.buildinsider.net/web/angularjstips
```

　　querySelectorAll方法的返回值和getElementsByName方法相同，返回的都是包含所有满足条件的元素的NodeList对象。如果一开始就知道应该获取1个元素，或者是要获取元素列表的第1个元素，请使用querySelector方法。这时，返回值就是Element对象（单个元素）。

Note　getXxxxx方法和queryXxxxx方法该怎么区别使用

　　虽然querySelector／querySelectorAll方法是高性能方法，但和getElementById／getElementsByXxxxx相比还是低速的。通常，按以下区别使用。

- **可以使用特定的id值、class属性等检索元素时**　➡　**getXxxxx方法**
- **要使用更加复杂的检索条件检索时**　➡　**queryXxxxx方法**

　　因为getElementById方法速度很快，所以推荐能够用id就尽量用id检索。

6.2.2 往来于文档树间 – 节点遍历 –

　　目前为止介绍的getXxxxx／queryXxxxx方法，都是使用精确定位来获取特定节点的方法。但是，从文档整体中逐个检索目标元素会有很多徒劳的操作，这也是造成性能低下的原因。
　　因此在DOM中，也可以将某个节点作为基点，根据相对的位置关系获取节点。在树状的节点之间，沿着枝进行搜索的动作称为节点遍历，具体使用的属性如下图所示。

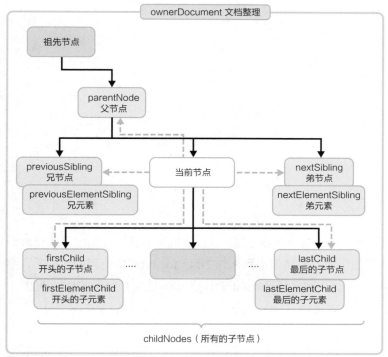

ownerDocument 文档整理

祖先节点

parentNode
父节点

previousSibling
兄节点

previousElementSibling
兄元素

当前节点

nextSibling
弟节点

nextElementSibling
弟元素

firstChild
开头的子节点

firstElementChild
开头的子元素

....

lastChild
最后的子节点

lastElementChild
最后的子元素

childNodes（所有的子节点）

●**使用相对关系获取节点的属性**

和getXxxxx／queryXxxxx方法相比，虽然代码变得冗长了，但是更加灵活了，所以通常在使用

getXxxxx／queryXxxxx方法获取特定的元素之后，

使用节点遍历获取附近的节点。

■ 节点遍历的基础

那么，我们来看一下具体的例子吧。下面是获取<select id="food">元素下面的<option>元素并罗列其value属性的例子。

◉清单6-07 **child_nodes.html（上）／ child_nodes.js（下）**

```html
<form>
  <label for="food">最喜欢的食物是?: </label>
  <select id="food">
    <option value="拉面">拉面</option>
    <option value="饺子">饺子</option>
    <option value="烤肉">烤肉</option>
  </select>
 <input type="submit" value="发送" />
</form>
```

```js
// 获取<select id="food">
var s = document.getElementById('food');
// 获取<select>元素中的子节点
var opts = s.childNodes;  ⟵ ❶
```

```
// 依次获取子节点
for (var i = 0, len = opts.length; i < len; i++) {
  var opt = opts.item(i);
  // 只有当子节点是元素节点时才将其值输出到日志中
  if (opt.nodeType === 1) {
    console.log(opt.value);
  }
}
```

❷

拉面
饺子
烤肉

childNodes属性的功能是获取元素的直接子节点（❶）。childNodes属性和getElements-ByName／querySelectorAll等方法相同，是将节点列表作为NodeList对象返回的。但是，需要注意，列表中的节点「不只是元素」。下面是表示childNodes.html的文档结构的树状图。

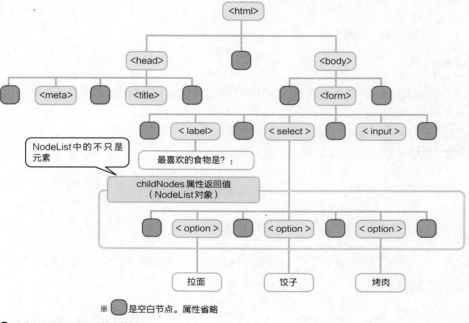

NodeList中的不只是元素

childNodes 属性返回值
（ NodeList 对象）

※ 〇 是空白节点。属性省略

●**child_nodes.html的文档树**

标签间的换行和空格也视为文本节点，因此，childNodes属性也可能获取到元素节点和文本节点。

像本例这样只获取<option>元素时，需要判断取出的节点是否为元素节点。

nodeType属性的作用是判断节点的种类（❷）。下面是nodeType属性的返回值。

返回值	概要
1	元素节点
2	属性节点
3	文本节点
4	CDATA区域（<![CDATA[~]]>）
5	实体引用节点
6	实体声明节点

返回值	概要
7	处理命令节点
8	注释节点
9	文档节点
10	文档类型声明节点
11	文档的片段（Fragment）
12	符号名称

◉ 节点的种类（nodeType属性的返回值）

在这个例子中，只有当nodeType属性为1（元素节点）时，才获取该值（value属性）。

■ **其他获取子元素列表的方法**

虽然清单6-07中使用的是childNodes属性，但其实还有像下面这样的其他途径获取子元素，根据当时的上下文来决定使用哪种方法，这里先理解「实现一个目标可以有各种不同的方法」，扩充自己的选择范围。

（1）firstChild／nextSibling属性

使用firstChild／nextSibling属性，可以像下面这样获取子元素（改写清单6-07中的粗体字部分）。

◉ 清单6-08 **first_child.js（只是替换的部分）**

```javascript
// 获取<select>元素的第一个子节点
var child = s.firstChild;
// 在有子节点的期间内循环
while (child) {
  if (child.nodeType === 1) {
    console.log(child.value);
  }
  // 获取下一个子节点(弟节点)
  child = child.nextSibling;
}
```

在这个例子中，从<select>元素中第一个子节点开始，依次获取之后的兄弟节点（直到后面没有为止）。使用lastChild／previousSibling属性也是基本相同的，有兴趣的读者可以自己尝试一下。

（2）firstElementChild／nextElementSibling属性

firstElementChild属性返回下面的子元素，nextElementSibling属性获取之后的兄弟元素。和firstChild／nextSibling属性不同，返回值是Element（元素）对象，所以不需要使用nodeType属性判断。

下面是替换清单6-07中的粗体字部分。

◉清单6-09 **first_child_element.js**

```
// 获取<select>元素的第一个子节点
var child = s.firstElementChild;
// 在有子节点的期间内循环
while (child) {
  console.log(child.value);
  child = child.nextElementSibling;
}
```

和❶相同，lastElementChild／previousElementSibling属性可以从末尾的子元素开始依次访问。

6.2.3 触发事件并执行处理 − 事件驱动模型 −

在浏览器上显示的页面中，会发生

· 按钮被单击（双击）
· 鼠标指针移动到字符串上（移出到字符串外）
· 输入框的内容改变了

等各种各样的事件（Event）。客户端JavaScript中的特征就是根据这些事件记述相应的代码。我们将这个编程模型称为事件驱动模型（Event driven programming）。

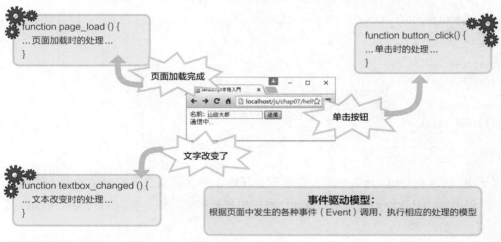

◉事件驱动（Event driven）模型

这时，将定义事件相应的处理内容的代码块（函数）称为事件处理器或者是事件监听器。

下面是客户端JavaScript中可以使用的主要事件。当然，也没有必要理解所有的事件，理解到「有这样的事情啊」的程度可以了。

分类	事件名	发生时间	主要的目标元素
读取	abort	中断读取图片时	img
	load	完成读取页面／图片时	body、img
	unload	移动到其他页面时	body

分类	事件名	发生时间	主要的目标元素
鼠标	click	单击时	–
	dblclick	双击时	–
	mousedown	按下鼠标时	–
	mouseup	松开鼠标时	–
	mousemove	移动鼠标指针时	–
	mouseover	当鼠标指针位于元素上方时	–
	mouseout	当鼠标从元素上移开时	–
	mouseenter	当鼠标指针位于元素上方时	–
	mouseleave	当鼠标从元素上移开时	–
	contextmenu	右键显示菜单前	body
键盘	keydown	按下按键时	–
	keypress	按住按键时	–
	keyup	松开按键时	–
表单	change	内容变更时	input(text)、select
	reset	按下重置按钮后	form
	submit	按下提交按钮后	form
焦点	blur	元素失去焦点时	–
	focus	元素获取焦点时	–
其他	resize	元素大小改变时	–
	scroll	滚动时	body

◉客户端JavaScript中可以使用的主要事件

Note　mouseover／mouseout和mouseenter／mouseleave的不同

mouseover／mouseout和mouseenter／mouseleave虽然都是鼠标位于元素上方时和鼠标从元素上离开时发生的事件，但是它们的动作还是稍微有些差异。具体是当元素有子元素时，如果监听外侧的元素（id="parent"），会有以下差异。

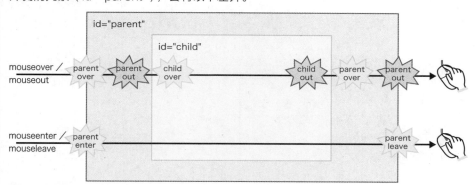

◉mouseover／mouseout和mouseenter／mouseleave的不同

mouseenter／mouseleave事件只是在进出目标元素时触发，而mouseover／mouseout事件在进出内部的元素时也会触发。为了避免意外的动作，请好好理解两者的差异。

■ **定义事件处理器／事件监听器**

正如之前所介绍的，事件驱动模型的中心是「事件」和「事件处理器／事件监听器」。在事件监听模型中，首先要定义以下3个内容。

- ·在哪个元素中发生的
- ·哪个事件
- ·关联哪个事件处理器／事件监听器

在客户端JavaScript中，有以下用来进行关联的方法。

1. 作为标签内的属性声明

2. 作为元素对象的属性声明

3. 使用addEventListener方法声明

首先，应该使用在DOM Level 2中定义的标准化的addEventListener方法。但是，因为1和2的方法简单也经常使用，所以这里也一起介绍。

将1和2中声明的事件处理称为「事件处理器」，将3中声明的事件处理称为「事件监听器」这样进行区分（两者决定性的差异是声明的方式）。

（1）作为标签内的属性声明

这个是最简单的写法。下面是单击提交按钮后显示警告对话框的例子。

◎清单6-10 **handler.html（上）／handler.js（下）**

```html
<input type="button" value="显示对话框" onclick="btn_click()" />
```

```js
function btn_click() {
  window.alert('按钮被点击了。');
}
```

◉**单击按钮时显示对话框**

关键是清单中的粗体字部分。在标签内声明事件处理器时，按照以下进行书写。

◎写法 **设定事件处理器（1）**

```
<标签名  on事件名="JavaScript的代码">
```

通常在「JavaScript的代码」中，是像清单6-10这样用来调用事件处理器（函数）的代码——也就是说，记述「btn_click()」这样的代码。但是，如果当处理非常简单时，也可以在这里直接记述处理本身。清单6-10也可以改写为下面的代码。

◉清单6-11 **handler2.html**

```
<input type="button" value="显示对话框"
  onclick="window.alert('按钮被点击了。');" />
```

但是，在标签内书写过于复杂的JavaScript代码，从代码的可读性角度来看也好，鉴于最近流行的「应该明确地分离页面的构成和处理（脚本）」也好，这都不是令人满意的写法。清单6-11中的写法只是用来书写很简单的处理。请记住，通常「标签内的JavaScript代码，仅仅是用来调用事件处理器的」。

（2）作为元素对象的属性声明

虽说只是调用事件处理器，但是在原本应该用来定义外观布局的HTML中混入JavaScript的代码也是不太好的。因此，也可以在JavaScript的代码中添加关联和定义事件监听器本身。下面是改写清单6-10的代码的例子。

◉清单6-12 **handler3.html（上）/ handler3.js（下）**

```
<input id="btn" type="button" value="显示对话框" />
```
`HTML`

```
// 页面加载时注册要执行的事件处理器
window.onload = function() {
  // 注册点击按钮（btn）时执行的事件处理器
  document.getElementById('btn').onclick = function() {
    window.alert('按钮被点击了。');
  };
};
```
`JS`

写法如下。

◉写法 **注册事件处理器（1）**

```
obj.on event = function() { statements }
     obj：window对象，或者是元素对象
     event：事件名              statements：事件发生时应该执行的处理
```

在这个例子中，定义了window（页面）加载时应该执行的处理和<input id="btn">元素被单击时的处理。

不是匿名函数（函数字面量），而是像下面这样书写函数名，事件处理器（函数）本身可以另外定义。

◉写法 **注册事件处理器（2）**

```
obj.on event = func
     obj：window对象，或者是元素对象
     event：事件名              func：函数名
```

但是，因为事件处理器的特性，基本不会在多个地方使用。从这一点考虑，相比另外定义命名函数，直接定义匿名函数可以节省全局命名空间，代码本身也更加简单。

使用这个写法时，请注意以下几点。

·事件名都使用小写

事件名都必须使用小写（如果是作为标签内的属性，则不区分大写、小写）。也就是说不能像「window.onLoad」、「～.onClick」这样书写。

·作为属性设定的是函数对象

设定为属性时，只能是函数对象，而不是函数调用。例如，为onload事件关联init事件处理器时，

```
window.onload = init();
```

这样的写法是不正确的，正确的写法如下。

```
window.onload = init;
```

·个别元素的事件处理器应该放在onload事件处理器中

以「document.getElementById.～」的形式注册事件处理器时，通常需要写在onload事件处理器中。通过使用onload事件处理器，会在页面读取完成之后执行处理。

如果在页面整体被读入之前调用getElementById方法，可能会获取不到目标元素而造成事件处理器设定失败。

在本书中，因为是在</body>闭标签之前书写<script>元素的，所以即使没有onload事件处理器代码也可以正常运行。但是，如果要无论<script>元素的位置在哪里代码都可以正常运行，就需要使用onload事件处理器。

（3）声明addEventListener方法

虽然使用onxxxx属性设定事件处理器是在客户端JavaScript的世界中一直沿用的写法，但是也存在一个问题。这就是

不能给同一个元素或同一个事件设定多个事件处理器

在开发简单的应用时可能不会有什么问题。但是，如果是组合使用多个库时会怎么样呢？如果一个库使用了某个元素的某个事件，其他库中使用同一个元素的同一个事件的处理就无法运行了（当然，自己写的代码也是同样的）。

此时就需要使用事件监听器了。把事件监听器理解为「可以对同一个元素的同一个事件添加多个关系的事件处理器」就可以了。

addEventListener方法的功能是设定事件监听器。

◉写法 **addEventListener方法**

```
elem.addEventListener(type, listener, capture)
     elem: 元素对象     type: 事件的种类
     listener: 根据事件应该要执行的处理   capture: 事件的方向(6.7.3)
```

下面，是使用addEventListener方法改写清单6-12代码的例子。

◉清单6-13 **handler4.html（上）/ handler4.js（下）**

```html
<input id="btn" type="button" value="显示对话框" />
```
`HTML`

```js
// 注册页面加载时执行的事件处理器
document.addEventListener('DOMContentLoaded', function() {
  // 注册点击按钮（btn）时执行的事件处理器
  document.getElementById('btn').addEventListener('click', function() {
    window.alert('按钮被点击了。');
  }, false);
}, false);
```
`JS`

DOMContentLoaded事件监听器和之前的onload事件处理器相同，都是「页面加载后执行处理」的意思。

但是，和onload事件处理器的执行时间有细微的差异。

- **onload事件处理器** ➡ **内容主体和所有的图片都加载完成后执行**
- **DOMContentLoaded事件监听器** ➡ **内容主体加载完成后执行（不等待图片的加载）**

大部分的处理应该是不需要等待图片加载的，所以使用DOMContentLoaded事件监听器时，脚本的开始事件会提前些。请记住，如果没有关于图片处理这样特别的理由，

通常是使用DOMContentLoaded事件监听器来表示页面的初始化处理

请记住，通常情况下是这样。

6.3 获取／设定属性值和文本

理解了客户端JavaScript的基础之后，我们开始学习使用脚本操作页面的方法。首先，从获取／设定元素中的文本开始。

6.3.1 多个属性作为「元素节点的同名的属性」来访问

正如清单6-13中的代码所示，如果可以访问到元素节点，那么访问其属性值就很简单。这是因为大多数的属性都可以作为「元素节点的同名属性」来访问。

例如要获取／设定锚标签的href属性，可以如下记述（变量link表示锚标签）。

```
var url = link.href;    ←── 获取
link.href = 'http://www.wings.msn.to/';    ←── 设定
```

访问其他属性也都大致相同，但是，需要注意有部分属性名不一致的情况。

例如，表示元素使用的CSS类的「class」属性，对应的DOM属性是「className」。常用的属性中，可以认为就这点差异，但还是要记住「存在属性不一致的情况」这一点。

```
<p class="summary">示例</p>    ←── HTML
node.className = 'summary';    ←── JavaScript（DOM）
```

如果不想考虑属性名的差异，请使用getAttribute／setAttribute方法。

◉写法 **getAttribute／setAttribute方法**

```
elem.getAttribute(name)
elem.setAttribute(name, value)
    elem: 元素对象    name: 属性名    value: 属性值
```

例如，要获取／设定锚标签（变量link）的href属性，请按下面这样书写代码。

```
var url = link.getAttribute('href');
link.setAttribute('href', 'http://www.wings.msn.to/');
```

虽然和使用属性来访问相比代码稍微冗长了点，但是有以下好处。

- **·没有必要考虑HTML和JavaScript的名字差异**
- **·（因为是使用字符串来指定的）可以通过脚本动态改变要获取／设定的属性名**

请根据使用的场景区分使用。

6.3.2 获取没有特别指定的属性

要获取特定的节点的所有属性时，可以使用attributes属性。下面是获取<img>元素中的所有属性并罗列出来的代码。

◉清单6-14 **attributes.html（上）/ attributes.js（下）**

```html
<img id="logo" src="http://www.wings.msn.to/image/wings.jpg"
  height="67" width="215" border="0"
  alt="WINGS（Www INtegrated Guide on Server-architecture）" />
```

```js
document.addEventListener('DOMContentLoaded', function() {
  // 获取<img id="logo">
  var logo = document.getElementById('logo');
  // 获取<img>元素中的属性列表
  var attrs = logo.attributes;          ←── ❶
  // 依次从属性列表中取出属性，并输出其名字/值
  for (var i = 0, len = attrs.length; i < len; i++) {
    var attr = attrs.item(i);                              ←
    console.log(attr.name + ':' + attr.value);   ←── ❸      ❷
  }                                                 ←
}, false);
```

```
id:logo
src:http://www.wings.msn.to/image/wings.jpg
height:67
width:215
border:0
alt:WINGS（Www INtegrated Guide on Server-architecture）
```

attributes属性，将元素中包含的所有属性的列表作为NamedNodeMap对象返回（❶）。NamedNodeMap是和之前介绍的HTMLCollection相似的对象，特点是「使用节点的名称或者索引都可以访问」。

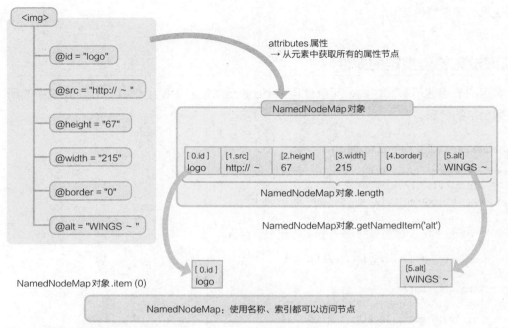

NamedNodeMap：使用名称、索引都可以访问节点

◉ **NamedNodeMap对象**

依次从NamedNodeMap对象中获取属性（Attr对象）的流程，和HTMLCollection对象是一样的。索引从「0～length−1」变化，从列表中逐个取出属性节点（❷）。

要访问取出的属性节点的名称／值，请像❸这样使用name／value属性。

| Note | **NamedNodeMap对象的特征** |

NamedNodeMap对象，提供使用索引的访问方法只是为了更简单地罗列节点。请注意，像HTMLCollection／NodeList对象一样，不保证节点的顺序。

另外，在NamedNodeMap对象中，也可以添加／删除其中的节点（属性）。

```
// 新增title属性
var title = document.createAttribute('title')
title.value = 'logo图片'
attrs.setNamedItem(title);
// 删除现有的alt属性
attrs.removeNamedItem('alt');
```

6.3.3 获取／设定文本

要获取／设定元素中的文本，可以使用innerHTML／textContent属性。

我们来看具体的例子以了解两者的特性吧。下面是将指定的文本（锚标签）添加到<div>元素中的例子。

◉ 清单6-15 **text.html（上）／text.js（下）**

```
<div id="result_text">
  <p style="color: Red;">没有设定! </p>
</div>
```
HTML

```
<div id="result_html">
  <p style="color: Red;">没有设定! </p>
</div>
```

```js
document.addEventListener('DOMContentLoaded', function() {
  document.getElementById('result_text').textContent =
    '<a href="http://www.wings.msn.to/">WINGS项目</a>';
  document.getElementById('result_html').innerHTML =
    '<a href="http://www.wings.msn.to/">WINGS项目</a>';
}, false);
```

```
<a href="http://www.wings.msn.to/">WINGS项目</a>
WINGS项目
```

●设定id="result_text"、"result_html"元素的文本

　　首先，两个属性的相同点是「完全地替换子元素／文本」。值得注意的是，在上面的例子中，原本的<p>元素没有被保留下来。另一方面，决定性的不同是「是否将所给的文本识别为HTML字符串」这一点。innerHTML属性是将文本作为HTML添加的，所以链接有效。而另一方面，textContent属性是作为纯文本添加的，所以只是单纯地显示为字符串。

　　通常，如果不是要添加HTML字符串，推荐

优先使用textContent属性

　　因为不需要对文本做解析，所以textContent属性更快速并且没有安全上的问题。关于安全上的问题，会在之后介绍。

> **Note　innerHTML属性**
>
> 　　innerHTML属性原本是作为浏览器的扩展而实现的功能，之后在HTML5中被规范化。因为从以前开始就在浏览器上实现了，所以一般的浏览器都可以正常使用。

■ 获取文本时的差异

　　innerHTML和textContent属性在获取文本时也有不同。

◎清单6-16 **text_get.html（上）/ text_get.js（下）**

```html
<ul id="list">
  <li><a href="http://www.wings.msn.to/">
    服务器站点技术的校舍 - WINGS</a></li>
  <li><a href="http://www.web-deli.com/">
    WebDeli</a></li>
  <li><a href="http://www.buildinsider.net/web/jqueryref">
    jQuery参考手册</a></li>
</ul>
```

```js
document.addEventListener('DOMContentLoaded', function() {
  var list = document.getElementById('list');
  console.log(list.innerHTML);
  console.log(list.textContent);
}, false);
```

```
<li><a href="http://www.wings.msn.to/">
  服务器站点技术的校舍 - WINGS</a></li>
<li><a href="http://www.web-deli.com/">
  WebDeli</a></li>
<li><a href="http://www.buildinsider.net/web/jqueryref">
  jQuery参考手册</a></li>

服务器站点技术的校舍 - WINGS
WebDeli
jQuery参考手册
```

innerHTML属性返回的是目标元素中的HTML字符串。而textContent属性是分别取出子元素中的文本并连接后再返回。

■ innerHTML属性的注意点

使用innerHTML属性时，请不要直接传递用户的输入值和外部的输入值等。

下面是一个很基础的例子，根据名字显示「你好，○○先生！」这样的消息。但是，在这个基础的例子中，却包含了不安全的代码。

◉清单6-17 **text_ng.html（上）/ text_ng.js（下）**

```html
<form>
  <label for="name">名字：</label>
  <input id="name" name="name" type="text" size="30" />
  <input id="btn" type="button" value="发送" />
</form>
<div id="result"></div>
```

```js
document.addEventListener('DOMContentLoaded', function() {
  // 点击按钮时显示问候消息
  document.getElementById('btn').addEventListener('click', function() {
    var name = document.getElementById('name');
    var result = document.getElementById('result');
    result.innerHTML = '你好，' + name.value + '先生！';
  }, false);
}, false);
```

示例运行后，在输入框中输入「<div onclick="alert('霍格')">霍格霍格</div>」这样的文本然后单击按钮。如果单击页面下方的「霍格霍格」字符串，就会显示下图所示的对话框。

●输入的脚本被执行了！

　　这是因为终端用户输入的脚本在页面上被运行了。在这个例子中，只是自己输入的代码被运行了，如果是从外部服务获取的内容中含有不正确的字符串呢？页面提供者意料之外的代码可能会在不特定的用户的浏览器上任意执行，这就是问题所在。

　　这样的漏洞称为跨站脚本攻击（XSS）漏洞。

　　防止XSS漏洞最有效的方法就是使用户的输入值等外部的输入值不输出到innerHTML属性中。在这个例子中，将粗体字部分改写为「textContent」就可以解决问题了。如果是想要包含HTML字符串，这样做就足够了。

　　但是，「如果是想要根据输入值组合HTML字符串并反映到页面上」，就不可以使用textContent属性。这时，请使用createElement和createTextNode方法，同时可以安全地操作HTML字符串。关于createXxxxx方法，会在6.5节中介绍。

Note　innerHTML属性中不能插入<script>元素

　　在innerHTML属性中插入的<script>元素是不会被执行的。例如，在本文的例子中，尝试输入下面这样的代码。

```
<script>alert('霍格');</script>
```

　　运行后不显示对话框。因此，innerHTML属性可以最低限度地防止漏洞。

　　但是，正如之前所介绍的，不使用<script>元素要混入脚本也是很简单的。这只是临时措施，所以请尽量使用textContent属性。

6.4 访问表单元素

在客户端JavaScript中，表单是用来接收终端用户输入值的代表性方法。虽然有点偏离Java-Script的主题，但我们还是要先介绍一下Web页面中可以使用的主要表单元素（输入元素）。

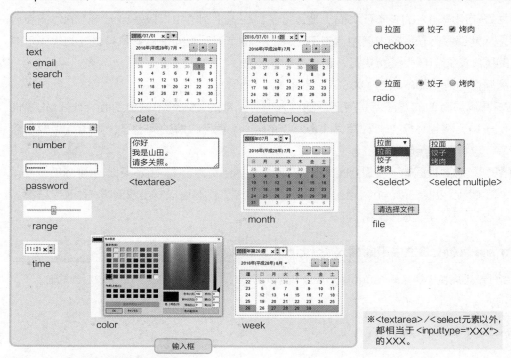

●HTML中可以使用的主要表单元素

带「＊」的元素是HTML5中新增的元素。根据使用浏览器的不同可能会有不支持的情况，这时，只会显示标准的输入框，并没有什么特别的坏处。请尽量根据目的使用相应的表单元素。

在本节中，将介绍从这些表单元素中获取值的方法。

6.4.1 获取输入框／选择框的值

要获取输入框／选择框的值很简单，只要访问value属性就可以了。下面是单击按钮时，将表单的值罗列到日志中的例子。

◎清单6-18 **text_select.html（上）／text_select.js（下）**

```html
<form>
  <label for="name">名字：</label>
  <input id="name" name="name" type="text" size="30" />
  <input id="btn" type="button" value="发送" />
```

```
</form>
<div id="result"></div>
```

```js
document.addEventListener('DOMContentLoaded', function() {
  document.getElementById('btn').addEventListener('click', function() {
    var name = document.getElementById('name');
    console.log(name.value);
  }, false);
}, false);
```

在这个例子中，以输入框为例，列举了简单的<input type="text">的例子，P.264的图中分别为「输入框」元素和<select>元素（单选），都是以相同的方法来获取值的。

另外，为这些元素设值时，也只需要像下面这样将值赋给value属性就可以了。

```
name.value = '铃木与作';
```

6.4.2 获取复选框的值

访问复选框／单选框和访问输入框／选择框不同，稍微有点复杂。

首先，我们来看一下具体的例子吧。下面是在提交时将画面上选中复选框的值显示在对话框中的例子。

◉清单6-19 check.html（上）／check.html（下）

```html
<form>
  <div>
    喜欢的食物是？：
    <label><input type="checkbox" name="food" value="拉面" />
      拉面</label>
    <label><input type="checkbox" name="food" value="饺子" />
      饺子</label>
    <label><input type="checkbox" name="food" value="烤肉" />
      烤肉</label>
    <input id="btn" type="button" value="发送" />
  </div>
</form>
```

```js
document.addEventListener('DOMContentLoaded', function() {
  // 点击按钮时将选中项目的值显示在对话框中
  document.getElementById('btn').addEventListener('click', function() {
    // 用来存储选择项的数组
    var result = [];
    var foods = document.getElementsByName('food');

    // 遍历复选框，查看是否是选中状态
    for(var i = 0, len = foods.length; i < len; i++) {
      var food = foods.item(i);
      // 将选中项目的值添加到数组中
      if (food.checked) {                         ❷        ❶
        result.push(food.value);
      }
    }
```

265

```
    // 将数组的内容输出到对话框中
    window.alert(result.toString());
  }, false);
}, false);
```

● 将选中项目的值显示到对话框中

要获取像复选框这样「虽然id属性不同，但是name属性相同」的元素组，使用getElements-ByName方法会很方便。这时，getElementsByName方法将复选框的列表作为NodeList对象返回，和例子一样使用for循环依次取出各个元素（❶）。

checked属性表示复选框有没有被选中（❷）。虽然也可以使用value属性，但是在单选框／复选框中，无论有没有选中，

value属性都会返回value属性指定的值。

也就是说，即使访问value属性，也无法查看单选框／复选框的选择状态。

在❷中，如果checked属性为true（选中了），就将这个value属性添加到result数组中，这样，最终就可以只得到被选中的复选框的值。

Note | **操作单个复选框**

复选框也可以用来表示单个选项的开／关。这时，可以像下面这样访问复选框。

◉清单 **check_onoff.js**

```
var onoff = document.getElementById('onoff');
// 根据复选框onoff的状态输出日志
if(onoff.checked) {
  console.log(onoff.value);
} else {
  console.log('没有选中。');
}
```

6.4.3 获取单选框的值

关于单选框，首先我们来看一下获取选择值的代码吧。基本上和复选框是同样的流程，所以为了更好的通用性，我们把用于访问单选框的代码作为getRadioValue函数提出来。有兴趣的读者可以不查看下面的代码来尝试自己改写，这也是一种很好的学习方法。

◉ 清单6-20　**radio.html（上）/ radio.js（下）**

```html
<form>
  <div>
    喜欢的食物是？：
    <label><input type="radio" name="food" value="拉面" />
      拉面</label>
    <label><input type="radio" name="food" value="饺子" />
      饺子</label>
    <label><input type="radio" name="food" value="烤肉" />
      烤肉</label>
    <input id="btn" type="button" value="发送" />
  </div>
</form>
```

```js
document.addEventListener('DOMContentLoaded', function() {
  // 获取指定的单选框（name）的值
  var getRadioValue = function(name) {
    var result = '';
    var elems = document.getElementsByName(name);

    // 遍历单选框，查看选中状态
    for(var i = 0, len = elems.length; i < len; i++) {
      var elem = elems.item(i);
      // 将选中的项目添加到数组中
      if (elem.checked) {
        result = elem.value;
        break;
      }
    }
    return result;
  };

  // 点击按钮时将选中项目的值显示到对话框中
  document.getElementById('btn').addEventListener('click', function() {
    window.alert(getRadioValue('food'));
  }, false);
}, false);
```

267

●**用对话框显示选中的项目**

我们可以看到除了将获取选中值的代码作为getRadioValue函数以外，和清单6-19是基本相同的。

但是有一点需要注意，代码中粗体字部分。因为单选框是单项选择，所以发现了选中项后就立刻跳出循环。虽然没有这个语句结果也没有变化，但是因为不需要无用的循环，所以推荐这样写。

6.4.4 设定单选框／复选框的值

设定单选框／复选框的值和获取值一样，也是「获取NodeList对象 → 使用for循环访问各个元素」这个流程。取出各个元素，之后寻找和想要设定的值拥有相同value值的单选框／复选框，将匹配元素的checked属性设为true。

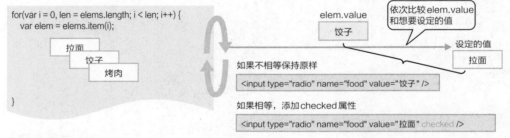

●**设定单选框／复选框的值**

■ 设定单选框

我们来看一下具体的代码吧。首先，从设定单选框的例子开始。

◉清单6-21　**radio_set.html（上）／ radio_set.js**

```html
<form>
  <div>
    喜欢的食物是？：
    <label><input type="radio" name="food" value="拉面" />
      拉面</label>
    <label><input type="radio" name="food" value="饺子" />
      饺子</label>
    <label><input type="radio" name="food" value="烤肉" />
      烤肉</label>
    <input id="btn" type="button" value="发送" />
```

```
    </div>
  </form>
```

```js
document.addEventListener('DOMContentLoaded', function() {                        JS
  // 设定指定的单选框（name）的值
  var setRadioValue = function(name, value) {
    var elems = document.getElementsByName(name);

    // 遍历单选框，搜索值相等的项目
    for(var i = 0, len = elems.length; i < len; i++) {
      var elem = elems.item(i);
      // 将值和参数value相等的项目设为选中
      if (elem.value === value) {
        elem.checked = true;
        break;   ←─── ❶
      }
    }
  };

  // 将单选框的初始值设为［饺子］
  setRadioValue('food', '饺子');
}, false);
```

●设置单选框food的初始值

在相同名称的（属于同一组）单选按钮中，如果选中其中任何一个，其他的都会变为非选中。因此，在这个代码中，发现了一致的元素，就会跳出循环（❶）。

■ 设定复选框

关于复选框的设定，也先看一下例子吧。

◉清单6-22 **check_set.html（上）/ check_set.js（下）**

```html
<form>                                                                          HTML
  <div>
    喜欢的食物是？：
    <label><input type="checkbox" name="food" value="拉面" />
      拉面</label>
    <label><input type="checkbox" name="food" value="饺子" />
      饺子</label>
    <label><input type="checkbox" name="food" value="烤肉" />
      烤肉</label>
    <input id="btn" type="button" value="发送" />
  </div>
</form>
```

```js
document.addEventListener('DOMContentLoaded', function() {                        JS
```

```
// 设定指定的复选框（name数组）的值
var setCheckValue = function(name, value) {
  var elems = document.getElementsByName(name);

  // 遍历复选框，搜索匹配的值
  for(var i = 0, len = elems.length; i < len; i++) {
    var elem = elems.item(i);
    // 如果value数组中包含和value属性相等的值则设为选中状态
    if (value.indexOf(elem.value) > -1) {
      elem.checked = true;
    }
  }
};

// 将复选框food的初始值设为「饺子」「烤肉」
setCheckValue('food', ['饺子', '烤肉']);
}, false);
```

●设定复选框food的初始值

在设定复选框值的setCheckValue函数中，为参数value传递的是数组。在复选框中，只能设定多个值。

因此，在❶的Array.indexOf方法中，检查value数组中是否有和value属性相等的元素。如果数组中没有指定的元素，indexOf方法会返回−1，所以这里判断是否大于−1，就可以判断数组中是否有指定元素。

将匹配的元素的checked属性设为true。和单选框不同，搜索到一个匹配元素不会结束循环，而是继续搜索。

6.4.5 获取多选列表框的值

可以多选的下拉列表框的操作方法和复选框很相似。但是，和下拉列表框（单选）不同，即使访问<select>元素的value属性，也只能得到第一个选中的值。

◎清单6-23 list.html（上）/ list.js（下）

```html
<form>
  <div>
    <label for="food">喜欢的食物是？：</label>
    <select id="food" multiple>
      <option value="拉面">拉面</option>
      <option value="饺子">饺子</option>
      <option value="烤肉">烤肉</option>
    </select>
    <input id="btn" type="button" value="发送" />
  </div>
```

```js
</form>

document.addEventListener('DOMContentLoaded', function() {
  // 获取指定的列表框（name）的值
  var getSelectValue = function(name) {
    // 用来存储选中的值的数组
    var result = [];
    var opts = document.getElementById(name).options;       ← ❶

    // 遍历<option>元素，查看是否是选中状态
    for(var i = 0, len = opts.length; i < len; i++) {
      var opt = opts.item(i);
      // 将选中的项目的值添加到数组中
      if (opt.selected) {                                        ❷
        result.push(opt.value);
      }
    }
    return result;
  };

  // 点击按钮时将选中项目的值显示到对话框中
  document.getElementById('btn').addEventListener('click', function() {
    window.alert(getSelectValue('food'));
  }, false);
}, false);
```

◉ 罗列选中的项目

　　要判断列表框中选中的值，首先，要获取<select>元素下的<option>元素组。对此，只要通过获取的Element对象（<select>元素）访问options属性就可以了（❶）。

　　options属性将<option>元素组（HTMLOptionsCollection对象）作为返回值返回。因此，在❷中需要使用for循环依次取出<option>元素并判断选择状态。但是，要判断<option>元素是否选中需要使用selected属性（不是checked属性）来判断。

■ 设定列表框

　　下面是设定列表框中值的例子。再次理解一遍以复习目前为止所介绍内容，可以尝试根据注释自己解读代码的流程。

● 清单6-24　list_set.html（上）/ list_set.js（下）

```html
<form>
  <div>
    <label for="food">喜欢的食物是?：</label>
    <select id="food" multiple>
      <option value="拉面">拉面</option>
      <option value="饺子">饺子</option>
      <option value="烤肉">烤肉</option>
    </select>
    <input id="btn" type="button" value="发送" />
  </div>
</form>
```

```js
document.addEventListener('DOMContentLoaded', function() {
  // 给指定的列表框（name数组）设值
  var setListValue = function(name, value) {
    var opts = document.getElementById(name);

    // 遍历<option>元素，检索值相等的元素
    for(var i = 0, len = opts.length; i < len; i++) {
      var opt = opts.item(i);
      // 如果value数组中有和value属性相等的元素就设为选中状态
      if (value.indexOf(opt.value) > -1) {
        opt.selected = true;
      }
    }
  };

  // 将列表框的初始值设为「饺子」「烤肉」
  setListValue('food', ['饺子', '烤肉']);
}, false);
```

● 设定列表框food的初始值

6.4.6　获取上传的文件信息

使用files属性可以从文件选择按钮中获取指定文件的信息。

● 清单6-25　file_info.html（上）/ file_info.js（下）

```html
<form>
  <label for="file">文件：</label>
  <input id="file" name="file" type="file" multiple />
</form>
```

```js
window.addEventListener('DOMContentLoaded', function() {
  document.getElementById("file").addEventListener('change', function(e) {
```

```
    var inputs = document.getElementById("file").files;
    for (var i = 0, len = inputs.length; i < len; i++) {
      var input = inputs[i];
      console.log('文件名：' + input.name);
      console.log('种类：' + input.type);
      console.log('大小：' + input.size / 1024 + 'KB');
      console.log('最后更新时间：' + input.lastModifiedDate);
    }
  }, true);
});
```

```
文件名：工作.xlsx
种类：application/vnd.openxmlformats-officedocument.spreadsheetml.sheet
大小：20.6044921875KB
最后更新时间：Wed May 25 2016 10:52:19 GMT+0900 (东京（标准时))
文件名：manuscript.txt
种类：text/plain
大小：140.72265625KB
最后更新时间：Mon May 16 2016 15:41:30 GMT+0900 (东京（标准时))
```

※结果会根据上传的文件而有所不同。

　　files属性将上传的文件（FileList对象）作为返回值返回。因此，在❶中需要使用for循环依次获取文件（File对象）。

　　但是，需要注意，要选择多个文件时「需要给<input type="file">元素添加multiple属性」。另外，即使不添加multiple属性，files属性的返回值也是FileList对象。

　　如果可以获取File对象，就简单了，只要访问想要的信息就可以了（❷）。下面，是File对象中可以使用的主要属性。

属性	概要
name	文件名
type	类型
size	大小（字节单位）
lastModifiedDate	最后更新时间

●File对象的主要属性

■ 获取文本文件的内容

　　使用FileReader对象可以读取获取的File对象的内容。首先，前提是文件的内容必须是文本，然后读取内容并将其结果显示到页面上。

◎清单6-26 **file_reader.html（上）/ file_reader.js（下）**

```
<form>
  <label for="file">文件：</label>
  <input id="file" type="file" />
</form>
<hr />
<pre id="result"></pre>
```

```js
window.addEventListener('DOMContentLoaded', function() {
  document.getElementById("file").addEventListener('change', function(e) {
    // 获取选择的文件（因为是单选，所以一定是0）
    var input = document.getElementById("file").files[0];
    var reader = new FileReader();
    reader.addEventListener('load', function() {
      document.getElementById("result").textContent = reader.result;          ①
    }, true);
    reader.readAsText(input, 'UTF-8');          ②
  }, true);
});
```

● 显示选择的文本文件的内容

　　要使用FileReader对象，首先需要定义load事件监听器（①）。load事件监听器会在成功读取文件之后执行。在load事件监听器中可以使用FileReader.result属性访问文本内容。在这个例子中，直接将result属性的返回值反映到了`<pre id="result">`元素中。

　　另外，在①中只是定义了事件监听器，还没有读取文件。最后，使用readAsText方法来读取文件（②）。

● 写法　**readAsText方法**

```
reader.readAsText(file [,charset])
       reader：FileReader对象      file：读取的文件（File对象）
       charset：字符编码（默认是UTF-8）
```

　　参数charset默认是UTF-8，所以示例中也可以省略。

■ 文件读取失败时

　　在FileReader对象中，使用error事件监听器可以实现读取文件失败时显示错误消息等错误处理。

　　下面，是在之前的例子中加入错误处理的例子（粗体字是添加部分）。

● 清单6-27　**file_reader.js**

```js
// 读取文件发生错误时，将结果输出到日志中
reader.addEventListener('error', function() {
  console.log(reader.error.message);          ①
}, true);
reader.readAsText(input, 'UTF-8');
// 为了发生错误，在读取时立即中止处理
```

```
reader.abort();   ←── ❷
```

在error事件监听器中，通过访问FileReader对象的error.message属性可以获取错误的原因（❶）。在这个例子中，因为是使用abort方法故意中断读取处理的（❷），所以输出了错误信息「An ongoing operation was aborted,typically with a call to abort()」（进行中的操作由于调用了abort方法而被中断了）。

■ 获取二进制文件的内容

使用基本相同的方法，也可以读取二进制文件的内容。

下面是读取指定图片文件并将其内容显示到页面中的例子。

◉清单6-28 **file_image.html（上）/ file_image.js（下）**

```html
<form>
  <label for="file">文件: </label>
  <input id="file" name="file" type="file" />
</form>
<hr />
<img id="result" />
```

```js
window.addEventListener('DOMContentLoaded', function() {
  document.getElementById("file").addEventListener('change', function(e) {
    var input = document.getElementById("file").files[0];
    var reader = new FileReader();
    reader.addEventListener('load', function(e) {
      document.getElementById("result").src = reader.result;   ←── ❷
    }, true);
    reader.readAsDataURL(input);   ←── ❶
  }, true);
});
```

❶将指定的文件反映到页面下方

要读取二进制文件，不是使用readAsText方法而是使用readAsDataURL方法（❶）。因此，可以以Data URL的形式获取二进制文件。Data URL是指在URL中直接嵌入图片、音频等数据的表现形式，通常如下表示。

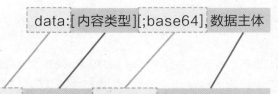

<img id="result" src="data:image/gif;base64, R0IGODlhWA... ">

●**什么是Data URL形式**

Data URL形式的数据可以直接赋给<img>元素的src属性或者<a>元素的href属性，所以不需要再另存为文件。

```
<img id="result" src="data:image/gif;base64,R0lGODlhWAAfAOYAAP/MM5kzAP...">
```

在❷中，通过直接将读取的图片文件（reader.result）设为src属性来显示文件的内容。

虽然在这个例子中只是显示图片文件，但也可以使用Ajax（7.4节）等技术，将获取的数据保存到数据库中。

> **Note　表单中常用的方法**
>
> 除了目前为止介绍的几种方法，表单中还有其它的方法／属性。本书不能介绍所有的内容，所以罗列一些主要的表单，请大致了解其功能。
>
> | 元素 | 成员 | 概要 |
> | --- | --- | --- |
> | 表单 | submit() | 提交表单的内容 |
> | | reset() | 重置表单的内容 |
> | 表单元素 | focus() | 使元素获取焦点 |
> | | blur() | 使元素失去焦点 |
> | | select() | 使文本为选中状态 |
> | | disabled | 禁止元素的输入／选择 |
> | | form | 获取元素所属的表单 |
> | | validity | 获取元素的校验结果 |
>
> ●**表单元素中可以使用的主要成员**

> **Note　表单操作的注意点**
>
> 要操作表单相关的信息，原则上是不可以使用getAttribute／setAttribute方法的。在6.3.1节中，为了方便说明，将属性（property）和属性（attribute）视为同一个内容进行解说，但严格来说，两者是不同的。例如，下面代码的目的是获取输入框的当前值，但是没有得到预期的结果。
>
> ```
> <input id="txt" type="text" value="hoge" />
> ...中间省略...
> txt.value = 'foo';
> console.log(txt.value);              // 结果：foo
> console.log(txt.getAttribute('value'));        // 结果：hoge
> ```
>
> 虽然value属性表示当前值，但是value属性只会返回初始值。因此，使用getAttribute方法不能获取用户的输入值。

6.5 添加／替换／删除节点

正如本章开头所介绍的，DOM的功能不仅仅只是用来访问现有的节点。也可以对文档树添加新的节点、替换／删除现有的节点。

6.5.1 怎样正确使用innerHTML属性

要编辑HTML，也可以使用之前介绍的innerHTML属性。但是，innerHTML属性需要将内容转换为字符串来操作，所以有下面这些问题。

- **内容复杂时，代码的可读性会变差**
- **根据用户的输入值创建内容时，可能会执行任意的脚本（6.3.3节）**

如果使用本节中介绍的方法，则可以解决以上问题。

- **因为可以作为对象树来操作，所以即使目标内容变复杂了，代码的可读性也很难变差**
- **因为可以将元素／属性和文本区分处理，所以可以很容易地避免因为用户的输入而混入脚本这样的危险**

反过来看，即使是添加一点点的内容，也要使用对象来操作，所以代码会变得很冗长。因此，请按照下面这样分开使用。

- **编辑简单的内容** ➡ **innerHTML属性**
- **编辑复杂的内容** ➡ **本节中的方法**

6.5.2 新建节点

首先，我们来看一下具体的例子吧。下面是根据表单中输入的内容，在页面下方添加相应的链接（锚标签）的例子。

◉清单6-29 **append_child.html（上）／ append_child.js（下）**

```html
<form>
  <div>
    <label for="name">网站名: </label><br />
    <input id="name" name="name" type="text" size="30" />
  </div>
```

```html
  <div>
    <label for="url">URL: </label><br />
    <input id="url" name="url" type="url" size="50" />
  </div>
  <div>
    <input id="btn" type="button" value="添加" />
  </div>
</form>
<div id="list"></div>
```

```js
document.addEventListener('DOMContentLoaded', function() {
  document.getElementById('btn').addEventListener('click', function() {
    // 获取输入框
    var name = document.getElementById('name');
    var url = document.getElementById('url');

    // 生成<a>元素
    var anchor = document.createElement('a');
    // 设定<a>元素的href属性
    anchor.href= url.value;    ←── ❸
    // 生成文本节点，并添加到<a>元素中
    var text = document.createTextNode(name.value);
    anchor.appendChild(text);    ←── ❷
    // 生成<br>元素
    var br = document.createElement('br');
    // 获取<div id="list">
    var list = document.getElementById('list');
    // 在<div>元素中依次添加<a>/<br>元素
    list.appendChild(anchor);
    list.appendChild(br);    ←── ❷
  }, false);
}, false);
```

❶根据表单中的输入值，在页面的下方添加链接

　　代码的大致流程请参考清单中的注释。下面，我们将其分为3个关键点逐步分析节点的添加流程。

❶创建元素／文本节点

　　要添加内容，首先需要使用createElement／createTextNode方法，新建需要插入的元素／文本。

◉写法 **createElement／createTextNode方法**

```
document.createElement(name)
document.createTextNode(text)
        name：元素名        text：文本
```

除此之外，createXxxxx方法中，根据生成的节点，有以下这些方法。

方法	生成的节点
createElement（元素名）	元素节点
createAttribute（属性名）	属性节点
createTextNode（文本）	文本节点
createCDATASection（文本）	CDATA区域
createComment（文本）	注释节点
createEntityReference（实体名）	实体引用节点
createProcessingInstruction（目标名，数据）	处理命令节点
createDocumentFragment()	文档片段

◉**主要的createXxxxx方法**

使用createXxxxx方法生成节点，不需要关注相互间的层级关系。生成的各个节点，就像拼图一样，相互之间没有关联，是零乱地散落的状态。

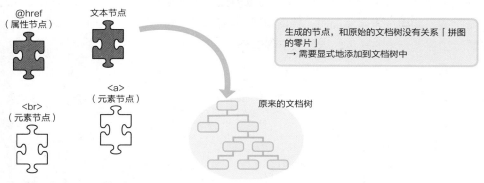

生成的节点，和原始的文档树没有关系「拼图的零片」
→ 需要显式地添加到文档树中

◉**刚创建的节点是拼图的零片**

❷**组合节点**

接下来，需要组合这些零乱散落的节点并添加到文档中。appendChild方法的功能就是执行这个操作。appendChild方法将指定的元素作为当前元素最后的子元素添加。

◉写法 **appendChild 方法**

```
elem.appendChild(node)
        elem：元素对象     node：添加的节点
```

在这个例子中，首先将文本节点text添加到元素节点anchor中，然后将这个元素节点anchor和br添加到文档树中的元素节点list中。

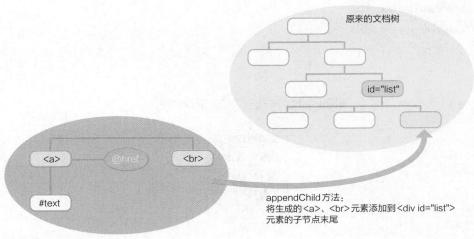

原来的文档树

id="list"

<a> @href

#text

appendChild方法：
将生成的<a>、
元素添加到<div id="list">
元素的子节点末尾

● **使用appendChild方法组合树**

appendChild方法也可使用insertBefore方法代替。例如下面两条语句的意思是相同的。

```
list.appendChild(anchor);
list.insertBefore(anchor, null);
```

insertBefore方法将第1个参数中设定的节点添加到第2个参数中指定的子节点之前。和appendChild方法相同，如果在末尾添加时，需将第2个参数设为null（后面没有任何元素）。

相反，如果要添加到子元素的开头，需要像下面这样改写代码。

```
list.appendChild(anchor);
list.appendChild(br);
```

```
list.insertBefore(br, list.firstChild);
list.insertBefore(anchor, br);
```

❸添加属性节点

正如6.3.1节中所介绍的，设定属性节点，只需要设定属性和同名的属性（property）。本例可以使用这个方法，但使用createAttribute方法也可以生成属性节点。虽然和使用属性的方法相比代码更加冗长了，但是因为可以将属性名作为字符串，所以好处是「可以根据脚本动态变更属性名」，还可以适用于更加通用的代码。

我们试着将清单6-29以下的部分使用createAttribute方法改写吧。

```
anchor.href= url.value;
```

改写后的代码如下。

```
var href = document.createAttribute('href');
href.value = url.value;
anchor.setAttributeNode(href);
```

使用value属性可以设定属性节点的值。

另外，需要注意，要关联属性节点和元素节点，不是使用appendChild和insertBefore方法，而是setAttributeNode方法。因为属性节点不是作为元素节点的「子」节点，而是作为「属性」来处理的。

Note | **也可以使用setAttribute方法代替**

本例使用的是createAttribute方法，也可以使用6.3.1节中介绍的setAttribute方法。

■ 补充说明：文本节点自动转义

在之前的示例中，试着在「网站名」文本框中输入「<h1>测试</h1>」这样的HTML字符串，看看会怎么样？

以更大的字体显示字符串了吗？不，而是直接显示了「<h1>测试</h1>」这个字符串。

◉ **直接显示HTML字符串**

使用createTextNode方法创建的文本节点，（不是元素）应该是纯文本，所以即使包含HTML标签，也直接作为文本处理

这就是为什么说在6.3.3节中「根据输入值组合HTML字符串时，应该使用createElement／createTextNode方法」。

■ 注意：创建复杂的内容时

例如，我们来看一下根据books数组的内容来创建书籍列表的例子吧。

◉清单6-30 append_complex.html（上）／ append_complex.js（下）

```html
<ul id="list"></ul>
```
`HTML`

```js
document.addEventListener('DOMContentLoaded', function() {
  var books = [
    { title: '自学PHP 第3版', price: 3200 },
    { title: 'Java口袋参考手册', price: 2680 },
    { title: '制作应用吧! Android入门', price: 2000 }
  ];

  var list = document.getElementById('list');

  // 将数组books的内容依次整理为<li>元素
  for(var i = 0, len = books.length; i < len; i++) {
    var b = books[i]
```
`JS`

```
    var li = document.createElement('li');
    var text = document.createTextNode(b.title + ': '+ b.price + '日元');
    li.appendChild(text);
    list.appendChild(li);    ← ❶
  }
}, false);
```

```
┌──────────────────────────────────────┐
│ [H] JavaScript完全学习教程 ×   ⬆  —  □  ×│
├──────────────────────────────────────┤
│ ←  →  C  ♠  │ 🗋 localhost/js/chap06/a☆│ ≡│
├──────────────────────────────────────┤
│ • 自学PHP 第3版：3200日元                │
│ • Java口袋参考手册：2680日元             │
│ • 制作应用吧！Android入门：2000日元      │
└──────────────────────────────────────┘
```

●根据数组books生成列表

　　虽然例子中代码正确运行了，但是从性能的角度来看却不理想。这是因为在❶中为文档树添加<li>元素时，需要重新绘制内容。重新绘制是开销相当大的处理，所以不希望频繁地执行。

　　这时，应该暂时先在DocumentFragment对象中组合内容，然后一起添加到文档树中。DocumentFragment对象正如其名字，是「文档的片段」，把它当做是「组合节点时用来暂时存储的容器」更容易理解。

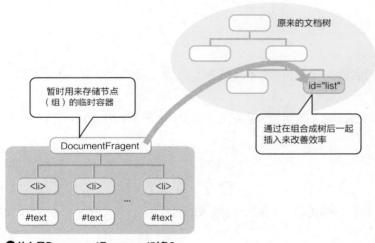

●什么是DocumentFragment对象?

　　下面，我们来查看修正后的代码。

◉清单6-31 append_complex2.js

```
document.addEventListener('DOMContentLoaded', function() {
  ...中间省略...
  // 生成用来存储内容的DocumentFragment对象
  var frag = document.createDocumentFragment();

  // 依次将数组books的内容生成<li>元素
  for(var i = 0, len = books.length; i < len; i++) {
    var b = books[i]
    var li = document.createElement('li');
```

```
    var text = document.createTextNode(b.title + ': '+ b.price + '日元');
    li.appendChild(text);
    frag.appendChild(li);
  }

  // 将<li>元素组一起添加到文档树中
  document.getElementById('list').appendChild(frag);   ←── ❶
}, false);
```

这次，因为文档树只更新了一次❶，所以将重绘的开销减少到了最小限度。

6.5.3 替换／删除现有的节点

接着，介绍替换／删除现有节点的方法。下面是单击书名列表，显示相应的书籍封面的例子。如果单击[删除]按钮，就会隐藏封面图片。

◉清单6-32 **replace.html（上）/ replace.js（下）**

```html
<ul id="list">
  <li><a href="JavaScript:void(0)" data-isbn="978-4-7981-3547-2">
    自学PHP 第3版</a></li>
  <li><a href="JavaScript:void(0)" data-isbn="978-4-7741-8030-4">
    Java口袋参考手册</a></li>
  <li><a href="JavaScript:void(0)" data-isbn="978-4-7741-7984-1">
    Swift口袋参考手册</a></li>
  <li><a href="JavaScript:void(0)" data-isbn="978-4-7981-4402-3">
    自学ASP.NET 第5版</a></li>
  <li><a href="JavaScript:void(0)" data-isbn="978-4-8222-9644-5">
    制作应用吧！ Android入门</a></li>
</ul>
<input id="del" type="button" value="删除" disabled />
<div id="pic"></div>
```

```js
document.addEventListener('DOMContentLoaded', function() {
  var list = document.getElementById('list');
  var pic = document.getElementById('pic');
  var del = document.getElementById('del');

  // 点击<ul id="list">的子元素（链接）时的处理
  list.addEventListener('click', function(e) {
    // 根据data-isbn属性获取锚标签中的isbn值
    //（e.target请参考6.7.2节）
    var isbn = e.target.getAttribute('data-isbn');

    // 执行没有获取到isbn值时的处理
    if (isbn) {
      // 生成<img>元素
      var img = document.createElement('img');
      img.src = 'http://www.wings.msn.to/books/' + isbn + '/' + isbn + '.jpg';
      img.alt = e.innerHTML;
      img.height = 150;
      img.width = 108;
      // 判断<div>元素中是否存在<img>元素（图片是否正在显示中）
      if(pic.getElementsByTagName('img').length > 0){
```

```
        // <img>元素存在时，替换为新的<img>元素
        pic.replaceChild(img, pic.lastChild);    ←── ❶
    } else {
        // <img>元素不存在时，新增元素并使[删除]按钮有效
        del.disabled = false;
        pic.appendChild(img);
    }
  }
}, false);

    // 点击[删除]按钮时的处理
    del.addEventListener('click', function() {
      // 删除<div id="pic">中的子元素，使[删除]按钮无效
      pic.removeChild(pic.lastChild);    ←── ❷
      del.disabled = true;
    }, false);
}, false);
```

❶单击链接列表，显示相应的图片

代码的大致流程请参考代码内的注释，这里只介绍节点的替换／删除的部分。

❶替换节点

replaceChild方法的功能是替换子节点。

◉写法 **replaceChild方法**

```
elem.replaceChild(after, before)
      elem: 元素对象    after: 替换后的节点    before: 目标替换节点
```

```
pic.replaceChild(img, pic.firstChild);
```

在清单6-32中，将新建的<img>元素设为替换后的节点，将<div id="pic">中的<img>元素设为目标替换节点。

请注意，目标替换节点必须是当前节点的子节点，如果设为子节点之外的节点则会出错。

另外，在本例中，使用firstChild属性获取来<div>元素的第一个子节点，但是因为<div>元素中只有1个子节点，所以使用lastChild属性结果也是相同的。

❷删除节点

removeChild的功能是删除子节点。

◉写法 **removeChild方法**

```
elem.removeChild(node)
     elem: 元素对象     node: 删除目标的节点
```

```
pic.removeChild(pic.lastChild);
```

在清单6-32中，将<div id="pic">中的<img>元素设为了删除目标节点。

和replaceChild方法相同，删除的目标节点，必须是当前节点的子节点。

虽然在这个例子中是使用lastChild属性来获取子节点的，但和之前同理，使用firstChild属性结果也是相同的。

> **Note | 删除属性节点 －removeAttribute方法 －**
>
> 正如6.5.2节中所介绍的，属性不是元素的「子」节点。因此，删除属性时，不能使用remove-Child方法，而是需要使用专用的removeAttribute方法。写法如下。
>
> ```
> 元素对象.removeAttribute(属性名);
> ```

■ 可以自由设定的data-xxxxx属性是什么？

data-xxxxx属性是可以根据应用开发者的目的自由设定的特殊值（❸）。说该属性是「自由的」可能会感到不解，但把它看作是「主要用来嵌入在脚本（事件监听器）中使用的参数的属性」就很好理解了。

在这个例子中，为了表示用来识别书籍的isbn值，为每个锚标签设定了data-isbn属性。像这样，将可变信息（参数）和功能（事件监听器）分开，可以使代码更容易重复使用。

●**使用data-xxxx属性为事件监听器传递参数**

「xxxxx」部分可以使用小写字母、连字符、下划线等字符自由命名， 也称为自定义数据属性。

Note **void运算符**

请注意清单6-32的❸中锚标签的href属性。使用JavaScript伪协议（2.1.2节）调用「void(0)」，是为了阻止锚标签原本的动作（链接）。void运算符（2.4.6节）是表示什么都不返回的运算符，所以经常用于像「虽然以链接形式表示文本，但是将其处理交给脚本」（不让其作为链接来运行）这样的场景。

6.5.4 循环处理HTMLCollection／NodeList时的注意点

getElementsByTagName／getElementsByName／getElementsByClassName方法的返回值是HTMLCollection或者是NodeList对象。但是，需要注意，这个HTMLCollection／NodeList对象是「活性（Live）对象」。

「活性」是指「对象引用着文档树，对文档树所做的变更会实时反映到HTMLCollection／NodeList对象中」。

例如，我们来看下面这段代码。

◉清单6-33 **live.html（上）／live.js（下）**

```html
<ul id="list">
  <li>自学PHP 第3版</li>
  <li>Java口袋参考手册</li>
  <li>Swift口袋参考手册</li>
  <li>自学ASP.NET 第5版</li>
  <li>制作应用吧!Android入门</li>
</ul>
```

```js
document.addEventListener('DOMContentLoaded', function() {
  var li = document.getElementsByTagName('li');
  console.log('变更前: ' + li.length);    // 结果: 5

  var ul = document.getElementById('list');
  ul.appendChild(document.createElement('li'));
  console.log('变更后: ' + li.length);    // 结果: 6
}, false);
```

在代码中，通过使用appendChild方法添加<li>元素，HTMLCollection对象list的内容也产生了「5 → 6」的变化。这就是为什么说HTMLCollect对象是活性对象。

虽然HTMLCollection对象的这个特性很方便，但也有必须注意的点。例如，下面是将从<ul id="first">元素中取出的<li>元素添加到<ul id="second">元素中的例子。

◉清单6-34 **live_ng.html**

```html
<ul id="first">
  <li>自学PHP 第3版</li>
  <li>Java口袋参考手册</li>
  <li>Swift口袋参考手册</li>
```

```
    <li>自学ASP.NET 第5版</li>
    <li>制作应用吧!Android入门</li>
</ul>
<ul id="second"></ul>
```

```js
document.addEventListener('DOMContentLoaded', function() {
    var second = document.getElementById('second');
    var li = document.getElementsByTagName('li');

    for(var i = 0; i < li.length; i++) {     ←── ❷
        var item = li.item(i);
        var new_li = document.createElement('li');
        var new_text = document.createTextNode(item.textContent);
        new_li.appendChild(new_text);
        second.appendChild(new_li);         ←── ❶
    }
}, false);
```

　　代码预期是想将<ul id="first">元素中的<li>元素复制到<ul id="second">元素中，但是这段代码并没有正确运行。因为HTMLCollection对象是活性对象，所以❶中for循环时，节点的个数（li.length）也会产生变化。因此，for循环的结束条件「i < li.length」始终为false，成为了无限循环。

　　将❷的代码改写为如下内容就可以避免这个问题。

```
for(var i = 0 ,len = li.length; i < len; i++) {
```

　　初始化表达式中将length属性的值存储在变量len中，所以length属性的变化就不会影响到结束条件了。

　　另外，正如2.5.6节中介绍到的，原本访问length属性就是开销相当大的处理。从性能的角度来看，相比在结束表达式中每次计算，在初始化表达式中访问一次更有利，所以优先将这种写法记为基础写法。

> **Note querySelectorAll方法的返回值**
>
> 　　querySelectorAll方法也是将获取的节点组作为NodeList对象返回的。但是，这里的NodeList对象称为「静态NodeList」，文档树的变化不会影响对象。也就是说是将相关的节点都进行复制然后另存的对象。

6.6 从JavaScript中操作样式表

以前，从文档的结构到外观（样式），无论什么都写在HTML中。但是，近年来，普遍将HTML仅用来表示文档的结构，而把样式的设定交给样式表。这样，代码更简洁了，设计变更时替换也更加容易了。

虽然到目前为止，介绍的都是操作文档结构（HTML）的方法，但是使用DOM也可以操作样式表。要使用DOM操作样式表，有以下方法。

- **访问内联样式（style属性）**
- **应用外部的样式表（className属性）**

那么，接下来就分别介绍各种方法吧。

▌6.6.1 访问内联样式 – style属性 –

使用JavaScript操作样式最简单的方法就是访问内联样式。内联样式是指对各个元素设定的样式。例如，下面是对<div>元素应用内联样式的例子。

```
<div style="color:Red;">这是红色的文字。</div>
```

使用style属性可以访问内联样式。

◉写法　**style属性**

```
elem.style.prop [= value]
      elem: 元素对象     prop: 样式属性     value: 设定值
```

例如下面是鼠标指针移动到<div>元素上方时背景色变为黄色，移开鼠标指针时背景色变为白色的代码。

◉清单6-35　**style.html（上）/ style.js（下）**

```
<div id="elem">鼠标指针在上方时改变颜色。</div>
```
HTML

```
document.addEventListener('DOMContentLoaded', function() {
  var elem = document.getElementById('elem');

  // 鼠标指针移动到上方时改变背景颜色
  elem.addEventListener('mouseover', function() {
    this.style.backgroundColor = 'Yellow';
```
JS

```
  }, false);

  // 鼠标指针移开时回到原来的颜色
  elem.addEventListener('mouseout', function() {
    this.style.backgroundColor = '';
  }, false);
}, false);
```

●鼠标指针移动到上方，背景颜色变为黄色

正如5.1.5节中所介绍的，在事件监听器中，this表示触发这个事件的对象。在这个例子中，指的是发生mouseover／mouseout事件的<div id="elem">元素。如果可以获取到元素对象，就直接按照上面显示的写法来设定样式，并不是很困难。

但是，关于样式属性名的设定需要特别注意。这是因为样式属性名中有包含连字符的（例如background-color这样的），这些属性名在JavaScript中需要「去掉连字符，并且第2个及以后的单词首字母要大写」。例如，像下面这样。

· **background-color** ⇒ **backgroundColor**
· **border-top-style** ⇒ **borderTopStyle**

但是，float属性（CSS）除外，请注意是styleFloat。

下面是JavaScript中可以使用的主要样式属性。

分类	属性名	概要
边框线条	border	边框线条整体（依次设定width、style、color的值）
	borderXxxxx	上下左右中一边的边框线条（依次设定width、style、color的值）
	borderColor	边框线条整体的颜色（颜色名称｜色值）
	borderXxxxxColor	上下左右中一边的颜色（颜色名称｜色值）
	borderStyle	边框线条整体的样式（none｜dotted｜dashed｜solid｜double｜groove｜ridge｜inset｜outset）
	borderXxxxxStyle	上下左右中一边的样式（none｜dotted｜dashed｜solid｜double｜groove｜ridge｜inset｜outset※）
	borderWidth	边框线条整体的宽度（medium｜thin｜thick｜带单位的值）
	borderXxxxxWidth	上下左右中一边的宽度（medium｜thin｜thick｜带单位的值※）
背景	background	背景（设定color、image、repeat、attachment、position的值）
	backgroundAttachment	显示方法（scroll｜fixed）
	backgroundColor	背景颜色（颜色名称｜色值）
	backgroundImage	背景图片（url）
	backgroundPosition	显示位置（X／Y坐标。top｜center｜bottom｜left｜right｜带单位的值）
	backgroundRepeat	重复显示（repeat｜no-repeat｜repeat-x｜repeat-y）

（下一页继续）

分类	属性名	概要
文本显示	direction	显示方向（tr | rt | inherit）
	clear	清除浮动元素（none | left | right | both）
	styleFloat	浮动位置（none |left | right）
	lineHeight	行高（normal | 值 | 带单位的值）
	textAlign	文本水平对其方式（left | right | center | justify | inherit）
	textDecoration	文本修饰（none | underline | overline | line-through）
	textIndent	文本首行缩进（带单位的值）
	verticalAlign	垂直对齐方式（auto | baseline | top | bottom | middle | super | sub | text-top | text-bottom）
字体	font	字体整体（依次设定fontStyle、fontVariant、fontWeight、fontSize、lineHeight、fontFamily的值）
	fontFamily	字体系列（字体名|字体系列名）
	fontSize	大小（带单位的值）
	fontStyle	样式（normal | italic | oblique）
	fontWeight	粗细（normal | bold | bolder | lighter | 100~900的值）
	color	字符颜色（颜色名称 | 色值）
显示和定位	position	定位方式（absolute | fixed | relative | static）
	top／left／right／bottom	上／左／右／下的位置。使用position设定的元素的上／左／右／下边距离父元素多少距离（auto | 带单位的值）
	clip	显示范围（auto | 值 | 带单位的值）
	display	显示形式（none | block | inline | list-item | inline-table | table-row | table-row-group | table-header-group | marker | run-in | compact | table | table-column | table-column-group | table-caption | table-cell）
	height	高度（auto | 值 | 带单位的值）
	width	宽度（auto | 值 | 带单位的值）
	zIndex	使用position设定的元素的堆叠顺序。深度（auto | 值）
	overflow	溢出部分的显示（auto | visible | hidden | scroll）
	visibility	元素是否可见（visible | hidden | inherit）
列表	listStyle	列表整体（依次设定type、position、image）
	listStyleImage	使用图片替换列表项的标记（none | url）
	listStylePosition	列表项目标记的位置（outside | inside）
	listStyleType	列表项目标记的样式（none | disc | circle | square | decimal | decimal-leading-zero | lower-roman | upper-roman | lower-greek | lower-alpha | lower-latin | upper-latin等）
边距（margin）	margin	边距（依次设定top、right、bottom、left的值）
	marginXxxxx	上下左右中一边的边距（auto | 带单位的值※）
内边距（padding）	padding	内边距（依次设定top、right、bottom、left的值）
	paddingXxxxx	上下左右中一边的内边距（auto | 带单位的值※）
光标	cursor	光标类型（auto | crosshair | default | hand | help | pointer | movetext | wait等）

●**常用的样式属性**

※「Xxxxx」可以是Top（上）／Bottom（下）／Left（左）／Right（右）中的任意一个，分别是上下左右的意思（例：marginBottom=下边距、paddingLeft=左内边距）

6.6.2 使用外部的样式表 – className属性 –

虽然使用style属性的样式设定「可以简单地记述」，而且很方便，但是也存在一些问题。因为样式定义和脚本混合在一起，很难应付设计的变更等。从应用的可维护性来看，最好是将样式集中定义在样式表（.css文件）中，而脚本只负责切换与样式的关联。

className属性的功能（正如6.3.1节中所介绍的，HTML中对应的是class属性）是用来访问定义在外部样式表中的样式（样式类）。

◎写法 **className属性**

```
elem.className [= clazz]
      elem: 元素对象    clazz: 样式类
```

下面的例子是使用className属性来改写清单6-35中的代码。

◎清单6-36 **style_class.html（上）/ style.css（中）/ style_class.js（下）**

```html
<link rel="stylesheet" href="css/style.css" />
...中间省略...
<div id="elem">鼠标指针在上方时改变颜色。</div>
```

```css
.highlight {
  background-color: Yellow;
}
```

```js
document.addEventListener('DOMContentLoaded', function() {
  var elem = document.getElementById('elem');

  // 鼠标指针移动到上方时改变背景颜色
  elem.addEventListener('mouseover', function() {
    this.className = 'highlight';
  }, false);

  // 鼠标指针移开时回到原来的颜色
  elem.addEventListener('mouseout', function() {
    this.className = '';
  }, false);
}, false);
```

将这种程度的样式表定义到外部，可能会觉得反而代码更加冗长了。但是，因为将样式属性及其设定值从脚本中去除了，所以样式可以完全在.css文件中编辑。另外，即使样式的设定更加复杂时，在脚本中也只是作为一个类来操作，所以不会影响到代码。

另外，className属性可以关联多个类。此时，以半角空格分隔样式类，如下所示。

```
this.className = 'clazz1 clazz2';
```

■ 切换样式类

使用className属性，也可以切换特定的样式类。例如下面的代码是在单击<div id="elem">元素时，在黄色⇄透明之间切换背景颜色。

◉ 清单6-37 style_toggle.html（上）/ style_toggle.js（下）

```html
<link rel="stylesheet" href="css/style.css" />
...中间省略...
<div id="elem">点击的话背景色就会改变。</div>
```

```js
document.addEventListener('DOMContentLoaded', function() {
  var elem = document.getElementById('elem');

  // 点击时改变背景颜色
  elem.addEventListener('click', function() {
    this.className = (this.className === 'highlight' ? '' : 'highlight');   ⟵ ❶
  }, false);
}, false);
```

● 单击时在黄色和透明之间切换背景颜色

　　像❶这样使用条件运算符，如果现在的class属性是highlight则设为空，如果是空则设为highlight。但是，如果className属性有多个样式类，就会像「clazz1 clazz2」这样返回使用空格分隔的字符串。这时就必须使用split方法分割之后再进行比较。

◉ 清单6-38 style_toggle2.html（上）/ style_toggle2.css（中）/ style_toggle2.js（下）

```html
<link rel="stylesheet" href="css/style_toggle2.css" />
...中间省略...
<div id="elem" class="line">点击的话背景色就会改变。</div>
```

```css
.highlight {
  background-color: Yellow;
}

.line {
  border: 1px solid Red;
}
```

```js
document.addEventListener('DOMContentLoaded', function() {
  var elem = document.getElementById('elem');

  elem.addEventListener('click', function() {
    // 分割空格分隔的字符串
    var classes = this.className.split(' ');
    // 检索highlight的位置
    var index = classes.indexOf('highlight');
    if(index === -1) {
      // 如果没有，则添加highlight
      classes.push('highlight');
    } else {
      // 如果有，则删除highlight
      classes.splice(index, 1);
    }
```

```
    // 将数组转换为空格分隔的字符串
    this.className = classes.join(' ');
  }, false);
}, false);
```

6.6.3 更简单地操作样式类 – classList属性 – [IE9]

使用classList属性可以获取class属性的值（空格分隔的字符串），作为DOMTokenList对象。DOMTokenList对象中可以使用的成员如下。

成员	概要
length	列表的长度
item(*index*)	获取索引值对应的类
contains(*clazz*)	是否包含指定的类
add(*clazz*)	向列表中添加类
remove(*clazz*)	从列表中删除类
toggle(*clazz*)	切换类名

●classList属性（DOMTokenList对象）的主要成员

使用这些成员，可以比className属性更直观地操作class属性的值。但是需要注意，Internet Explorer 10之前的版本是不支持的。

下面是使用classList属性来改写清单6-37的例子。

◎清单6-39 **class_list.html（上）/（下）class_list.js**

```html
<link rel="stylesheet" href="css/style.css" />
...中间省略...
<div id="elem" class="line">点击的话背景色就会改变。</div>
```

```js
document.addEventListener('DOMContentLoaded', function() {
  var elem = document.getElementById('elem');

  // 点击时改变背景颜色
  elem.addEventListener('click', function() {
    this.classList.toggle('highlight');    ← ❶
  }, false);
}, false);
```

通过使用toggle方法，不需要使用条件运算符来进行判断，所以代码更加直观了。在这个例子中，虽然只是切换单一的样式类，但是因为有多个样式类时也不需要分割字符串，所以更能体会到其威力。

6.7 更高级的事件处理

关于事件监听器／事件处理器，已经在6.2.3节中学习过了。在本节中，将在前面学习的基础上介绍更加详细的事件处理。

6.7.1 删除事件监听器／事件处理程序

设定的事件监听器／事件处理器也可以删除。我们针对各种情况来举例说明。

■ 删除事件处理器

要删除事件处理器，只需要将onxxxxxx方法的值设为null即可。

◉清单6-40 **handler_remove.html（上）／handler_remove.js（下）**

```html
<form>
  <input id="btn" type="button" value="显示对话框" />
</form>
```

```js
window.onload = function() {
  var btn = document.getElementById('btn');

  // 注册事件处理器
  btn.onclick = function() {
    window.alert('你好, 世界! ');
  };

  // 删除事件处理器
  btn.onclick = null;    ←── ❶
};
```

我们单击按钮时，确实不显示对话框了。如果将❶注释掉，查看对话框是否显示。

■ 删除事件监听器

要删除事件监听器，可以使用removeEventListener方法。

◉写法 **removeEventListener方法**

```
elem.removeEventListener(type, listener, capture)
     elem: 元素对象      type: 事件种类      listener: 要删除的事件监听器
     capture: 事件的传播方向(6.7.3。默认是false)
```

我们试着使用removeEventListener方法来替换清单6-40中的代码。

●清单6-41 listener_remove.html（上）/ listener_remove.js（下）

```html
<form>
  <input id="btn" type="button" value="显示对话框" />
</form>
```

```js
document.addEventListener('DOMContentLoaded', function() {
  var btn = document.getElementById('btn');
  var listener = function() {
    window.alert('你好，世界！');
  };

  // 注册事件监听器
  btn.addEventListener('click', listener, false);

  // 删除事件监听器
  btn.removeEventListener('click', listener, false);  ←── ❶
}, false);
```

　　和清单6-40相同，删除事件监听器之后，单击按钮也不显示对话框了。而把❶删除掉，又可以显示对话框。

　　另外，使用removeEventListener方法时，必须为参数listener设定要删除的监听器。因此，使用addEventListener方法定义监听器时需要为监听器命名以便之后可以访问（在这个例子中是listener）。

6.7.2 获取事件相关的信息 – 事件对象 –

　　事件监听器／事件处理器，通过参数接收事件对象。在事件监听器／事件处理器中，通过访问事件对象的属性，可以获取事件发生时的各种信息。

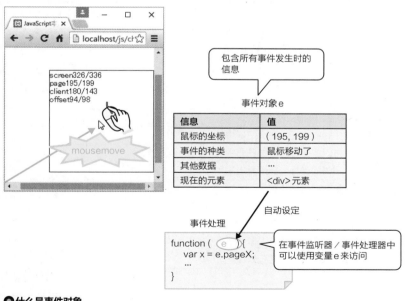

●什么是事件对象

■ **事件对象的基础**

首先，我们来看一下具体的示例吧。下面是单击按钮时，将事件的发生源／种类／发生日期输出到日志中的例子。

◎清单6-42 **event.html（上）/ event.js（下）**

```html
<form>
  <input id="btn" type="button" value="点击" />
</form>
```

```js
document.addEventListener('DOMContentLoaded', function() {
  document.getElementById('btn').addEventListener('click', function(e) {
    var target = e.target;
    console.log('发生源: ' + target.nodeName + '/' + target.id);
    console.log('种类: ' + e.type);
  }, false);
}, false);
```

```
发生源: INPUT/btn
种类: click
```

要接受事件对象，只需要在事件监听器中设定参数就可以了。参数名通常是使用惯例表示事件的「e」「ev」。没有使用事件对象时，也可以省略参数（目前为止的例子中，都忽略了事件对象）。

事件对象中可以使用的成员如下表所示。

分类	成员	概要
通用	bubbles	事件是否是冒泡类型
	cancelable	事件是否可以取消
	currentTarget	使用事件冒泡获取当前的元素
	defaultPrevented	是否调用了preventDefault方法
	eventPhase	事件流当前属于哪一阶段
	target	触发该事件的节点
	type	事件的种类（click、mouseover等）
	timeStamp	获取事件的发生日期
坐标	clientX	事件发生时的坐标（在浏览器中的X坐标）
	clientY	事件发生时的坐标（在浏览器中的Y坐标）
	screenX	事件发生时的坐标（在屏幕上的X坐标）
	screenY	事件发生时的坐标（在屏幕上的Y坐标）
	pageX	事件发生时的坐标（在页面中的X坐标）
	pageY	事件发生时的坐标（在页面中的Y坐标）
	offsetX	事件发生时的坐标（在元素中的X坐标）
	offsetY	事件发生时的坐标（在元素中的Y坐标）

（下一页继续）

键盘／鼠标	button	鼠标的哪个键被按下了
		按钮的种类	返回值
		左键	0
		右键	2
		中键	1
	key	按下的键的值
	keyCode	按下的键的键值
	altKey	是否按下了Alt键
	ctrlKey	是否按下了Ctrl键
	shiftKey	是否按下了Shift键
	metaKey	是否按下了Meta键

●事件对象的主要成员

　　事件对象中可以访问的成员，会根据发生的事件而产生变化。

　　例如在storage事件监听器（7.3.5节）中，可以通过事件对象访问本地存储操作相关的信息（变更前后的值、变更的存储区域等）。

　　此外，关于事件对象的主要用法，我们通过具体的例子来说明。

■ 获取事件发生时的鼠标信息

　　使用xxxxxX／xxxxxY属性，可以获取click／mousemove等事件发生时的鼠标坐标。

　　下面是具体的代码。显示在某个区域内移动鼠标时的坐标。

◉清单6-43 **event_xy.html（上）／ event_xy.js（下）**

```html
<div id="main" style="position:absolute; margin:50px;
 top:50px; left:50px; width:200px; height:200px;
 border:1px solid Black"></div>
```

```js
document.addEventListener('DOMContentLoaded', function() {
  var main = document.getElementById('main');
  main.addEventListener('mousemove', function(e) {
    main.innerHTML = 'screen' + e.screenX + '/' + e.screenY + '<br />'
      + 'page' + e.pageX + '/' + e.pageY + '<br />'
      + 'client' + e.clientX + '/' + e.clientY + '<br />'
      + 'offset' + e.offsetX + '/' + e.offsetY + '<br />';
  }, false);
}, false);
```

●显示在<div id="main">元素中移动鼠标时的坐标

各个坐标在以什么为基点上是有所差异的。

属性	概要
screenX／screenY	屏幕上的坐标
pageX／pageY	页面上的坐标
clientX／clientY	显示区域上的坐标
offsetX／offsetY	元素区域上的坐标

●事件对象中的坐标相关属性

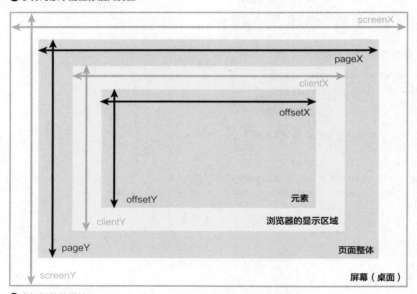

●坐标相关的属性

■ 获取事件发生时的按键信息

在keypress／keydown等键盘事件中，可以获取按下键的种类。

◉清单6-44 **event_key.html（上）／event_key.js（下）**

```html
<form>
  <label for="key">按键: </label>
```

HTML

```html
  <input type="text" id="key" size="10" />
</form>
```

```js
document.addEventListener('DOMContentLoaded', function() {
  document.getElementById('key').addEventListener('keydown', function(e) {
    console.log('键值: ' + e.keyCode);
  }, false);
}, false);
```

在这个例子中只是使用keyCode属性来输出按下的键值，但是在实际的应用中会根据按下的键来执行各种动作。另外，使用altKey、shiftKey等属性，可以通过true／false来判断特定的按键是否被按下。

6.7.3 取消事件处理

使用事件对象的stopPropagation／stopImmediatePropagation／preventDefault方法，可以中途取消事件处理。在本节中，将介绍如何正确使用这些方法。

■ 事件的传播

在介绍取消事件处理之前，再简单介绍下关于触发事件到调用事件处理为止的过程。目前为止，只介绍了「如果发生了事件就调用事件监听器」，但其实事件在到达特定的元素之前，还经历了如下的阶段。

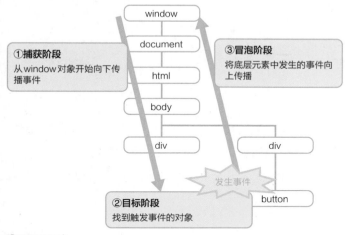

●事件的传播

首先，在捕获阶段，从最上层的window对象开始，沿着文档树向下传播事件。然后，在目标阶段找到触发事件的元素。

冒泡阶段，是从触发事件的元素开始朝着根元素传播事件的阶段。最终，在到达了最上层的window对象时结束事件的传播。事件传播到父元素的过程和气泡（bubble）上浮的过程很像，所以称为冒泡。

这里需要理解的是「事件监听器不仅仅只在触发事件的元素中执行」这一点。在捕获／冒泡阶段的过程中，如果有对应的事件监听器，这些也会依次执行。

我们来看一下具体的例子吧。

◉清单6-45 **propagation.html（上）/ propagation.js（下）**

```html
<div id="outer">
  <p>outer元素</p>
  <a id="inner" href="http://www.wings.msn.to">inner元素</a>
</div>
```

```js
document.addEventListener('DOMContentLoaded', function() {
  // <a id="inner">元素的click事件监听器
  document.getElementById('inner').addEventListener('click', function(e) {
    window.alert('#inner触发了#inner监听器。');
  }, false);

  document.getElementById('inner').addEventListener('click', function(e) {
    window.alert('#inner触发了#inner监听器2。');
  }, false);

  // <div id="outer">元素的click事件监听器
  document.getElementById('outer').addEventListener('click', function(e) {
    window.alert('#outer触发了#outer监听器。');
  }, false);
}, false);
```

对有父子关系的<div>／<a>元素分别设定click事件监听器。这时，单击链接，按照下面的顺序执行处理。

1. **显示对话框（触发了#inner监听器）**
2. **显示对话框（触发了#inner监听器2）**
3. **显示对话框（触发了#outer监听器）**
4. **按照链接跳转页面**

这是因为将触发事件的元素作为基点，向上依次执行事件监听器。也可以说是「在冒泡阶段处理了事件」。如果对同一个元素设定了多个事件监听器，则按照书写的顺序执行。

按照这个顺序，也可以使用addEventListener方法的第3个参数来改变。试着将示例的粗体字部分改为true。这次，得到了如下的结果。

1. **显示对话框（触发了#outer监听器）**
2. **显示对话框（触发了#inner监听器）**
3. **显示对话框（触发了#inner监听器2）**
4. **按照链接跳转页面**

从上层节点开始朝着触发事件的元素依次执行事件监听器。在捕获阶段处理了事件。

■ 取消事件的传播

有时，我们需要取消这些事件的传播或者是事件处理时浏览器本身的动作。例如，在之前的例子中，「只执行<a id="inner">元素中的事件监听器，忽略上层的事件监听器」等。

这时，需要使用stopPropagation方法。

例如，下面的代码是在清单6-45中，对<a id="inner">元素添加stopPropagation方法。

◉清单6-46 event_cancel.js

```javascript
document.addEventListener('DOMContentLoaded', function() {
  // <a id="inner">元素的click时间监听器
  document.getElementById('inner').addEventListener('click', function(e) {
    window.alert('#触发了#inner监听器。');
    e.stopPropagation();    ←— ❶
  }, false);

  document.getElementById('inner').addEventListener('click', function(e) {
    window.alert('#触发了#inner监听器2。');
  }, false);

  // <div id="outer">元素的click时间监听器
  document.getElementById('outer').addEventListener('click', function(e) {
    window.alert('#触发了#outer监听器。');
  }, false);
}, false);
```

运行示例，单击链接，可以得到如下的结果。

1. 显示对话框（触发了#inner监听器）

2. 显示对话框（触发了#inner监听器2）

3. 按照链接跳转页面

这是因为取消了向父节点的冒泡。当然，在捕获阶段执行事件监听器时，在上层节点调用stopPropagation方法同样也可以取消事件的传播。

■ 立刻取消事件的传播

stopPropagation方法是取消向上／向下传播事件，如果要立刻取消传播（在同一个元素中注册的监听器也不执行），需要使用stopImmediatePropagation方法。

将清单6-46中的❶改写为以下内容，并同样地执行。

◉清单6-47 event_cancel.js

```javascript
e.stopImmediatePropagation();
```

下面，是运行结果。

1. 显示对话框（触发了#inner监听器）

2．按照链接跳转页面

我们可以看到，在\<div id="inner"\>元素中注册的第2个click事件监听器没有执行。

■ 取消事件的默认动作

事件的默认动作是指例如单击锚标签是「页面跳转」，在输入框中按下键是「显示输入的字符」等浏览器默认的动作。使用事件对象的preventDefault方法可以取消这些动作。

像下面这样改写清单6-46的❶并执行。

◉清单6-48 **event_cancel.js**

```
e.preventDefault();
```

下面，是运行结果。

1．显示对话框（触发了#inner监听器）
2．显示对话框（触发了#inner监听器2）
3．显示对话框（触发了#outer监听器）

我们可以看到所有的传播都结束了之后，但是，没有跳转页面。

| Note | 也有不能取消的事件 |

也有使用preventDefault方法不能取消的事件。事件是否可以取消，可以使用事件对象的cancelable属性来判断。如果事件可以取消，cancelable属性返回true。

| Note | 在事件处理器中取消 |

在事件处理器中，将false作为返回值返回，可以取消事件默认的动作。例如，下面的例子是取消contextmenu事件，使右键菜单不显示。想要实现应用自己特有的右键菜单时，需要像这样使浏览器默认的菜单无效。

```
<div oncontextmenu="return false;">...</div>
```

那么，介绍了所有取消类的方法，我们将其使用表格罗列出来，好好整理比较一下。

方法	传播	其他的监听器	默认的动作
stopPropagation	停止	—	——
stopImmediatePropagation	停止	停止	–
preventDefault	–	–	停止

◉取消事件

也就是说要取消之后的事件传播、默认的动作，调用stopImmediatePropagation／preventDefault方法就可以了。

6.7.4 事件监听器／事件处理程序下的this关键字

正如在5.1.5节中所介绍的，this关键字是会根据上下文而产生变化的奇怪的对象（如果忘记了，请再复习一遍P.196的表格）。在事件监听器／事件处理器中的this关键字表示触发事件的对象（元素）。6.6.1节中的代码也利用了这一点。

目前为止，没有出现任何问题。那么，下面这样的代码会怎么样呢?

◉清单6-49　**this_bind.js**

```javascript
document.addEventListener('DOMContentLoaded', function() {
  var data = {
    title: 'Java口袋参考手册',
    price: 2680,
    show: function() {
      console.log(this.title + '／' + this.price + '日元');   ←── ❶
    }
  };

  document.getElementById('btn').addEventListener(
    'click', data.show, false);                  ←──────── ❷
}, false);
```

这段代码预期要实现的是单击按钮btn调用data.show方法并在日志中输出「Java口袋参考手册／2680日元」内容。

但是，结果是「／undefined日元」。这是因为在事件监听器（data.show）中this.title／this.price（❶）没有正确地设定值（data.title／data.price）。乍一看，方法中的this指向的是对象本身，但是在事件监听器中，this指向的是触发事件的对象（在这里是按钮）。

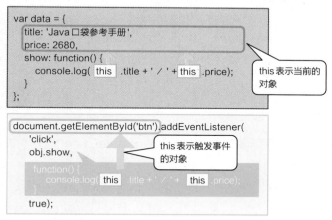

●this的内容会变化

要避免这样的问题，可以使用Function对象的bind方法。将❷像下面这样改写。

```javascript
document.getElementById('btn').addEventListener(
  'click', data.show.bind(data), false);
```

bind方法的写法如下。

◉写法　**bind方法**

```
func.bind(that [,arg1 [,arg2 [,...]]])
        func：函数对象              that：在函数中表示this关键字的对象
        arg1、arg2...：给函数传递的参数
```

使用bind方法可以将函数func中的this指向that。在这个例子中，因为this指向对象data，所以这次正确得到了「Java口袋参考手册／2680日元」这个结果。

■ 在事件监听器中设定EventListener对象

虽然目前为止我们都是将addEventListener方法的第2个参数设为函数（Function对象），但也可以设为对象。可以设为事件监听器的对象（EventListener对象）的条件只有

拥有handleEvent方法

这一点。EventListener对象中this指向的是（不是触发事件的对象）EventListener对象，所以不需要依赖bind方法就可以避免清单6-49示例中出现的问题。

我们使用handleEvent方法来改写清单6-49中的代码。

◉清单6-50　**this_listener.js**

```
document.addEventListener('DOMContentLoaded', function() {
  var data = {
    title: 'Java口袋参考手册',
    price: 2680,
    handleEvent: function() {                    ←
      console.log(this.title + '／' + this.price + '日元');          ❶
    }                                            ←
  };

  document.getElementById('btn').addEventListener(
    'click', data, false);    ←    ❷
}, false);
```

EventListener对象（在这里是data），只要拥有事件监听器所需的handleEvent方法（❶）就可以了，拥有其他任何属性／方法都没有关系。

请注意，在使用addEventListener方法添加时，设定的不是方法（data.handleEvent），而是对象（data）本身（❷）。

正如之前所介绍的，使用EventListener对象时，handleEvent方法中的this固定指向EventListener对象本身。因此，这次不使用bind方法this.title／this.price也可以访问到正确的值，并得到「Java口袋参考手册／2680日元」这个结果。

■ 使用箭头函数固定this　ES2015

再举一个this变化的例子吧。下面是Counter类的例子，计数传递的元素（elem）被单击了几次并输出到日志中。

● 清单6-51 this_arrow.js

```javascript
document.addEventListener('DOMContentLoaded', function() {
  // 计数指定的元素elem被点击的回数的Counter类
  var Counter = function(elem) {
    this.count = 0;
    this.elem = elem;
    elem.addEventListener('click', function() {
      this.count++;
      this.show();
    }, false);
  };

  // 用来显示计数信息的show方法
  Counter.prototype.show = function() {
    console.log(this.elem.id + '被点击了' + this.count + '次。');
  }

  // 给<button>元素btn绑定计数器
  var c = new Counter(document.getElementById('btn'));
}, false);
```

「单击按钮btn之后会怎么样？」，因为在事件监听器中this指向的是触发事件的对象，所以this.count／this.show等不是预期的Counter对象的成员。结果返回「this.show is not a function（this.show不是函数）」这个错误。

这时，虽然也可以使用bind方法，但是使用箭头函数（4.1.4节）来声明事件监听器则更简单。可以将❶改写为下面的代码。

```javascript
elem.addEventListener('click', () => {
  this.count++;
  this.show();
}, false);
```

在箭头函数中，this是由在哪声明函数所决定的。也就是说，在这个例子中，指向的是表示构造函数的this（实例本身）。结果单击按钮时正确显示了「btn被点击了1次。」这样的日志。

| Column | **JavaScript的超集，拥有静态类型的altJS「TypeScript」** |

    altJS（P.238）的历史很短，现在也没有给特定的语言确立一个行业标准。但是，在目前阶段，Microsoft开发的altJS：「TypeScript（https://www.typescriptlang.org）」的势头却很好，表现远远超出其他的altJS。

    TypeScript正如其名字，支持静态类型，对于一定规模以上的应用开发很友好。另外，也是JavaScript（ES2015）的超集，可以直接运行原本的JavaScript的代码，所以将其替换为TypeScript也很容易。我们来看一下具体的例子吧。

```typescript
// 定义MyApp模块
module MyApp {
  // 定义Member类
  export class Member {
    // 构造函数(定义firstName/lastName属性)
    constructor(private firstName: string,
      private lastName: string) { }

    // getName方法
    public getName() : string {
      return this.lastName + this.firstName;
    }
  }
}

let m = new MyApp.Member('太郎', '山田');
console.log(m.getName());        // 结果：山田太郎
```

    怎么样？虽然这里省略了详细的说明，但是把这看作是为5.5节中学习的ES2015的类加上类型的写法，就容易理解了。

    另外，Google开发的JavaScript框架Angular 2（https://angular.io/） 也默认使用TypeScript，所以今后会得到Microsoft／Google这软件世界中的两大巨头的强力支持。如果想要学习altJS，请务必考虑一下TypeScript。

Chapter 7

彻底钻研客户端JavaScript开发

7.1 浏览器对象中需要了解的基本功能

浏览器对象是指用来操作浏览器功能的对象的总称。是Google Chrome和Internet Explorer等浏览器从以前开始就实现了的功能，但是之前并没有这样标准的规格。因此，在过去经常有跨浏览器问题（由于浏览器之间的规格差异而产生的问题），现在因为有了标准化的规范，这些问题在逐渐减少。

在本章中，将针对众多浏览器对象中比较重要的功能进行解说。首先本节将详细介绍一些基础功能，然后在中部以后再介绍比较大的主题。

7.1.1 浏览器对象的层级结构

浏览器对象的层级结构，如下图所示。

最上层的是Window对象。在客户端JavaScript启动时自动生成，用来提供访问全局变量和全局函数的方法。也可以说是「客户端JavaScript中的全局对象」。

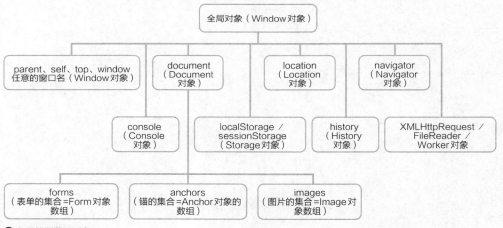

●主要的浏览器对象

所有的浏览器对象，都可以通过最上层的Window对象来访问。请注意上图中的Window对象下方有document、history、location和navigator这样的属性。通过这些属性，我们可以获取表示窗口中文档的Document对象、表示历史记录的History对象、表示URL信息的Location对象。

■ 访问浏览器对象

正如3.7节中所介绍的，全局对象基本上是不需要应用开发者留意的（或者是不能直接访问的）对象。也就是说，在客户端JavaScript中，基本上不需要留意Window对象。例如，如果想要访问location对象的reload方法，像下面这样直接调用location属性就可以了。

```
location.reload();
```

　　需要注意，下面这种写法是不正确的。

```
Window.location.reload();
```

　　但是，从上一页的图中我们可以发现Window有引用自身本身的window属性。虽然通过window属性可以像下面这样书写代码，但这样会使代码更加冗长，没有太多意义。

```
window.location.reload();   ←—— 开头是小写字母
```

　　值得注意的是，这样书写时的location表示的不是对象名而是属性名。因为location只是「引用Location对象的属性」。

　　但是，location属性是作为实体来表示对象的，所以为了方便也经常写为location对象（history和document也是同样的）。不用考虑得太复杂，虽然记作是document、history、location对象也没有关系，但混淆时请稍微回想一下本文的内容并在头脑中整理清楚。

7.1.2 显示确认对话框 – confirm方法 –

　　从本节开始，将介绍这些浏览器对象中特别基础的方法。虽然每一种方法都比较简单，但因为很常用，所以请好好掌握。

　　首先是显示确认对话框的confirm方法。目前为止出现的alert方法只是单纯地显示消息的，而confirm方法的功能是向用户询问确认的意思。

◉清单**7-01**　confirm.html（上）／confirm.js（下）

```html
<form id="fm">
 <input type="submit" value="发送" />
</form>
```

```js
document.addEventListener('DOMContentLoaded', function() {
 document.getElementById('fm').addEventListener('submit', function(e) {
  if (!window.confirm('确定要发送页面吗？')) {
    e.preventDefault();
  }
 }, false)
}, false);
```

●单击[发送]按钮时显示确认对话框

confirm方法会根据按下的按钮返回下面的返回值。

- **单击[OK]按钮时 ➡ true**
- **单击[取消]按钮时➡ false**

本例利用confirm方法的这个特性，在单击[取消]按钮时调用preventDefault方法（6.7.3节），取消默认的提交事件。

> **Note** **关于省略「window」**
>
> 正如之前所介绍的，表示引用自己本身的「window.」可以省略。但是，本书为了使各种方法或者属性都属于Window对象更好理解，除了调用document和location等浏览器对象，都不能省略「window.」。

7.1.3 实现定时器功能 – setInterval／setTimeout方法

经常会有「每隔一段时间，或者是经过一段时间之后执行某个处理」这样的情况，这时，可以使用setInterval／setTimeout方法。首先，我们来看一下具体的例子吧。

◉清单**7-02** interval.html（上）／ interval.js（下）

```html
<!--点击按钮时停止定时器处理-->
<input id="btn" type="button" value=" 设置定时器" />
<div id="result"></div>
```

```js
document.addEventListener('DOMContentLoaded', function() {
 // 设置定时器
 var timer = window.setInterval(
 // 将当前时间显示到<div id='result'>元素中(每5000毫秒更新一次)
  function() {
   var dat = new Date();
   document.getElementById('result').textContent = dat.toLocaleTimeString();
  }, 5000);                                      ❶

 // 点击按钮时停止定时器处理
 document.getElementById('btn').addEventListener('click', function() {
```

```
    window.clearInterval(timer); ←── ❷
  }, false);
}, false);
```

◉ **每5000毫秒更新当前时间**

setInterval／setTimeout方法的写法如下。

◉写法 **setInterval／setTimeout方法**

```
window.setInterval(func, dur)
window.setTimeout(func, dur)
      func：执行的处理   dur：时间间隔(单位是毫秒)
```

两者很相似，但也有下面的差异。

- **setInterval** ➡ **在事先定好的时间间隔内反复执行处理**
- **setTimeout** ➡ **在指定的时间过后执行1次处理**

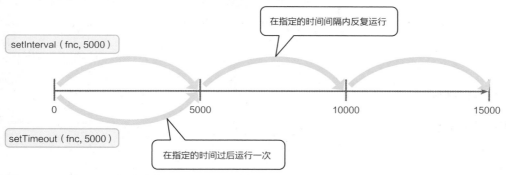

◉ **setInterval／setTimeout方法**

试着将示例中的粗体字部分改为「setTimeOut」（❶）。可以看到这一次在5000毫秒过后只显示了一次当前时间。

setInterval／setTimeout方法都会返回用来唯一识别定时器的id值。可以将这个id值传递给clearInterval方法（setInterval时）／clearTimeout方法（setTimeout时）来取消定时器（❷）。在这个例子中，单击[停止定时器]，就会停止更新时间。

■ setInterval／setTimeout方法的注意点

虽然setInterval／setTimeout方法使用起来很简单，但也有应该注意的地方。下面是需要重点注意的三点内容。

（1）不要在参数func中使用字符串

也可以使用字符串为setInterval／setTimeout方法的参数func设定代码。

```
setTimeout('console.log("运行了！")', 500);
```

但是，和eval方法（3.7.3节）的理由相同，应该避免这样的写法。请一定要使用函数字面量来设定参数func。

（2）并不是在指定的时间（间隔）执行的

虽然从「定时器」这个词的字面来看可能会认为执行时间是准确的，但是setTimeout／setInterval方法的参数dur（时间间隔）并不能保证一定在这个时间运行。在setTimeout／setInterval方法中，只是在指定的时间内加入队列（执行处理的等待队伍）。如果队列中还有要执行的处理，就必须等待前面的处理结束再执行。

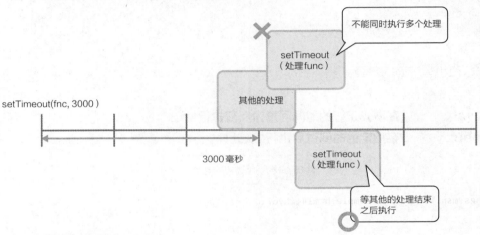

●setTimeout方法不保证执行时间

（3）参数dur为零时

下面这样的代码，会输出怎样的结果呢？

◉清单7-03 interval_async.js

```
function hoge() {
  console.log('abcde');
  setTimeout(function() {
    console.log('fghij');
  }, 0);
  console.log('klmno');
}

hoge();        // 结果：？？？
```

「因为参数dur为零，所以setTimeout方法的内容会立即执行，输出「abcde」「fghij」「klmno」」，但是正确答案是「abcde」「klmno」「fghij」。

这是因为在将setTimeout方法的处理传递给定时器的过程中，JavaScript会继续执行后续的处理。这样的处理称为异步处理。

利用这一点，可以书写像下面这样的代码。

```
setTimeout(function() { heavy(); }, 0);
// 后续的处理
```

假设heavy函数是某个繁重的处理。如果直接调用这个处理，后续的处理就不得不等待这个函数执行结束再执行。但是，使用setTimeout方法使其异步，就可以不用等待heavy函数，并且因为后续的处理会先结束，所以让人感到运行速度提升了。

> **Note** **setTimeout方法的限制**
>
> 确切地说，定时器中有最小延时的限制，调用间隔的最小值为4ms（如果设定值小于这个值，定时器就使用最小延时）。
>
> 因为异步处理而使用0ms定时器时，如果可以确定客户端是现代浏览器，使用postMessage方法（7.4.5节）代替会更合适。

7.1.4 获取／操作显示页面的地址信息 – location对象 –

例如经常会有单击按钮跳转到其他页面、刷新当前页面这样的情况。这时，可以使用location对象。

location对象（Location对象）中可以使用的主要属性／方法如下表所示。返回值为当前的URL，如下所示。

```
http://www.wings.msn.to:8080/js/sample.html#gihyo?id=12345
```

成员	概要	返回值示例
hash	锚名（#～）	#gihyo?id=12345
host	端口（端口名+端口号。如果是80可以省略端口号）	www.wings.msn.to:8080
hostName	主机名	www.wings.msn.to
href	链接地址	http://www.wings.msn.to:8080/js/sample.html#gihyo?id=12345
*pathname	路径	js/sample.html
*port	端口号	8080
*protocol	协议名	http:
search	查询信息	?id=12345
reload()	重新加载当前页面	–
replace(*url*)	移动到指定页面	–

●location对象的主要属性／方法（*是只读的）

这个列表中最常用的就是用来通过JavaScript跳转页面的href属性。我们来看一下具体的例子吧。下面是选择下拉框选项并跳转到相应页面的示例。

◉清单7-04 **href.html（上）/ href.js（下）**

```html
<form>
  <label for="isbn">书籍: </label>
  <select id="isbn" name="isbn">
    <option value="">---请选择书籍名称---</option>
    <option value="978-4-7741-8030-4">Java口袋参考手册</option>
    <option value="978-4-7741-7984-1">Swift口袋参考手册</option>
    <option value="978-4-7981-3547-2">自学PHP 第3版</option>
    <option value="978-4-7981-4402-3">自学ASP.NET 第5版</option>
    <option value="978-4-8222-9644-5">创建应用吧！Android入门</option>
  </select>
</form>
```

```js
document.addEventListener('DOMContentLoaded', function() {
  document.getElementById('isbn').addEventListener('change', function() {
    location.href = 'http://www.wings.msn.to/index.php/-/A-03/' + this.value;
  }, false);
}, false);
```

关于获取下拉框的值在6.4.1节中介绍过了。在这里，获取change事件发生时下拉框的值，并生成下面这样的URL。

```
http://www.wings.msn.to/index.php/-/A-03/选择值
```

最后，将这个值传递给location.href属性，就可以跳转到目标页面了。

> **Note** **不保留页面跳转的历史记录**
>
> 　　使用href属性跳转页面时，会在浏览器中留下历史记录，可以单击[后退]按钮跳转到上个页面。如果不希望像这样产生历史记录，请使用replace方法。在这个例子中，粗体字部分可以像下面这样改写。
>
> ```
> location.replace('http://www.wings.msn.to/index.php/-/A-03/' + this.value);
> ```

▌7.1.5　按照历史记录前后移动页面 – history对象 –

　　想要按照历史记录控制前后的页面移动，需要使用管理浏览器页面历史记录的history对象。像下面这样，使用back／forward方法可以移动到页面历史记录中的前后页面。

◉清单7-05 **history.html**

```
<a href="JavaScript:history.back()">后退</a> |
<a href="JavaScript:history.forward()">前进</a>
```

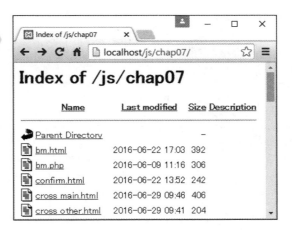

◉单击[后退]链接，回到前1个页面

顺便介绍一下，虽然在这个例子中没有使用，但也可以使用history.go方法前进到指定的页面数（如果设定的是负数，则表示后退）。

```
history.go(-3); // 回到之前第3个页面
```

7.1.6　使JavaScript的操作留在浏览器的历史记录中 – pushState方法 –

使用JavaScript更新页面时，不能保持页面原来的状态。例如单击按钮，使用JavaScript更新页面之后，想要回到单击前的状态，单击[后退]按钮会怎么样？结果是没有看到预期的动作，直接回到上一个页面了。

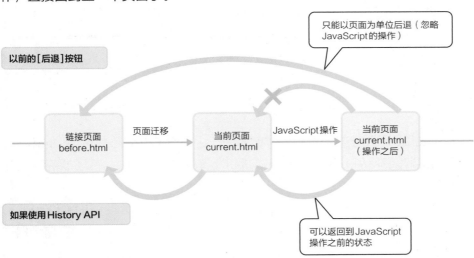

◉JavaScript应用中[后退]按钮的动作

因此，可以使用pushState方法（也可以称为History API）。使用pushState方法可以将JavaScript中任意的时间点添加到浏览器的历史记录中。

首先，我们通过示例来看一下具体的动作吧。这是个单击[结算]按钮就会添加浏览器历史记录的例子。每次单击[结算]按钮浏览器地址栏都会变化，然后，单击浏览器的[后退]按钮，可以看到不断返回到页面之前的状态。

◉清单7-06 **history_push.html（上）/ history_push.js（下）**

```html
<input id="btn" type="button" value="结算" />
<span id="result">-</span>次被点击了。
```
HTML

```js
var count = 0;
var result = document.getElementById('result');
// 点击[结算]按钮时添加历史记录
document.getElementById('btn').addEventListener('click', function() {
  result.textContent = ++count;
  history.pushState(count, null, '/js/chap07/count/' + count);   ←── ❶
});

// 点击[后退]按钮回到上一个页面的状态
window.addEventListener('popstate', function(e) {
  count = e.state;
  result.textContent = count;
});
```
JS
❷

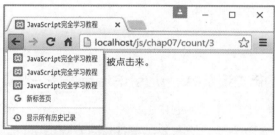

◉**按照[结算]按钮的单击次数添加历史记录**

首先，history.pushState方法的功能是向浏览器添加历史记录（❶）。

◉写法 **pushState方法**

```
history.pushState(data, title [,url])
      data：历史记录中添加的数据      title：识别标题(没有使用)
      url：历史记录中的URL
```

参数data设定的是之后回到这个状态时所需的信息。在这个例子中设定的是当前的计数值（变量count），但是如果是使用Ajax通信（7.4节）等来获取页面的内容时，那么保存的就应该是请求时所需的键值等信息。

使用[后退]按钮按照历史记录后退的动作，可以使用popState事件监听器来捕捉（❷）。可以使用事件对象e的state属性来访问pushState方法中添加的数据（参数data）。在这个例子中，将state属性获得的计数值写回变量count并反映到页面中。

▎7.1.7　给应用实施跨浏览器策略 – navigator对象 –

使用JavaScript进行客户端网站开发时，不得不考虑浏览器份额。开发／测试应用时，需要支持的浏览器在很大程度上决定了开发的工数。

关于浏览器份额，有「StatCounter Global Stats」（http://gs.statcounter.com/）这样的页面。可以将其作为应用开发时的参考之一。

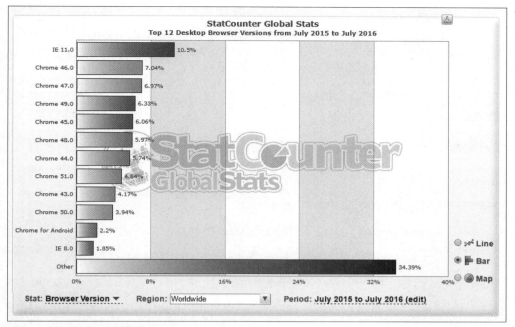

●2016年7月的桌面浏览器的份额（来源：StatCounter）

在决定了要支持的浏览器之后，为了使应用在每个浏览器环境中都能同样运行，需要实施相应的对策。近年来，虽然在不断标准化，但是即使是同样的对象，在不同的浏览器中的动作也有细微的差异。我们将这样的对策称为跨浏览器策略。

跨浏览器策略主要有下面这些方法。

- **根据浏览器的种类／版本而写不同的代码**
- **根据有没有特定的功能来写不同的代码**

下面，我们来看一下这些方法的具体例子。

■ 根据浏览器的种类／版本来判断

用来识别浏览器的种类／版本等客户端种类的信息称为用户代理（User-Agent）。用户代理可以使用navigator对象的userAgent属性来获取。

下面是主要浏览器的用户代理。另外，需要注意，用户代理根据使用的平台和版本的不同会有细微的差异。

浏览器	用户代理
Google Chrome	Mozilla/5.0 (Windows NT 10.0; WOW64) AppleWebKit/537.36 (KHTML, like Gecko) Chrome/51.0.2704.103 Safari/537.36
Microsoft Edge	Mozilla/5.0 (Windows NT 10.0; Win64; x64) AppleWebKit/537.36 (KHTML, like Gecko) Chrome/46.0.2486.0 Safari/537.36 Edge/13.10586
Internet Explorer 9	Mozilla/5.0 (compatible; MSIE 9.0; Windows NT 6.1; WOW64; Trident/5.0)
Internet Explorer 11	Mozilla/5.0 (Windows NT 10.0; WOW64; Trident/7.0; Touch; .NET4.0C; .NET4.0E; .NET CLR 2.0.50727; .NET CLR 3.0.30729; .NET CLR 3.5.30729; Tablet PC 2.0; InfoPath.3; MAFSJS; rv:11.0) like Gecko

（下一页继续）

浏览器	用户代理
Firefox	Mozilla/5.0 (Windows NT 10.0; WOW64; rv:47.0) Gecko/20100101 Firefox/47.0
Opera	Mozilla/5.0 (Windows NT 10.0; WOW64) AppleWebKit/537.36 (KHTML, like Gecko) Chrome/51.0.2704.84 Safari/537.36 OPR/38.0.2220.31
Safari	Mozilla/5.0 (Macintosh; Intel Mac OS X 10_11_3) AppleWebKit/601.4.4 (KHTML, like Gecko) Version/9.0.3 Safari/601.4.4

●主要浏览器的用户代理（示例）

下面的代码是使用userAgent属性来判断使用的是否为Google Chrome。

◉清单7-07 **navigator.js**

```
var agent = window.navigator.userAgent.toLowerCase();
......中间省略......
var chrome = (agent.indexOf('chrome') > -1) && (agent.indexOf('edge') === -1)  &&
(agent.indexOf('opr') === -1);
console.log('Chrome：' + chrome);        // 结果：true(使用Google Chrome访问时)
```

这是因为用户代理中有「chrome」这个字符串并且没有「edge／opr」。因为Micorsoft Edge和Opera的用户代理中也有「chrome」这个字符串，所以后半部分的条件需要将其移除掉。

他的判断也在同一个文件中，详情请参考示例文件navigator.js。另外，需要特别注意的是Internet Explorer的判断。这是因为从版本11开始移除了字符串「msie」，因此，要判断Internet Explorer 11 需要查看是否存在「trident/7」这个字符串。

Note	**Navigator对象的主要成员**

除了userAgent属性，navigator对象中还有如下成员。

成员	概要
appCodeName	浏览器的代号
appName	浏览器的名称
appVersion	浏览器的版本
geolocation	物理位置信息。Geolocation对象
language	使用的第一语言
languages	按使用顺序排列的语言（数组）
oscpu	操作系统类型
platform	浏览器所在的系统平台类型

●navigator对象的主要成员

但是，即使是使用appName／appCodeName等属性，也无法正确判断浏览器。例如，Google Chrome、Firefox的appName／appCodeName属性返回的都是「Mozilla／Netscape」。所以要分辨浏览器，请首先使用userAgent属性。

■ 根据有没有特定的功能来判断

另外，还有一种称为功能测试的方法，用来弥补浏览器间的功能差异。功能测试是指在使用某个属性／方法之前，「先试着调用一下，如果确定有这个方法，就真正调用」的方法。

例如下面的代码是确认浏览器是否有File对象（6.4.6节）（返回值是否是undefined），只有支持时，才会执行后面的处理。因为Internet Explorer 10之前不支持File对象，所以为了不出错，在调用之前先检查该对象是否可用会更安全。

```
if (window.File) {
  ...使用了File对象的代码...
} else {
  window.alert('File API不可用。');
}
```

理解了上述两种跨浏览器策略的方法之后，可能会有「到底应该使用哪一种方法呢？」这样的疑问。从结论来看，首先

应该优先使用功能测试。

这是因为根据userAgent属性来分歧，会有「每次出现了新的浏览器、新的版本，都必须要添加新的分歧」这个问题。从可维护性的角度来看也并不理想。使用userAgent属性，只是用于「避免依赖于特定的浏览器／版本的bug」这样的情况还说得过去。

7.2 输出调试信息–Console对象–

现在常用的大多数浏览器中都具有在客户端网站开发中可以使用的开发者工具。console（Console）对象则是提供了向这个开发者工具的控制台输出日志的功能。对于简单调试来说是很重要的对象。

虽然根据使用的浏览器动作／显示会有所差异，但是因为是主要用于开发／调试的对象，所以不必太在意跨浏览器的问题，推荐积极地灵活运用这个方便的功能。

▌7.2.1 在控制台中输出日志

console对象中，除了目前为止一直使用的log方法外，还有下面这些方法。

方法	概要
log(*str*)	通常的日志
info(*str*)	通常的信息
warn(*str*)	警告
error(*str*)	错误

◉基本的用于输出日志的方法

通常来说，虽然使用log方法就足够了，但是使用info／warn／error方法，有以下好处。

・可以为消息添加图标或者颜色，所以日志更容易识别
・可以通过开／关控制台中的[Errors][Warnings][Info][Logs]等按钮（在Google Chrome中），筛选要显示的日志

如果是在复杂的应用中日志的个数增加了很多，推荐根据目的来使用不同的方法。下面，我们来看一个具体的例子吧。

◉清单7-08 **log.js**

```javascript
console.log('日志');
console.info('信息');
console.warn('警告');
console.error('错误');
```

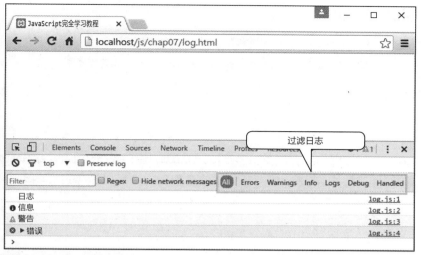

●使用console对象输出的日志

任何一种方法都可以设定多个参数。这时，console对象按照顺序输出设定的参数。

■ 按照格式输出字符串

log／info／warn／error方法的写法如下（下面是log方法的写法，其他方法的写法与log方法相同）。

◉写法 **log方法**

```
console.log(format, args...)
     format：格式字符串
     args,...：填入格式字符串中的值
```

参数format中可以设定下面这些格式占位符。

格式占位符	概要
%s	输出字符串
%d、%i	输出整数值（%.2d表示2位整数）
%f	输出浮点数（%.2f表示保留2位小数）
%o、%O	输出JavaScript对象（可以在控制台中输出详细信息）

●参数format中可以使用的格式占位符

将%d／%i、%f写为「%.nd」这样的形式，可以指定要输出的数字的位数（只有在Firefox中）。我们来看一下具体的例子吧。

◉清单7-09 **log_format.js**

```
console.log('你好，我是%s。%d 岁。', '山田太郎', 30);
// 结果：你好，我是山田太郎。30岁。
console.log('今天的气温是%.2f度。',22.5);
// 结果：今天的气温是22.50度。（在Firefox中）
```

7.2.2 需要了解的方便的日志方法

除了前面展示的方法之外，console对象还有用来整理日志使其更易读的方法、以特定的条件／形式输出日志的方法等。根据用途选择不同的方法，可以使使用了日志的调试更有效率。

下面我们介绍一些主要的方法。

■ 为日志创建分组

使用group／groupEnd方法，可以为从调用group方法开始到调用groupEnd方法结束之间的日志创建分组。有大量的日志时，以方法、循环等为单位整理日志，可以改善日志的可读性。group／groupEnd方法也可以相互嵌套。

◉ 写法 **group／groupEnd方法**

```
console.group(label)
console.groupEnd()
        label：标签字符串
```

下面是使用外层的for循环将整体作为一组，使用内部的for循环创建各个子组的例子。

◉ 清单7-10 **log_group.js**

```javascript
// 开始父循环
console.group('上层分组');
for (var i = 0; i < 3; i++) {
  // 开始子循环
  console.group('下层分组' + i);
  for (var j = 0; j < 3; j++) {
    console.log(i, j);
  }
  // 结束子循环
  console.groupEnd();
}
// 结束父循环
console.groupEnd();
```

◉ 生成有父子关系的分组

※ 但是，在Internet Explorer／Microsoft Edge中分组不能正常运行，所有的日志都扁平地显示。

另外，还有和group方法很相似的groupCollapsed方法。和group方法不同的是以折叠的状态输出分组（当然，也可以手动展开）。日志分组不断增加，或者是想要查看整体时，使用groupCollapsed方法可读性会更好。

下面是使用groupCollapsed方法替换清单7-10的粗体部分后的结果。

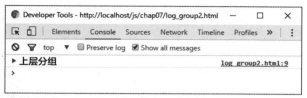

◉使用groupCollapsed方法时分组是被折叠的

■ 计数特定的代码被执行了多少次

使用count方法可以将该行被调用了多少次输出到日志中。

◉写法 **count方法**

```
console.count([label])
        label：标签字符串
```

下面是在循环中调用count方法的例子。

◉清单7-11 **log_count.js**

```
for (var i = 0; i < 3; i++) {
  for (var j = 0; j < 3; j++) {
    console.count('LOOP');    ← ❶
  }
}
console.count('LOOP');    ← ❷
```

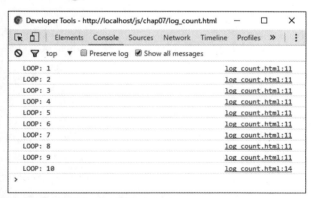

◉查看「LOOP」标签被调用了多少次

为了知道参数label被调用了多少次，以「标签：次数」的形式输出。即使是在不同的地方调用同一个标签的count方法也可以正常运行。

虽然也可以省略参数label，但是请注意，如果在不同的地方调用count方法，将被视为不同的操作。下面，是将❶❷改为「console.count();」（省略参数label）后的结果。我们可以看到

❷中的计数被重置了。

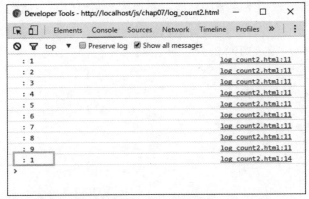

●在不同的地方调用空标签的count方法后的结果

但是，在Internet Explorer／Microsoft Edge中和设定标签时一样，在❷中没有重置而是继续计数。

■ 输出运行时的堆栈追踪

使用trace方法，可以输出实时的堆栈追踪。堆栈追踪是指表示到目前阶段所调用的方法（函数）的层级信息。

像下面这样，在像「函数1中有函数2，函数2中有函数3……」这样多个函数互相关联运行时，可以更简单地查看相互间的关系。

◉清单7-12 **log_trace.js**

```javascript
function call1() {
  call2();
}

function call2() {
  call3();
}

function call3() {
  console.trace();
}

call1();
```

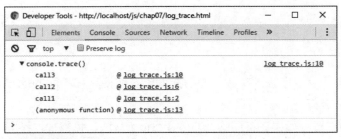

●追溯显示调用的顺序

■ 计算脚本的运行时间

使用timer／TimerEnd方法可以计算从调用timer方法开始到调用timerEnd方法之间的运行时间。

◉语法 **timer／timerEnd方法**

```
console.timer(label)
console.timerEnd(label)
        label：标签字符串
```

因为参数label是用来识别定时器的字符串，所以timer／TimerEnd方法必须相对应。定时器也可以一次执行多个动作。

例如下面是计算从对话框显示到关闭之间的时间的例子。

◉清单7-13 **log_timer.js**

```
console.time('MyTimer');
window.alert('请确认。');
console.timeEnd('MyTimer');
```

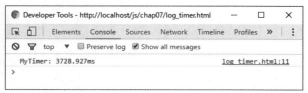

◉显示关闭对话框时经过的时间

■ 当条件表达式为false时输出日志

使用assert方法可以在指定的表达式为false时输出日志。

◉语法 **assert方法**

```
console.assert(exp, message)
        exp：条件表达式
        message：日志字符串
```

例如，在检查／警告为函数传递不正确的值时，使用assert方法会很方便。

◉清单7-14 **log_assert.js**

```
function circle(radius) {
  console.assert(typeof radius === 'number' && radius > 0,
    '参数radius必须是正数。');
  return radius * radius * Math.PI;
}

console.log(circle(-5));
```

●传递不正确的参数时输出错误日志

　　circle函数是根据参数radius（半径）计算圆面积的函数。在这个例子中，参数radius必须是「数字，并且是正数」。如果不符合这个条件，assert方法就会输出错误日志。

■ 以更易读的形式输出对象

　　使用dir方法，可以用人们更易读的形式输出对象的内容。不过，只靠这点说明，可能很难理解log方法和dir方法的差异。

　　例如，下面是使用两种方法输出同样的window对象属性的例子。

```
console.log(window);
console.dir(window);
```

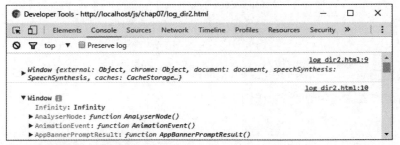

●都是输出window对象的属性

　　在输出Element（元素）对象时可以看出两者的差异。我们来看下面的示例。

◉清单7-15　**log_dir.html（上）/ log_dir.js（下）**

```html
<div id="main">
  <p>WINGS项目</p>
  <img src="http://www.wings.msn.to/image/wings.jpg" />
</div>
```

```js
document.addEventListener('DOMContentLoaded', function() {
  var d = document.getElementById('main');
  console.log(d);
  console.dir(d);
}, false);
```

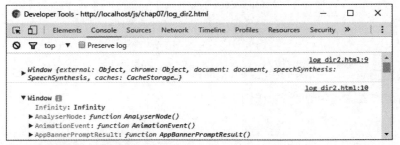

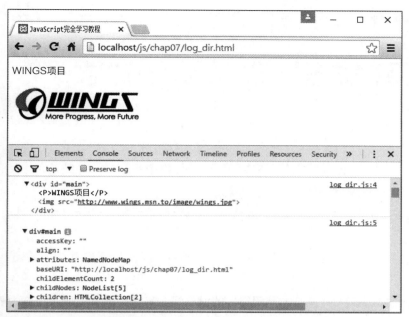

●**log方法和dir方法输出的差异**

　　需要注意，log方法是以HTML的形式输出Element对象的，而dir方法是将其作为对象树输出的。

7.3 保存用户数据–Storage对象–

在JavaScript的世界中，原则上是不允许使用脚本随意向计算机中写入的。这是因为如果用户在访问网站时替换了计算机中的文件会产生严重的后果。

作为例外，在初期浏览器提供了叫做「cookie」的结构。在Web应用中，使用cookie可以保存客户端的小体积文本。

不过，使用JavaScript很难操作cookie并且还有大小的限制。因此现在推荐使用Web Storage（本地存储）来代替。

本地存储是指浏览器内置的数据存储（库）。使用特定的键值组合来保存数据，所以也称为Key – Value型数据存储。

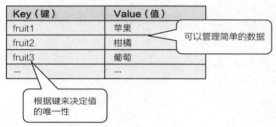

Key（键）	Value（值）
fruit1	苹果
fruit2	柑橘
fruit3	葡萄
...	...

可以管理简单的数据

根据键来决定值的唯一性

◉**什么是Web Storage**

下面，我们来看一下cookie和本地存储的差异。

项目	本地存储	cookie
数据大小的上限	大（5MB）	小（4KB）
数据的有效期	无	有
数据通信	无	请求时，也发送给服务器

◉**本地存储和cookie的差异**

下面是通过示例介绍本地存储的基本用法。

7.3.1 在本地存储中保存／获取数据

首先，我们在本地存储中保存数据，然后再取出。

◉清单7-16 **storage.js**

```
var storage = localStorage;           ❶
storage.setItem('fruit1', '苹果');
storage.fruit2 = '柑橘';               ❷
storage['fruit3'] = '葡萄';
```

```
console.log(storage.getItem('fruit1')); // 结果：苹果 ←
console.log(storage.fruit2);          // 结果：柑橘          ❸
console.log(storage['fruit3']);       // 结果：葡萄 ←
```

本地存储分为Local Storage和Session Storage两种，可以分别使用localStorage／sessionStorage属性来访问。两者的数据的有效期／范围有以下差异。

· **Local Storage** ➡ **以源（origin）为单位管理数据。窗口／标签可以共享数据，关闭浏览器后也保存数据**

· **Session Storage** ➡ **管理只在当前会话（浏览器打开的期间）内保存的数据。会在关闭浏览器时清除数据，窗口／标签间不能共享数据**

当然，应该根据用途来选择使用哪一种，但是如果可以实现推荐优先使用Session Storage。因为Local Storage存在下面这些问题。

· **只要不显式地删除数据，数据就不会消失（容易积累垃圾）**
· **在同一个源（origin）中运行多个应用时，容易产生变量名冲突**

| Note | **origin是什么** |

　　源（origin）是指像「http://www.wings.msn.to:8080/」这样的用来表示「Schema://主机名:端口号」的组合的单位。因为Local Storage是以源为单位管理数据的，所以在这个host中保存的数据，其他的host中的应用不能读取。

Local Storage／Session Storage只有用来访问的属性不同，之后的操作方法都是共通的。因此，推荐一开始将localStorage／sessionStorage属性的返回值（Storage对象）保存到变量中（❶）。这样，「之后想要替换存储」，只要替换❶就可以了。

像❷❸这样可以设定／获取数据。因为有多种写法，所以整理为如下表格。

表示法	写法
属性表示法	storage.键名
中括号表示法	storage['键名']
方法表示法（获取）	storage.getItem('键名')
方法表示法（设定）	storage.setItem('键名','值')

●**本地存储的设值／取值的方法**

通常来说，使用简洁的属性表示法是很方便的。但是，像「123」这样不能作为标识符的名称，是不可以使用属性表示法的。这时，要以字符串作为名称（想根据输入值来变化）来指定时，需要使用中括号表示法。虽然方法表示法也可以有相同的功能，但是这种写法更加冗长，所以优先推荐使用中括号表示法。

本地存储的内容也可以通过开发者工具来查看。在Google Chrome中，可以在[Application]
标签的[Local Storage]（或者是[Session Storage]）–[<IP地址、或者是localhost>]中查看本地
存储的内容。也可以插入／编辑／删除各行的数据。

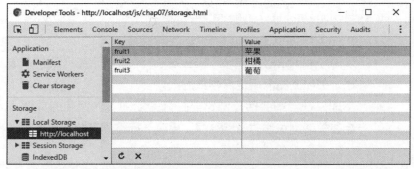

●查看本地存储的内容（在Google Chrome中）

7.3.2 删除现有的数据

要使用脚本删除现有的数据，可以使用removeItem方法或者是delete运算符。例如下面3
行代码都可以删除现有的数据。

```
storage.removeItem('fruit1');
delete storage.fruit1;
delete storage['fruit1'];
```

如果要无条件地删除所有数据，可以使用clear方法。

```
storage.clear();
```

正如之前所介绍的，只要不显式地删除，Local Storage就会永远保存着数据。虽然应该优
先使用Session Storage，但是如果要使用本地存储，就应该事先考虑清楚数据的规则。

7.3.3 从本地存储中获取所有的数据

例如下面这样的代码，可以从本地存储中取出所有的数据。

◉清单7-17 **storage_all.js**

```
var storage = localStorage;
for (var i = 0, len = storage.length; i < len; i++) {  ← ❶
  var k = storage.key(i);  ← ❷
  var v = storage[k];  ← ❸
  console.log(k + ': ' + v);
}
```

```
fruit1：苹果
```

```
fruit2：柑橘
fruit3：葡萄
```

length属性（❶）表示存储在本地存储中数据的个数。在这里使用for循环，从本地存储中取出第0～storage.length-1个的数据。

要获取第i个数据的key，可以使用key方法（❷）。

◉语法 **key方法**

```
storage.key(index)
      index：索引号(从0开始)
```

如果获取到了键名，然后就可以像之前介绍的那样使用中括号表示法来访问（❸）。除此方法之外，也可以使用getItem方法。

▌7.3.4 将对象保存到本地存储中/从本地存储中获取对象

可以保存到本地存储中的数据类型必须是字符串（虽然在规格上可以保存对象，但是现在的浏览器不支持）。即使是保存对象也不会出错，但默认会使用toString方法将其转换为字符串，所以之后就不能将其还原为对象了。

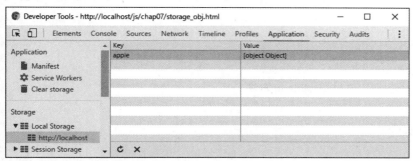

◉**直接将对象保存到本地存储中后的结果**

如果要将对象保存到本地存储中，必须将其转换为「可以还原的字符串」。下面是将保存对象转换为可以还原字符串的例子。

◉清单7-18 **storage_obj.js**

```
var storage = localStorage;
var apple = { name: '苹果', price: 150, made: '青森' };
storage.setItem('apple', JSON.stringify(apple));    ← ❶
var data = JSON.parse(storage.getItem('apple'));    ← ❷
console.log(data.name); // 结果：苹果    ← ❸
```

JSON.stringify方法（3.7.3节）的功能（❶）就是将对象转换为可以还原为对象的字符串。转换后的值像下面这样，和对象字面量很相似，所以可以直接保存到本地存储中。

```
{name: "苹果", price: 150, made: "青森"}
```

取出数据时，将字符串传递给JSON.parse方法便可以还原为对象（ ❷ ）。在 ❸ 中，可以看到像data.name这样，可以访问各个属性了。

■ 防止本地存储中的命名冲突

正如之前所介绍的，在Local Storage中，是以源为单位来管理数据的。特别是当一个源中有多个应用在运行时，为了防止命名冲突，推荐将1个应用中使用的数据存放在最多1个对象中。

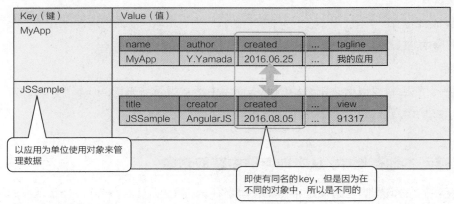

Key（键）	Value（值）				
MyApp					
	name	author	created	...	tagline
	MyApp	Y.Yamada	2016.06.25	...	我的应用
JSSample					
	title	creator	created	...	view
	JSSample	AngularJS	2016.08.05	...	91317

以应用为单位使用对象来管理数据

即使有同名的key，但是因为在不同的对象中，所以是不同的

● 以应用为单位保存数据

但是，存取值时需要转换对象会很麻烦，所以像下面这样提前定义MyStorage类的话会很方便。

◉ 清单7-19 **MyStorage.js**

```javascript
var MyStorage = function(app) {
  // 应用名
  this.app = app;
  // 使用的本地存储的种类(在这里是Local Storage)
  this.storage = localStorage;
  // 从本地存储中读取的对象
  // 如果没有对应的数据，生成空对象
  this.data = JSON.parse(this.storage[this.app] || '{}');
};

MyStorage.prototype = {
  // 使用指定的key获取值
  getItem: function(key) {
    return this.data[key];
  },
  // 使用指定的key/值替换对象
  setItem: function(key, value) {
    this.data[key] = value;
  },
  // 将MyStorage对象的内容保存到本地存储中
  save: function() {
    this.storage[this.app] = JSON.stringify(this.data);
  }
};
```

下面是使用MyStorage对象的例子。

◎清单7-20 **storage_call.js**

```
var storage = new MyStorage('JSSample');
storage.setItem('hoge', '霍格');
console.log(storage.getItem('hoge'));    // 结果：霍格
storage.save();
```

请注意使用MyStorage对象时，仅仅调用setItem方法是不会将改动反映到本地存储中的。最终需要调用save方法才能反映到本地存储中。

打开开发者工具，可发现JSSample这个对象中的键为hoge的值确实保存下来了。

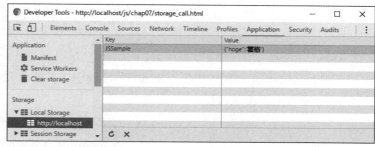

◉**以应用为单位保存数据**

7.3.5 监视本地存储的变更

使用本地存储时，会有「监听其他的窗口／标签页中本地存储的变更并反映到当前的页面中」的情况。这时，可以使用storage事件。

下面是监听本地存储的变更，并将变更的内容输出到日志中的例子。在通常的应用中，这应该是更新根据本地存储的内容生成的内容吧。

◎清单7-21 **storage_ev.js**

```
window.addEventListener('storage', function (e) {
  console.log('变更的key: ' + e.key);
  console.log('变更前的值: ' + e.oldValue);
  console.log('变更后的值: ' + e.newValue);
  console.log('触发的页面: ' + e.url);
}, false);
```

```
变更的key: fruit1
变更前的值: 苹果
变更后的值: 无
触发的页面: http://localhost/js/chap07/storage_up.html
```

※运行示例时，请在storage_ev.html为打开的状态使用别的窗口来访问storage_up.html。

在storage事件监听器中，通过事件对象e可以访问如下信息。

属性	概要
key	变更的key
oldValue	变更前的值
newValue	变更后的值
url	触发的页面
storageArea	受影响的本地存储（localStorage／sessionStorage对象）

◉**使用事件对象可以获得的主要信息**

7.4 联动服务器实现丰富的UI-Ajax-

Ajax（Asynchronous JavaScript + XML）用一句话来说就是「使用JavaScript（XMLHttpRequest对象）和服务器进行异步通信，并将获取到的结果通过DOM反映到页面上的机制」，请参考下图来理解。

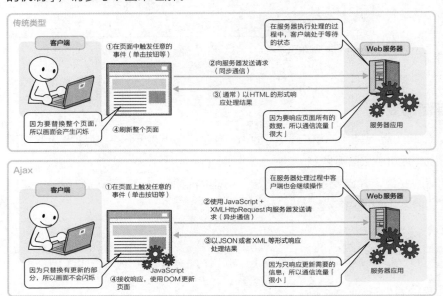

传统类型的Web应用和Ajax应用的比较

如果是传统类型的Web应用，在进行服务器通信时，用户必须等待结果的返回。另一方面，如果是使用Ajax，即使是服务器在处理过程中，也可以继续客户端的操作。

另外，传统类型的应用在和服务器通信时必须刷新页面整体，但是使用Ajax只需要更新页面中的部分地方。因此，可以避免传统类型通信时页面的闪烁。同样的理由，也可以使客户端／服务器间的流量最小化，性能也得以提升。

因为「可以提供更加直观的——和桌面应用程序相似的用户界面」，Ajax技术在2005年登场之后便迅速普及了。现在，相关的库／框架都支持Ajax，成为客户端JavaScript中不可或缺的技术之一。

7.4.1 将Ajax的Hello, World和PHP的Hello, World相比较

引子到此为止，接下来我们通过具体的应用开发来体验Ajax开发吧。

下面要介绍的是很简单的Hello,World应用。另外，因为接下来要和服务器进行合作，所以使用PHP（PHP：Hypertext Preprocessor）作为服务器端技术，但是Ajax对服务器端使用的技术是没有限制的，所以也可以使用如ASP.NET、JSP（JavaServer Pages）或者是servlet、Ruby这样的技术。

Note　构建服务器端环境

关于使用PHP的环境配置流程，请参考作者网站的「服务器端技术的校舍-WINGS（http://www.wings.msn.to/）」——「服务器端环境配置」等。

为了理解传统类型的应用和Ajax应用的差异，我们先来看一下只使用PHP来实现的Hello,World应用吧。

另外，再次强调一下，本书的目的不是用来理解PHP的，所以只是粗略地介绍下代码的流程，不会详细介绍。关于语法等详细说明，请参考「自学PHP 第3版」「10天了解PHP入门教室 第4版」（翔泳社）等技术书籍。

◉清单7-22 **hello.php**

```php
<form method="POST" action="hello.php">
  <label for="name">名字：</label>
  <input type="text" name="name" size="15" />
  <input type="submit" name="submit" value="发送" />
</form>
<?php
if ($_REQUEST['submit'] !== null) {
  // 中断处理3秒(用来模拟服务器处理的延迟)
  sleep(3);
  print('你好,'. htmlspecialchars($_POST['name'], ENT_QUOTES | ENT_HTML5, 
'UTF-8').'先生! ');
}
?>
```

◉**根据输入的名字，生成问候消息**

在服务器上配置好hello.php之后，试着通过浏览器来访问吧。在输入框输入名字之后单击[发送]按钮。经过数秒后，在表单的底部显示了「你好，XXX先生！」这样的消息。

请注意以下两点。

（1）显示结果时，页面整体被替换了

原本这里需要更新的只有「你好，XXX先生！」这个消息部分。但是，在传统类型的Web应用中，即使是替换页面的局部，也需要刷新页面整体。结果，客户端／服务器间的流量自然会

有很多，替换时还会产生画面的闪烁。另外，在输入框中输入的字符串也会回到初始状态（当然，也可以维持输入值，不过这就需要服务器端做某些处理了）。

（2）在和服务器端通信的过程中，客户端无法操作

传统类型的Web应用是同步通信的。也就是说，客户端和服务器端的处理是同步的，客户端在向服务器发送请求之后，在服务器端响应之前无法进行后续的操作。

因为有上述这样的问题，所以接下来我们使用Ajax技术来改写清单7-22的内容吧。要实现Ajax应用，大致需要以下两方面。

- 在客户端中运行的文件（HTML文件）
- 在服务器端运行的文件（在这里是PHP文件）

◉清单7-23 hello_ajax.html（上）/ hello_ajax.js（中）/ hello_ajax.php（下）

```html
<form>
  <label for="name">名字: </label>
  <input id="name" type="text" name="name" size="15" />
  <input id="btn" type="button" name="submit" value="发送" />
</form>
<div id="result"></div>
```

```js
document.addEventListener('DOMContentLoaded', function() {
  document.getElementById('btn').addEventListener('click', function() {
    var result = document.getElementById('result');
    var xhr = new XMLHttpRequest();
    xhr.onreadystatechange = function() {
    if (xhr.readyState === 4) {      // 通信结束时
     if (xhr.status === 200) {        // 通信成功时
      result.textContent = xhr.responseText;
     } else {        // 通信失败时
      result.textContent = '服务器发生了错误。';
     }
    } else {          // 通信结束之前
     result.textContent = '通信中...';
    }
    };
    // 开始和服务器进行异步通信
    xhr.open('GET', 'hello_ajax.php?name=' +
      encodeURIComponent(document.getElementById('name').value), true);
    xhr.send(null);
  }, false);
}, false);
```

```php
<?php
// 中断处理3秒(用来模拟服务器处理的延迟)
sleep(3);
print('你好, '.$_REQUEST['name'].'先生! ');
```

◉根据输入的名字，生成问候消息

之后再详细介绍代码，首先，我们将文件部署到服务器上之后通过浏览器来运行。

只看运行结果，可能会觉得和之前的结果没有变化。但是，仔细观察动作，有以下不同点。

· **显示结果时，只替换了页面的「必要部分」**

· **在和服务器通信的过程中，客户端也可以继续操作**

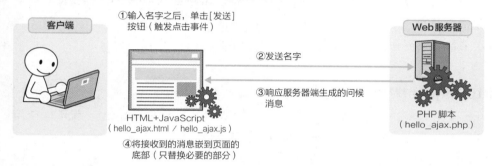

◉本示例中的处理流程

■ Ajax的3个优点

这里，我们再次总结一下Ajax技术的优点。

（1）改善操作

· **消除通信时产生的页面闪烁**

· **在服务器处理过程中客户端也可以继续处理**

（2）提升性能

· **因为只需要更新页面的局部，所以可以将通信量控制在最小范围内**

· **不需要等待服务器处理结束，提升了用户体验的速度**

（3）提升了开发的生产性 / 互通性

· **可以仅使用浏览器标准的技术构建丰富的用户界面（不需要学习新的技术）**

· **不需要特殊的插件，所以很容易导入**

并且，使用Ajax还能够很容易地实现传统技术不能（难以）实现的功能。例如，很难实现定期自动保存博客投稿表单中正在编辑的内容（虽然不是不能够实现，但是自动保存时会中断用户的操作，所以反而会降低操作性）。但是，使用Ajax技术，可以使用户意识不到保存的过程，所以很容易实现这样的功能。

7.4.2 实现Ajax应用的基础

实现Ajax应用的基础流程如下。

· **创建XMLHttpRequest对象**
· **定义和服务器通信时的处理**
· **开始异步通信**

近来，通常是使用库来实现Ajax的。但是，首先理解使用原生JavaScript的实现，理解Ajax处理的流程是很重要的。

下面我们依次来看Ajax每一步处理流程。

■ 创建XMLHttpRequest对象

XMLHttpRequest对象的功能是管理异步通信。使用XMLHttpRequest，就可以使用JavaScript来控制目前为止交给浏览器来处理的和服务器的通信部分。

XMLHttpRequest对象中可以使用的主要成员如下。

分类	成员	概要
属性	*response	获取响应内容
	*readyState	获取HTTP通信的状态
	*responseText	以纯文本的形式获取响应内容
	responseType	响应类型
	*responseXML	以XML（XMLDocument对象）获取响应内容
	*status	获取HTTP响应状态
	*statusText	获取http响应状态的详细信息
	timeout	自动停止请求为止的时间
	withCredentials	跨域请求时时是否使用证书
	onreadystatechange	通信状态变化时调用的事件处理器
	ontimeout	请求超时时调用的事件处理器
方法	abort()	中断当前的异步通信
	**getAllResponseHeaders()	获取接收到的所有的HTTP响应头
	**getResponseHeader(*header*)	获取指定的HTTP响应头
	open(...)	初始化HTTP请求（写法之后介绍）
	send(*body*)	发送HTTP请求（参数body是请求内容）
	setRequestHeader(*header*, *value*)	设置HTTP请求头的值

●**XMLHttpRequest对象中可以使用的成员（※表示只读，※※表示只有在send方法成功时有效）**

和「XMLHttpRequest」这个名字无关，通信时可以使用的数据形式／协议不仅限于XML、HTTP。例如，使用responseText属性，也可以接收「纯文本」「HTML字符串」「JSON字符串」。现在反而因为「容易导致后续处理冗长」「数据大小容易扩大」等理由很少使用XML了。XMLHttpRequest可以理解为「只是用来担当客户端／服务器间的通用通信的对象」。

■ 定义和服务器通信时的处理

如果创建了XMLHttpRequest对象，在onreadystatechange属性中定义从通信开始到通信结束间需要执行的处理。onreadystatechange是在通信状态变化时调用的事件处理器。使用onreadystatechange事件处理器，可以实现以下的处理。

- **正确接收到服务器响应时，执行页面更新处理**
- **如果服务器返回错误，显示错误消息**
- **开始和服务器通信时，显示「通信中……」消息**

onreadystatechange事件处理器的流程如下。

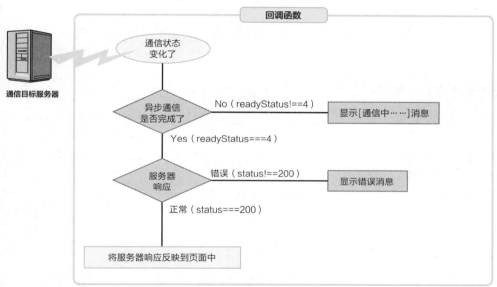

●回调函数的处理流程

首先，使用readyState／status属性查看通信状态或者响应状态。readyState／status属性的返回值如下。

返回值	概要
0	没有初始化（没有调用open方法）
1	加载中（调用了open方法，但还没有调用send方法）
2	加载完成（调用了send方法，但还没有得到响应状态／响应头）
3	获取部分响应（只获取到了响应状态／头，没有得到主体）
4	获取到了所有的响应数据

●readyState属性的返回值

返回	概要
200	OK（处理成功）
401	Unauthorized（需要验证）
403	Forbidden（拒绝访问）
404	Not Found（请求的资源不存在）
500	Internal Server Error（内部服务器错误）
503	Service Unavailable（请求的服务器不可用）

●status属性的返回值（主要的响应状态）

在这个例子中，当「readState属性是4（=获取到了所有的响应数据）」并且「status属性是200（=处理成功）」时，获取服务器的响应并将其反映到\<div id="result"\>元素中。

可以从服务器获取响应的属性有responseText／responseXML／response这3个属性，要获取纯文本形式的数据，需要使用responseText属性。根据响应分别显示以下的消息。

- **还没有获取到服务器的响应（readyState属性不为4）时**
  - ➡ 显示「通信中……」加载提示
- **虽然获取到响应，但是服务器端发生了错误（status属性为200以外的值）时**
  - ➡ 错误消息

> **Note** **显示加载提示是开发者的责任**
>
> 使用同步通信（没有使用Ajax技术的普通通信）时，浏览器使用其图标或者进度条表示通信的状态。
>
> 而使用异步通信时，并没有这样的用来表示通信状态的视觉效果。因此，即使是正常的处理，用户也无法判断「是否在通信过程中」「是否是死机了」或者是「有没有识别点击等动作」。结果，可能会点击两次按钮、刷新页面等多余的操作。
>
> 所以在Ajsx应用中，显式地告知用户当前的通信状态，是应用开发者的责任。

■ 定义和服务器通信时的处理 🐾

XMLHttpRequest对象中有下表的这些事件，利用这些可以定义通信时的处理。

事件	触发时间点
loadstart	发送请求时
progress	接收数据的过程中
timeout	请求超时
abort	取消请求
load	请求成功时
error	请求失败时
loadend	无论是正常／异常，请求结束时

●XMLHttpRequest对象的主要事件

使用这些事件，因为不需要使用readyState／status属性来判断，所以代码写起来更加简单。但是，请注意，这些事件只能在Internet Explorer 10之后的浏览器中运行（只有load事件支持IE9）。

下面的例子是使用这些事件改写清单7-23的粗体字部分。

● 清单7-24　hello_ajax.js（只有更改部分）

```javascript
xhr.addEventListener('loadstart', function() {
  result.textContent = '通信中...';
}, false);

xhr.addEventListener('load', function() {
  result.textContent = xhr.responseText;
}, false);

xhr.addEventListener('error', function() {
  result.textContent = '服务器发生了错误。';
}, false);
```

■ 开始和服务器的通信

这样，用来执行异步通信的准备就完成了。之后，我们实际向服务器发送数据（请求）。首先，需要使用open方法初始化请求。

● 语法　**open方法**

```
xhr.open(method, url [,async [,user [,passwd]]])
      xhr：XMLHttpRequest对象
      method：HTTP方法（GET／POST／PUT／DELETE等）
      url：目标地址URL    async：是否是异步通信(默认是true)
      user：验证时的用户名        passwd：验证时的密码
```

```javascript
xhr.open('GET', 'hello_ajax.php?name=' +
  encodeURIComponent(document.getElementById('name').value), true);
```

参数method中经常使用的是「GET」和「POST」。GET是将获取数据作为主要目的的方法。虽然发送数百字节以内的数据使用GET也没有关系，但是如果要发送更大的数据，应该使用以发送数据为主要目的的POST。

要使用GET发送数据，需要在URL的末尾以下面的形式添加数据（这种形式的信息称为查询信息）。

```
?键名=值&...
```

因为值中可能会有多字节字符或者其他的保留字符，所以需要使用encodeURICompoent函数进行编码。

参数async是用来设定通信是否是异步的。正如目前为止一直所描述的那样，Ajax是异步通信技术，所以通常保持默认值ture（异步通信），不应该改为false（同步通信）。

安全上的原因，原则上XMLHttpRequest.open方法不可以设定不同的源（例外的方法会在后面介绍）。请注意，在旧浏览器中（即使是同一个源）只要显式地设定主机名就不可以正确处理了。open方法的URL应该首先设定为相对路径。

准备好了请求，最后使用send方法发送请求。只有open方法的参数method设为POST时，send方法才能设定请求主体。因为这次设定的是GET方法，所以设为null。

再次强调一遍，send方法的请求结果可以使用onreadystatechange属性中设定的回调函数来处理。

这样，XMLHttpRequest对象中使用异步通信的基本过程就完成了。

■ 处理POST数据

虽然GET用来发送少量的数据很方便，但是可以发送的信息量是有限制的。具体的大小限制根据使用的环境而定，通常，如果要发送「超过数百字节的数据」，推荐使用POST。

使用POST时，需要将清单7-23的发送请求的部分改为下面这样。

```
xhr.open('GET', 'hello_ajax.php?name=' +
  encodeURIComponent(document.getElementById('name').value), true);
xhr.send(null);
```

```
xhr.open('POST', 'hello_ajax.php', true);
xhr.setRequestHeader('content-type',
  'application/x-www-form-urlencoded;charset=UTF-8');
xhr.send('name=' +
  encodeURIComponent(document.getElementById('name').value));
```

需要注意的有两点。

（1）Content-Type头设为「application/x-www-form-urlencoded;charset =UTF-8」

Content-Type头是用来表示请求数据类型的信息。请注意，如果没有显式表示Content-Type头时，根据使用的浏览器，可能会无法正确发送数据。

（2）将请求数据设为send方法的参数

虽然GET方法是在URL的末尾添加查询信息的，但是POST方法需要给send方法传递参数。这时，和GET方法一样，形式是「键名=值&...」，值也需要使用encodeURIComponent函数进行编码。

7.4.3 在Ajax应用中操作结构化数据

目前为止，介绍了服务器响应的数据是纯文本的例子。但是，如果是更加复杂的应用，不仅仅有这样单纯的数据，还有需要处理数组或者对象等结构化的数据的情况。下面我们就来介绍一下在Ajax应用中操作这样的结构化的数据的方法。

■ Ajax中可以使用的数据形式

通过Ajax（Asynchronous JavaScript + XML）这个名字，可能会认为「Ajax中处理的数据必须是XML」。但是，在Ajax中XML不是必须的，并且近来Ajax通信中不怎么使用XML了。理由有以下两点。

- **因为有标签，所以数据量更大**
- **容易导致用于操作数据的DOM编程的代码变得冗长**

因此，近年来Ajax通信中常用的是称为JSON（JavaScript Object Notation）的形式。例如下面是将书籍信息使用JSON形式来表示的例子。

```
{
  "isbn": "978-4-7741-8030-4",
  "title": "Java口袋参考手册",
  "publish": "技术评论社",
  "price": 2680
}
```

我们可以发现，JSON是基于JavaScript的对象字面量的数据形式，这样有以下优点。

- **使用JSON.parse方法（3.7.3节），就可以直接作为对象读取**
- **和XML相比，数据大小更小**

另外，不仅仅是JavaScript，主要的语言（库）都提供了从对象到JSON形式的转换方法，这已经成为了Ajax技术的一部分了。

因为只是用作简单的数据交换，所以可以表示的结构是有限的，但如果只是用于Ajax，基本上没有这样的限制。

■ 实现「Hatena书签检索功能」

下面我们通过具体的例子，介绍如何使用「Hatena书签条目信息获取API」（地址省略……），并在指定的页面中罗列出书签信息。

◉在指定的页面中罗列对应的书签信息

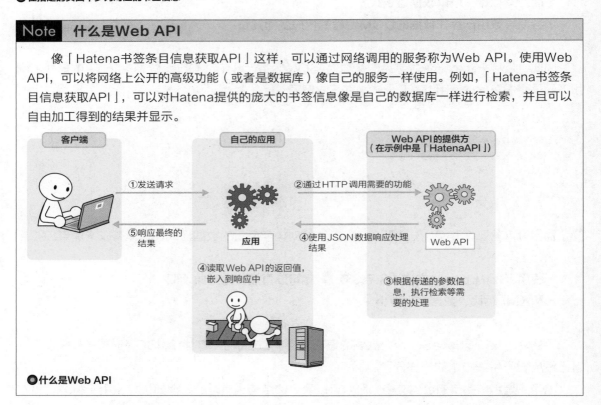

下面，我们来看一下具体的实现过程吧。

（1）从服务器端访问「Hatena书签条目信息获取API」（下文称为「HatenaAPI」）

首先，需要在PHP脚本中准备用来访问HatenaAPI的代码。

◉清单7-25 **bm.php**

```php
<?php
// 声明输出字符编码、内部字符编码
mb_http_output('UTF-8');
mb_internal_encoding('UTF-8');
```

```php
// 声明响应的内容类型
header('Content-Type: application/json;charset=UTF-8');

// 组合查询HatenaAPI的URL
$url = 'http://b.hatena.ne.jp/entry/jsonlite/?url='.$_GET['url'];
// 直接输出查询结果
print(file_get_contents($url, false, stream_context_create(['http' =>
  ['header' => 'User-Agent: MySample']])));
```

PHP脚本就不详细介绍了，这里只要理解

创建要查询的URL，并将其结果作为JSON数据输出

这个流程就可以了。

file_get_contents函数以字符串的形式获取访问指定的URL的结果。将bm.php部署到服务器上之后，在浏览器上访问下面这样的URL（URL根据配置的位置而有所不同）。查询信息的「url=」之后设定的是要获取书签信息的URL。

下面，是将从浏览器下载下来的内容在不改变其意思的范围内加工为更易读的形式。

```
http://localhost/js/chap07/bm.php?url=http://www.wings.msn.to/
```

```json
{
  "count":157,   // 书签个数
  "bookmarks":   // 书签信息
  [
    {
      "timestamp":"2016/06/19 15:41:37",        // 书签日期
      "comment":"",        // 注释
      "user":"risadon",  // 用户名
      "tags":["server","JavaScript"]        // 标签
    },
    ...
  ]
}
```

上述代码，如果可以以JSON的形式获取HatenaAPI的结果就成功了。

（2）创建客户端页面

确认了服务器端可以正常运行之后，接下来就是在客户端获取服务器端得到的结果并显示在页面上。

◉清单7-26 **bm.html（上）/ bm.js**

```html
<form>
  <label for="url">URL：</label>
  <input id="url" type="text" name="url" size="50"
    value="http://www.wings.msn.to/" />
```

```
  <input  id="btn" type="button" value="检索" />
</form>
<hr />
<div id="result"></div>
```

```js
document.addEventListener('DOMContentLoaded', function() {
  // 点击[检索]按钮时执行的代码
  document.getElementById('btn').addEventListener('click', function() {
    var result = document.getElementById('result');
    var xhr = new XMLHttpRequest();
    // 定义异步通信的处理
    xhr.onreadystatechange = function() {
      if (xhr.readyState === 4) {          // 通信完成时
        if (xhr.status === 200) {          // 通信成功时
          var data = JSON.parse(xhr.responseText);     ← ❶
          // 从结果访问bookmarks键
          if (data === null) {
            // 如果没有书签，显示错误消息
            result.textContent = '没有找到书签。';
          } else {
            // 如果获取到了书签，列出用户
            var bms = data.bookmarks;
            var ul = document.createElement('ul');
            for (var i = 0; i < bms.length; i++) {
          // 生成<li>、<a>元素、文本(给<a>元素设定href属性)
          var li = document.createElement('li');
          var anchor = document.createElement('a');
          anchor.href = 'http://b.hatena.ne.jp/' + bms[i].user;
          var text = document.createTextNode(
            bms[i].user + '' + bms[i].comment);               ❷
          // 按照文本 → <a> → <li> → <ul>的顺序组合节点
          anchor.appendChild(text);
          li.appendChild(anchor);
          ul.appendChild(li);
        }
            // 将<div id="result">的内容替换为<ul>元素
            result.replaceChild(ul, result.firstChild);
          }
        } else {          // 通信失败时
          result.textContent = '服务器发生了错误。';
        }
      } else { // 通信结束之前
        result.textContent = '通信中...';
      }
    };

    // 开始和服务器进行异步通信
    xhr.open('GET', 'bm.php?url=' +
      encodeURIComponent(document.getElementById('url').value), true);
    xhr.send(null);
  }, false);
}, false);
```

　　大家可能会觉得这个代码很复杂，但关键点只有字体加粗部分。服务器返回的JSON数据可以和清单7-23一样使用responseText属性获取。但是，如果直接这样获取就只是单纯的文本，所以需要使用JSON.parse方法将其转换为JavaScript对象（数组）（❶）。

之后，分解转换后的bms对象，组合为<ul> / <li>列表。因为文档树的组合在6.5节中介绍过了，所以这里的图解就只针对JavaScript对象和文档树的关系进行介绍。请参考清单中的注释来解读。

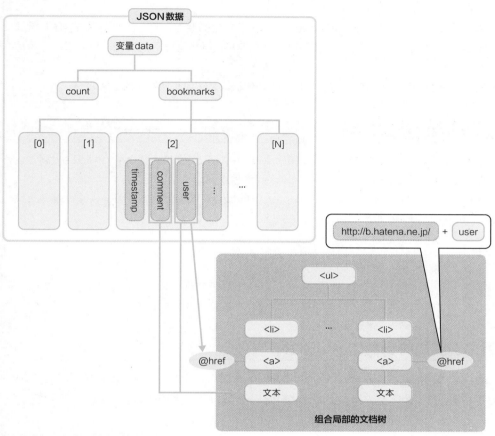

●**读取结果JSON～组合局部文档树的流程**

使用replaceChild方法将生成的<ul> / <li>列表添加到<div>元素中就完成了，下面是最终生成的<ul>列表的例子。

```
<ul>
  <li>
    <a href="http://b.hatena.ne.jp/nacika_inscatolare">
      nacika_inscatolare 买了一本书
    </a>
  </li>
  <li>
    <a href="http://b.hatena.ne.jp/zazu0311">
      zazu0311
    </a>
  </li>
  ......中间省略......
</ul>
```

理解了上面的内容之后，将bm.html放到和bm.php同一个文件夹中并在浏览器中运行。像

P.345的图那样，输入合适的URL，如果可以得到相应的书签列表就成功了。

实际上bm.php的功能只是用来访问HatenaAPI并将其结果直接输出。那么，大家可能会觉得「直接在bm.html中访问HatenaAPI不就可以了吗？」

但是，这是不可以的。因为XMLHttpRequest对象由于安全的原因，不允许访问不同的源。就像这个例子，如果要访问外部公开的服务，需要在服务器端准备用于访问服务的应用，然后客户端再访问这个应用。

这种代替客户端来访问外部服务的服务器端代码称为代理，是实现跨域的经典方法之一。

| Note | 处理基于XML的Web API |

如果Web API返回XML形式的响应，请使用responseXML属性来代替responseText属性。responseXML属性会将得到的XML文档作为Document对象返回。

要操作得到的Document对象，可以使用Chapter 6中介绍的DOM。例如下面是从得到的XML文档中获取开头的<title>元素的例子。

◉清单 **xhr_xml.js**

```
var doc = xhr.responseXML;
console.log(doc.getElementsByTagName('title')[0].textContent);
```

7.4.4 使客户端实现跨域通信 − JSONP −

正如前文所说，在Ajax（或者说是XMLHttpRequest对象）中，由于安全性等原因，限制了跨源通信。也就是说在原则上，JavaScript的代码不可以直接和不同网站上提供的服务进行通信。

因此，在同一个域的服务器中架设用来访问外部服务的应用（代理，采取「客户端通过代理来访问外部服务」这样的方法。以下是之前介绍的例子。

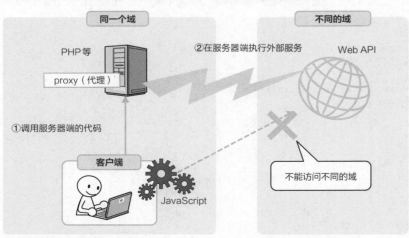

●**访问外部的服务（通过代理）**

但是，只是访问外部的服务就要准备服务器端的代码会很麻烦。因此，这里我们考虑JSONP（JSON with Padding）。JSONP用一句话来介绍就是利用

如果是<script>元素就可以读取外部服务器的脚本

的结构。有各种绕过跨源的方法，而JSONP就是这些经典的方法之一。

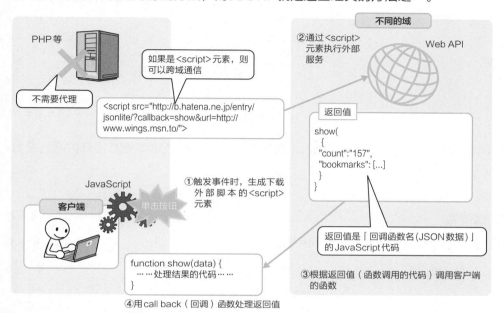

④用call back（回调）函数处理返回值

● **JSONP（JSON with Padding）**

在JSONP中，在触发按钮单击等事件时，生成用来包含外部服务器的脚本的<script>元素。然后，外部服务器通过<script>元素向客户端响应JSON数据中包含的函数调用代码。

之后，根据外部服务器的指示在客户端准备需要调用的函数（处理JSON数据的函数），就可以处理外部服务器发送的JSON数据了。

「通过在外部服务器生成的脚本来调用客户端的函数」和目前为止介绍的方法相反，所以可能有些难以理解，请配合上面的图解来理解处理流程。

■ **实现「Hatena书签检索功能」（JSONP版）**

用了很大篇幅介绍概念，现在我们来看一下具体的实现示例吧。我们使用JSONP功能实现清单7-25 ～ 7-26中的书签检索功能。

（1）查看HatenaAPI的动作

要支持JSONP，需要给HatenaAPI传递以下参数。

- url ➡ **想要获取书签个数的URL**
- callback ➡ **之后调用的JavaScript函数的名称**

url参数在之前的例子中也传递了。JSONP中新增的是callback参数。这样，结果数据就可以调用函数并将结果括起来。

下面是查询URL的示例及其结果。

```
http://b.hatena.ne.jp/entry/jsonlite/?url=http://www.wings.msn.to&callback=show
```

```
show({
  {
    "count":157,
    "bookmarks": [...]
  }
})
```

在客户端中，使用<script>元素将其导入，并将JSON数据传递给事先准备好的回调函数（在这里是show）。

（2）创建客户端页面

记住上面的内容，接着我们创建客户端的代码。

◉清单7-27 jsonp.html（上）/ jsonp.js

```html
<form>
<label for="url">URL: </label>
  <input id="url" type="text" name="url" size="50"
    value="http://www.wings.msn.to/" />
<input id="btn" type="button" value="检索" />
</form>
<hr />
<div id="result"></div>
```

```js
document.getElementById('btn').addEventListener('click', function() {
  // 生成查询服务的URL
  var url = 'http://b.hatena.ne.jp/entry/jsonlite/?callback=show&url='
    + encodeURIComponent(document.getElementById('url').value);
  // 生成用来接收来自服务的JavaScript代码的<script>元素
  var scr = document.createElement('script');
  scr.src = url;
  document.getElementsByTagName('body').item(0).appendChild(scr);
}, false);

function show(data) {
  if (data === null) {
    result.textContent = '没有找到书签。';
  } else {
    ......中间省略(参考P.347)......
    result.appendChild(ul);
  }
}
```

show函数只是根据获取的JSON数据组合<ul>列表，和清单7-26是相同的。这里需要注意的是❶的代码。

在❶中，为了导入查询服务的结果（JavaScript的代码），生成下面这样的<script>元素。

```
<script src="http://b.hatena.ne.jp/entry/jsonlite/?callback=show&url=http://www.wings.🔲
msn.to/"></script>
```

正如之前所说的，HatenaAPI会根据查询信息中callback设定的函数名和书签检索地址返回「show({...})」这样的JavaScript代码。

也就是说，「单击按钮时嵌入<script>元素」相当于「单击按钮时调用show函数」。这样就可以具体地理解P.350图中展示的JSONP的概念了。

虽然「通过<script>元素调用回调函数」的流程有一些特殊性，但是不需要服务器端的代理，所以应用开发一下子简单了很多。因为JSONP需要服务的支持，所以并不是所有的服务都支持的。在正确的地方使用JSONP，可以更简单地使用外部服务。

> **Note** **XMLHttpRequest对象的跨源通信**
>
> 虽然之前说「XMLHttpRequest对象不可以跨源通信」，但准确来说是最新的XMLHttp-Request对象支持跨源通信。但是，需要将服务在Access-Control-Allow-Origin响应头中显式地声明为允许。
>
> 例如，如果是PHP，则如下书写代码。
>
> ```
> <?php
> header('Access-Control-Allow-Origin: http://www.examples.com/');
> ```
>
> 这样，就可以访问「http://www.examples.com」了。如果想要允许访问所有的域，请将字体加粗部分改为「*」。
>
> 另外，只有Internet Explorer 10之后版本的IE浏览器才支持XMLHttpRequest对象的跨源。

▌7.4.5 根据跨文档通信的跨域通信

跨文档通信是指在不同的窗口／框架的文档中交换信息的功能。和「JSONP」「Access-Control-Allow-Origin头（XMLHttpRequest对象）」一样，是一种安全的实现跨源通信的方法。

使用跨文档通信，可以很简单地实现例如「将不同的源中的组件嵌入到iframe中并在主应用中进行操作、接收组件的处理结果等」这样的操作。

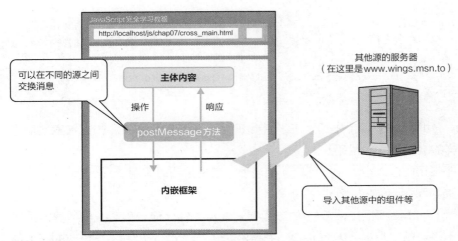

●跨文档通信

那么，我们来看一下具体的例子吧。下面是将在主页面（在localhost中运行）中输入的值反映到在内嵌框架中显示的其他域（在www.wings.msn.to中运行）的页面中的例子。

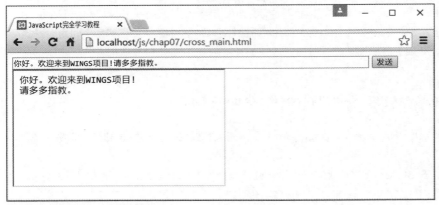

●将输入的字符串反映到内嵌框架中

发送消息

首先，是消息发送方的代码。

●清单7-28 cross_main.html（上）/ cross_main.js（下）

```html
<form>
  <input id="message" type="text" size="80" />
  <input id="btn" type="button" value="发送" />
</form>
<iframe id="frame" src="http://www.wings.msn.to/cross_other.html"
  height="200" width="350"></iframe>
```

```js
document.addEventListener('DOMContentLoaded', function() {
  var target = 'http://www.wings.msn.to';

  document.getElementById('btn').addEventListener('click', function() {
    document.getElementById('frame').contentWindow.postMessage(
      document.getElementById('message').value, target);
  }, false);
```

```
  ......中间省略......
}, false);
```

postMessage方法的功能是向指定的源发送消息（❶）。

◉语法 **postMessage方法**

```
other.postMessage(message, target)
    other：目标发送窗口      message：发送的消息
    target：目标发送窗口的源
```

可以使用contentWindow属性访问内嵌框架的Window对象。

另外，请根据示例的配置环境来修改字体加粗部分（框架中的路径和postMessage方法的参数target）（示例无法直接运行）。

■ 接收消息（内嵌框架）

下面的代码是接收主窗口发送的消息，配置在和主窗口（在这里是localhost）不同的源（在这里是www.wings.msn.to）中。

◉清单7-29 **cross_other.html（上）/ cross_other.js（下）**

```
<div id="result"></div>                                    HTML
```

```
document.addEventListener('DOMContentLoaded', function() {    JS
  window.addEventListener('message', function(e) {
    var origin = 'http://localhost';
    if (e.origin !== origin) { return; }     ←── ❶
    document.getElementById('result').textContent = e.data;  ←── ❷
  }, false);
}, false);
```

使用message事件监听器可以获取postMessage方法发送的消息。这时，为了不给预期之外的源发送消息，需要像❶这样使用origin属性检查发送目标的源（将主窗口的示例配置到localhost之外时，请修改字体加粗部分）。源不一致时，直接结束处理。

可以使用事件对象的data属性访问接收到的数据（❷）。

■ 响应消息

当然，内嵌框架（在这里是cross_other.js）也可以给主窗口回复消息。请在message事件监听器中添加下面的代码。

◉清单7-30 **cross_other.js**

```
document.addEventListener('DOMContentLoaded', function() {
  window.addEventListener('message', function(e) {
    ......中间省略......
    // 回复现在的日期
```

```
    var current = new Date();
    e.source.postMessage(current, origin);
  }, false);
}, false);
```

因为使用事件对象e的source属性可以获取发消息过来的父窗口，之后和之前相同，只要调用postMessage方法就可以了。

> ### Note 在message事件监听器之外响应
>
> 如果在message事件监听器之外，可以使用parent属性获取主窗口（父窗口）。
>
> ```
> parent.postMessage(current, origin);
> ```

如果要在主窗口中接收返回的消息，同样地，只要实现message事件监听器就可以了。这里，我们将接收到的日期输出到日志中。

◉清单7-31 **cross_main.js**

```
document.addEventListener('DOMContentLoaded', function() {
  ......中间省略......
  window.addEventListener('message', function(e) {
    if (e.origin !== target) { return; }
    console.log(e.data);
  }, false);
}, false);
```

7.5 简单显示异步处理－Promise对象－

在JavaScript中执行异步处理，有经典方法之一的回调函数（4.6.3节）。目前为止，我们在setTimeout／setInteval方法、XMLHttpRequest对象等各方面使用了回调函数。回调函数也可以说是JavaScript方言。

但是，如果有连续多个异步处理时，回调函数的嵌套就会很深，函数就会变得很臃肿，我们将这样的问题称为回调地狱。

```
first(function(data) {
  ......最开始执行的处理......
  second(function(data) {
    ......first函数成功之后执行的处理......
    third(function(data) {
      ......second函数成功之后执行的处理......
      fourth(function(data) {
        ......最后执行的处理......
      });
    });
  });
});
```

Promise对象的功能就是解决这种问题的，使用Promise对象可以使这样的代码和同步处理一样来写。

```
first().then(second).then(third).then(fourth);
```

虽然只是概念形式的代码，但是和嵌套很深的回调函数相比，一下子易读了很多。

目前为止，jQuery或者AngularJS这样的库／框架也提供了这样的功能。但是，在ES2015中将Promise对象进行了标准化，不再需要依赖外部库了。

Promise对象确切来说是（不是浏览器对象）JavaScript标准内置对象。但是，因为经常和Ajax通信组合使用，所以为了方便说明放在本章中一起介绍。

7.5.1 掌握Promise对象的基础 ES2015

在下面的异步处理的例子中，传递字符串后，经过500毫秒显示「输入值：○○」这样的成功消息，如果字符串为空则显示「错误：输入值为空」这样的错误消息。

```javascript
function asyncProcess(value) {                          ←──────────────────┐
  return new Promise((resolve, reject) => {          ←────────────────┐    │
    setTimeout(() => {                                               │    │
      // 根据参数value是否是未定义的判断是否成功                           │    │
      if (value) {                                                   │    │
        resolve(`输入值：${value}`);                        ❷ ───────┤    ❶
      } else {                                                       │    │
        reject('输入值为空。');                                        │    │
      }                                                              │    │
    }, 500);                                          ←──────────────┘    │
  });                                                 ←───────────────────┘
}

asyncProcess('德治郎').then(                             ←─────────────────┐
  // 成功时执行的处理                                                         │
  response => {                                                          │
    console.log(response);                                              │
  },                                                                    ❸
  // 失败时执行的处理                                                         │
  error => {                                                            │
    console.log(`错误：${error}`);                                        │
  }                                                                     │
);     // 结果：输入值：德治郎                              ←─────────────────┘
```

　　使用Promise对象，首先推荐将异步处理整理为一个函数（在这个例子中是❶的asyncProcess）。asyncProcess函数将Promise对象作为返回值返回。

　　Promise是用来监听异步处理状态的对象，使用函数字面量或者是箭头函数在构造函数中记述要执行的异步处理（❷）。

◉语法　**Promise构造函数**

```
new Promise((resolve, reject) => { statements })
      resolve：用来通知处理成功的函数
      reject：用来通知处理失败的函数
      statements：处理主体
```

　　函数参数的resolve／reject分别是用来通知异步处理成功和失败的函数。因为这些函数是作为Promise对象的参数传递的，所以应用开发者使用这些函数就可以得到异步处理的结果。

　　在这个例子中，如果参数value是undefined，就调用reject函数（失败），如果不是，就调用resolve函数（成功）。可以分别将成功时的结果、错误消息等作为任意的对象传递给resolve／reject函数的参数（不是字符串也可以）。

　　当然，如果是异步通信等处理，setTimeout方法处应该是调用XMLHttpRequest对象。

　　使用then方法在Promise对象（resolve／reject函数）中接收结果（❸）。

◉语法　**then方法**

```
promise.then(succcess, failure)
      promise：Promise对象
      success：成功回调函数(通过resolve函数调用)
      failure：失败回调函数(通过reject函数调用)
```

参数success／failure分别接收resolve／reject函数中指定的参数，执行成功／失败时的处理。删除清单内的加粗字体，可以看到结果变为下面这样。

错误：输入值为空

7.5.2　连接异步处理　ES2015

不过，光靠目前为止的说明，大家可能很难感受到Promise对象的优点。在单个异步处理中，反而会觉得Promise对象更麻烦，写法更复杂。因为只有在连接多个异步处理时才能真正发挥Promise对象的价值。

在下面的例子中，在第一个asyncProcess函数成功之后执行第二个asyncProcess函数。

◉清单7-33　**promise2.js**

```
// 首次调用asyncProcess函数
asyncProcess('德治郎')  ←── ❶
.then(
  response => {
    console.log(response);
    // 首次执行成功之后，第2次执行asyncProcess函数
    return asyncProcess('任三朗');  ←── ❷
  }
)
.then(
  response => {
    console.log(response);
  },
  error => {
    console.log(`错误：${error}`);
  }
);
```

▼

输入值：德治郎
输入值：任三朗

要连接多个异步处理，需要在then方法中返回新的Promise对象。本例中，在❶中首次执行asyncProcess函数，在其成功回调函数中调用了第2个asyncProcess函数（❷）。

这样，就可以使用点运算符来罗列多个then方法。这就是为什么本章开头说「使用Promise对象，可以像同步处理一样书写异步处理」。这样记述，和嵌套很深的回调函数相比，更容易理解了。

当❶中的asyncProcess函数的参数为空，会得到下面的结果。

错误：输入值为空

跳过了首个成功回调函数，所以没有执行第2个then方法中的失败回调函数。像这样，不需要在每个then方法中定义失败回调函数，可以在必要的位置一起处理错误，这也是Promise的

优点之一。

顺便说一下，下面是❶中有参数、❷中没有参数调用asyncProcess函数的结果。

输入值：德治郎
错误：输入值为空

这次，首次的成功回调函数被执行了，之后，调用了第2个then方法中的失败回调函数。

7.5.3　使多个异步处理并行 ES2015

在上一节中，我们学习了连接多个异步处理的方法。在本节中，将介绍并列执行多个异步处理的方法。

■ 在所有的异步处理成功之后回调 − all方法 −

使用Promise.all方法可以并列执行多个异步处理，并在这些异步处理都成功之后执行相应的处理。

◉清单7-34　promise_all.js

```
Promise.all([
  asyncProcess('德治郎'),
  asyncProcess('任三郎'),                    ❸
  asyncProcess('玲玲')
]).then(
  response => {
    console.log(response);                   ❶
  },
  error => {
    console.log(`错误：${error}`);            ❷
  }
);      // 结果：["输入值：德治郎", "输入值：任三郎", "输入值：玲玲"]
```

Promise.all方法的语法如下。

◉语法　Promise.all方法

```
Promise.all(promises)
    promises：监听的Promise对象群(数组)
```

在Promise.all方法中，只有参数promises中所有的Promise对象都为resolve（成功）时，才会执行then方法中的成功回调函数（❶）。请注意，这时参数response是所有Promise对象结果值的数组。

任意一个Promise对象为reject（失败）时，就会调用失败回调函数（❷）。试着将任何一个asyncProcess函数（❸）的参数设为空，可以看到返回了「错误：输入值为空」的结果。

■ 异步处理中的某1个完成了就回调 – race方法 –

Promise.race方法是只要并列执行的异步处理中的某一个率先完成，就调用成功回调函数。下面的结果，会根据哪一个asyncProcess函数率先完成而变化。

◉清单7-35 **promise_race.js**

```
Promise.race([
  asyncProcess('德治郎'),
  asyncProcess('任三郎'),
  asyncProcess('玲玲')
]).then(
  response => {
    console.log(response);
  },
  error => {
    console.log(`错误：  ${error}`);
  }
);      // 结果：输入值：德治郎(结果可能会变化)
```

7.6 在后台运行JavaScript的代码–Web Worker–

JavaScript一般是单线程的，也就是说在JavaScript中一次只能进行一个工作。因此，一旦JavaScript中发生了所谓的繁重的操作，页面的动作就会经常发生卡顿。

使用Web Worker功能，可以使JavaScript的代码在后台并行地运行。这样，即使是在处理繁重处理的过程中，用户也可以在浏览器中继续操作。

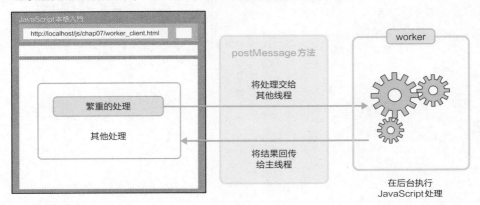

●**什么是Web Worker**

另外，可能有读者会认为「使用setTimeout方法不也可以同样地并行执行处理吗？」，这其实是一个误解。使用setTimeout方法设定的工作，一旦把它放在一边，结果还是只是在一个线程上依次处理（这就是之前为什么说「使用setTimeout方法设定的时间是不正确的」）。setTimeout方法最多只是模拟并行处理。

> **Note** **什么是线程**
>
> 　　线程（thread）是执行程序处理的最小单位。在英语中是「线」的意思，通常的程序就是由多个这样的线程（线）合成的一根结实的带子（功能），这样想象会更容易理解。
> 　　「JavaScript是单线程的」是指这个线程通常只有1个（＝使用1根线运行）。相对于单线程，多个线程运行的处理称为多线程处理。Web Worker是将JavaScript处理多线程化的功能。

7.6.1 实现worker线程

那么，我们通过具体的例子来理解Web Workder的基础吧。下面是计算在1～target的范围内有多少个x的倍数的例子。

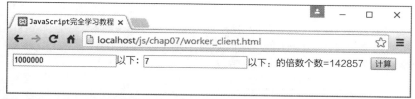

● 使用Web Worker将倍数的计算交给其他线程

首先，将计算倍数的个数的代码作为worker分离出来。worker是指在后台执行的JavaScript代码。workder定义在和主线程JavaScript代码不同的.js文件中。

◎ 清单7-36 worker.js

```
self.addEventListener('message', function(e) {
  var count = 0;
  for (var i = 1, len = e.data.target; i < len; i++) {
    if (i % e.data.x === 0) { count++; }
  }
  postMessage(count);
});
```
❷ ❶

message事件在接收到主线程的消息（启动了worker）时触发（❶）。worker的处理通常是写在message事件处理器中的（也就是说，字体加粗部分是worker的固定结构）。

在message事件处理器中，像下面这样，通过事件对象e的data属性可以获取主线程传递的参数。

```
e.data.参数名
```

在这里，基于接收到的值target／x，计算1～target范围内x的倍数个数（❷）。最后，将for循环的结果，即得到的个数（count），使用postMessage方法回传给主线程。

Note 重复利用脚本

虽然示例中没有使用，但是使用importScripts方法可以在worker中导入其他的.js文件。

```
importScripts('worker_other.js');
```

7.6.2 启动worker线程

准备好worker之后，我们创建调用这个worker的主线程端的代码吧。

◎ 清单7-37 worker_client.html（上）／worker_client.js（下）

```
<form>
  <input id="target" type="number" value="1000000" />以下:
  <input id="x" type="number" value="7" />的倍数个数 =
  <span id="result">-</span>
  <input id="btn" type="button" value="计算" />
</form>
```
HTML

```js
document.addEventListener('DOMContentLoaded', function() {
  document.getElementById('btn').addEventListener('click', function() {
    var worker = new Worker('scripts/worker.js');        ← ❶

    worker.postMessage({
      'target': document.getElementById('target').value,
      'x': document.getElementById('x').value
    });                                                  ❷
    document.getElementById('result').textContent ='计算中......';

    worker.addEventListener('message', function(e) {
      document.getElementById('result').textContent = e.data;    ❸
    }, false);

    worker.addEventListener('error', function(e) {
      document.getElementById('result').textContent = e.message;  ❹
    }, false);
  }, false);
}, false);
```

使用Worker对象调用worker（❶）。

◉语法 **Worker构造函数**

```
new Worker(path)
    path：worker的路径
```

实例化Worker之后，便可以使用postMessage方法给worker发送消息了。虽然可以给postMessage方法传递任意类型的值，但是通常推荐像❷这样以「参数名:值……」的哈希形式传递。

message事件处理器的功能是处理worker的结果（❸）。因为可以使用data属性访问返回值，所以这里直接将其反映到了页面中。

❹是worker的错误处理。在worker中发生异常情况时，执行异常处理。我们可以使用事件对象的message（错误消息）／filename（文件名）／lineno（行号）等属性获取错误信息。因为在worker中无法调用console.log等方法，所以需要在主脚本中使用error事件监听器来监听异常。

Note **worker无法操作文档树**

> 因为worker是运行在和主线程（UI线程）不同的线程中的，所以无法操作文档树（UI）。因此，需要将worker的处理结果回传给主线程，使用主线程中的message事件监听将其反映到页面中。

另外，虽然示例中没有使用，但是也可以使用terminate方法中断运行中的worker。如果要在worker中结束处理，请使用close方法。

```
worker.terminate();  ➡  主线程
self.close();  ➡  worker本身
```

Chapter **8**

实际开发中不可或缺的应用知识

8.1 单元测试-Jasmine-

测试是提升应用品质不可或缺的工作，在JavaScript的世界中也不例外。特别是近年来伴随着客户端功能的比重越来越高，在JavaScript中也普遍使用面向对象编程、写的脚本也更加复杂了。为了确保脚本的品质，需要在JavaScript中实施测试——然后，就必须要引入用来支援测试的测试框架。

测试的大致分类如下。

- **单元测试** ➡ **检查函数／类（方法）的动作**
- **结合测试** ➡ **检查多个函数／类（方法）结合时的动作**
- **系统测试** ➡ **检查应用整体的动作**

测试框架主要是支援其中的单元测试（Unit Testing）的部分。有如下比较有名的JavaScript中可以使用的测试框架，本书采用当前市场份额最高的、相关文档最齐全的Jasmine。

- **Jasmine（ http://jasmine.github.io/ ）**
- **Mocha（ http://mochajs.org/ ）**
- **QUnit（ http://qunitjs.com/ ）**

使用测试框架，我们可以更简单地，并且以统一的规则来创建测试代码。

8.1.1 Jasmine的安装方法

Jasmine可以在下面的页面中下载。

```
https://github.com/jasmine/jasmine/releases
```

解压下载的jasmine-standalone-X.X.X.zip（X.X.X是版本号）后，将其中的文件夹／文件全部复制到应用程序文件夹中（.html／js文件所在的文件夹）。

在本书中，是将其复制到/chap08/jasmine文件夹后再进行解说的。

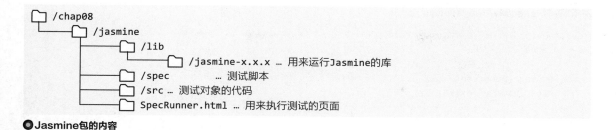

◉Jasmine包的内容

/spec、/src文件夹中默认包含示例代码，删除也没有关系。

8.1.2 测试的基础

那么，我们就使用Jasmine来对对象进行单元测试吧。测试对象是下面的MyArea.js中定义的MyArea类，MyArea类中有以下内容。

- **base（底边）、height（高）属性**
- **根据属性值计算三角形面积的getTriangle方法、计算四边形面积的getSquare方法**

◉ 清单8-01 **src/MyArea.js**

```
// 构造函数(定义base/height属性)
var MyArea = function(base, height) {
  this.base = base;
  this.height = height;
};

// 定义getTriangle/getSquare方法
MyArea.prototype = {
  getTriangle : function() {
    return this.base * this.height / 2;
  },
  getSquare : function() {
    return this.base * this.height;
  }
};
```

MyArea_spec.js是用来定义执行测试的代码（测试用例）的。测试用例的文件名的命名需要让人容易理解和测试对象的对应关系，原则上是

测试对象的文件名_spec.js。

365

◉清单8-02 **spec/MyArea_spec.js**

```
describe('Jasmine的基础', function() {
  var area;

  beforeEach(function() {
    area = new MyArea(10, 5);
  });

  afterEach(function() {
    // 结束处理
  });

  it('测试getTriangle方法', function() {
    expect(area.getTriangle()).toEqual(25);
  });

  it('测试getSquare方法', function() {
    expect(area.getSquare() === 50).toBeTruthy();
  });
});
```

Jasmine的测试代码需要使用describe方法括起来（❶）。

◉语法 **describe方法**

```
describe(name, specs)
     name：测试套件的名字        specs：测试用例(组)
```

测试套件就像是表示所有相关的测试的容器。在参数specs中声明具体的测试用例。

在各个测试用例执行之前调用❷中的beforeEach方法，表示初始化处理。在这个例子中，为了使测试用例可用，需要实例化MyArea类。如果不需要初始化处理，则可以省略。

还有像❸这样的后期处理用的afterEach方法，也同样可以省略。

❹❺的it方法是各个测试用例。在测试套件中，可以根据需要罗列多个测试用例。

◉语法 **it方法**

```
it(name, test)
     name：测试用例名   test：测试的内容
```

在参数test中，可以使用下面的语法检验任意代码的结果（❻❼）。

◉语法 **测试验证**

```
expect(result_value).matcher(expect_value)
     result_value：测试对象的代码(表达式)       matcher：验证方法
     expect_value：期望值
```

在这个例子中，验证以下两点。

・getTriangle方法的返回值是否等于25（toEqual）

・条件表达式「area.getSquare() === 50」是否是true（toBeTruthy）

toEqual／toBeTruty是称为Matcher的断言方法（用来确认结果的方法）。Jasmine有以下这些标准的Matcher。

Matcher	概要
toBe(*expect*)	是否和期望值expect是相同的对象
toEqual(*expect*)	是否和期望值expect相等
toMatch(*regex*)	是否匹配正则表达式regex
toBeDefined()	是否定义了
toBeNull()	是否为null
toBeTruthy()	是否是视为true的值
toBeFalsy()	是否是视为false的值
toContain(*expect*)	数组中是否包含期望值expect
toBeLessThan(*compare*)	是否小于比较值compare
toBeGreaterThan(*compare*)	是否大于比较直compare
toBeCloseTo(*compare*, *precision*)	四舍五入到精度precision的值是否和比较值compare相等
toThrow()	是否发生了异常

● **Jasmine中主要的Matcher**

顺便说一下，如果要表示否定（例如「不想等」），请像下面这样使用not方法。都是使用英文来表示的，这也是Jasmine的优点。

```
expect(1 + 1).not.toEqual(2);
```

Matcher可以使用「Jasmine-Matchers」（https://github.com/JamieMason/Jasmine-Matchers）这样的库来扩展。

8.1.3 执行测试套件

默认包含在包中的SpecRunner.html是Jasmine用来执行测试套件的工具。

因为默认的SpecRunner.html中记述的是用来测试示例代码的代码，所以需要替换为自己的代码。下面字体加粗的代码是替换的部分。

◉ 清单8-03 **SpecRunner.html**

```html
<!DOCTYPE html>
<html>
<head>
  <meta charset="utf-8">
  <title>Jasmine Spec Runner v2.4.1</title>

  <link rel="shortcut icon" type="image/png" href="lib/jasmine-2.4.1/jasmine_favicon.png">
  <link rel="stylesheet" href="lib/jasmine-2.4.1/jasmine.css">

  <script src="lib/jasmine-2.4.1/jasmine.js"></script>
  <script src="lib/jasmine-2.4.1/jasmine-html.js"></script>
  <script src="lib/jasmine-2.4.1/boot.js"></script>
```

```
  <!-- include source files here... -->
  <script src="src/MyArea.js"></script>  ← ①

  <!-- include spec files here... -->
  <script src="spec/MyArea_spec.js"></script>  ← ②
</head>
<body>
</body>
</html>
```

在①中设定测试对象文件，在②中设定测试代码。当然，如果有多个测试对象／测试代码，请罗列。此外，因为<script>／<link>元素是Jasmine运行所必须的文件，所以原则上不可以编辑。

之后，在浏览器中运行就可以了。如果测试成功，会得到下图的结果。

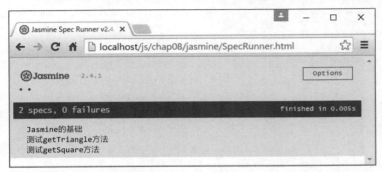

●SpecRunner.html的运行结果

结果显示两个测试用例（specs）都没有失败（failures）。

我们试着故意让清单8-02测试失败，将代码像下面这样修改。

◉清单8-04 **MyArea_spec.js**

```
it('测试getTriangle方法', function() {
  expect(area.getTriangle()).toEqual(24);
});
```

我们再次运行SpecRunner.html，如下图所示。可以看到有一个测试用例失败了，也显示了失败的测试用例相关的详细错误消息「Expected 25 to equal 24」。

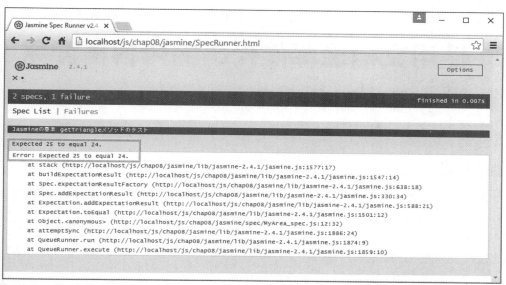

●SpecRunner.html的运行结果（失败时）

8.2 使用文档注释使代码的内容更容易理解-JSDoc-

对于需要长期维护的代码，为了使之后阅读代码时能够理解其内容，添加适当的注释是很重要的。不过，虽然说是「适当的注释」，但书写合适的注释本身就不是一件容易的事。

标准就是按照文档注释的规则来写注释。文档注释是指在类或者其成员的前面按照一定的规则来描述其功能的注释。使用JSDoc工具，可以自动获取必要的信息并自动生成API文档（规格书）。

右图是使用JSDoc自动生成的规格书的示例。

文档注释是在源代码中管理的，所以有以下优点。

- **配合源代码的修改，可以使维护更加容易**
- **减少源代码和文档间的矛盾**

即使源代码中发生了变更，也只要执行一个命令就可以将文档更新到最新的状态。

●使用JSDoc自动生成的文档

8.2.1 文档注释的描述规则

文档注释是在「/**...*/」中以一定的规则来描述的注释。下面是给Member类添加文档注释的例子。

◉清单8-05 Member.js

```
/**
```

```
 * @constructor
 * @classdesc 管理成员信息
 * @param {string} firstName 姓
 * @param {string} lastName 名
 * @throws {Error} 缺少firstName或者lastName
 * @author Yoshihiro Yamada
 * @version 1.0.0
 */
var Member = function(firstName, lastName){
  if (firstName === undefined || lastName === undefined) {
    throw new Error('缺少firstName或者lastName');
  }
  this.firstName = firstName;
  this.lastName = lastName;

};

/**
 * 显示成员的详细信息
 * @return {String} 成员的姓名
 * @deprecated 请改用{@link Member#toString}方法。
 */
Member.prototype.getName = function() {
  return this.lastName + ' ' + this.firstName;
};

/**
 * 将Member类的内容转为字符串
 * @return {String} 成员的姓名
 */
Member.prototype.toString = function() {
  return this.lastName + ' ' + this.firstName;
};
```

成员文档使用如下两种标签，标记文档化的信息。

· 以「 **@tag** 」的形式书写的块标签
  ➡ 除去行头的星号／空格／分隔字符等，必须放在行的开头
· 以「 **{@tag}** 」的形式书写的内联标签
  ➡ 可以嵌入注释或者块标签的说明中

在文档生成工具中，会根据这些标签信息获取生成文档所需的信息。

下表是文档注释中使用的主要标签，具体的写法请参考JSDoc的文档（http://usejsdoc.org/）。

标签	概要
@author	作者
@classdesc	关于类的说明
@constructor	构造函数
@copyright	版权信息
@default	默认值
@deprecated	不推荐
@example	用例
{@link}	链接

标签	概要
@namespace	命名空间
@param	参数信息
@private	私有成员
@return	返回值
@since	支持的版本
@throws	异常
@version	版本

◉ 文档注释中使用的主要标签

8.2.2 文档生成工具 – JSDoc –

　　下面我们就使用JSDoc根据准备好的文档注释来创建API文档吧，首先介绍从JSDoc的安装到生成文档的过程。

（1）安装Node.js

　　JSDoc本身是使用JavaScript编写的工具。使用时，需要安装作为JavaScript运行环境的Node.js（https://nodejs.org/）。

　　从主页下载安装包（在本书编写时是node-v6.2.1-x64.msi）并运行。启动安装器。通常只要都选择默认的设定就可以完成安装。

（2）安装JSDoc

　　请在命名提示符中运行下面的命令安装JSDoc。npm是Node.js的包管理工具，在安装／卸载Node.js中运行的工具／库时使用。

```
> npm install -g jsdoc
```

（3）生成文档

　　之后，在命令提示符中执行下面这样的命令就可以了。

```
> cd C:\xampp\htdocs\js\chap08\jsdoc
> jsdoc Member.js
```

　　在当前文件夹中生成了/out文件夹，所以请运行其中的index.html。单击画面右侧的「Member」链接，如果显示了像P.372那样的页面，就表示文档生成成功了。

8.3 使用构建工具自动化例行工作

因为JavaScript是解释型语言，所以不需要编译，只要配置好源代码就可以直接运行了，这样的便捷性也是其优点。但是近年来，JavaScript的开发越来越复杂了。例如，运行JavaScript的代码，通常伴随着以下的工作。

· 如果使用了altJS（P.238），需要编译
· 执行单元测试（8.1节）
· 使用JSLint（http://www.jslint.com/）进行代码检查
· 压缩源代码

虽然这些工作都不是很难，但是如果让人在开发过程中执行多次，多少会有遗漏或者错误。因此，构建工具Grunt（也称为Task Runner）的功能便是让这些工作实现自动化。如果有其他语法开发经验的人，想象一下「Ant／Maven（Java）、make等」便容易理解了。在Java-Script中，Gulp（http://gulpjs.com）也是类似的工具。

8.3.1 使用Grunt压缩源代码

在本节中，通过压缩事先准备好的源代码的过程，介绍Grunt的基本用法。另外，需要安装Node.js之后才能按下面的步骤执行。如果还没有安装，请参考8.2.2小节的方法。

> **Note 压缩源代码**
>
> 在浏览器中运行的JavaScript，需要先将脚本代码下载到客户端之后运行。因此，如果代码很大，下载便会花费很多时间，结果降低了应用整体的性能。因此在实际应用中，可以「删除JavaScript代码中多余的注释和空格／换行，尽可能地减小代码的大小」，这称为代码的压缩。

（1）安装grunt-cli

grunt-cli是用来操作Grunt的命令行工具。像下面这样，请通过npm并添加-g选项进行安装。

```
> npm install -g grunt-cli
```

如果是直接使用下载的示例代码，则不需要下面的步骤（2）~（4），请移动到/chap08/grunt文件夹并运行下面的命令行。

```
> npm install
```

npm install命令是指「安装所有记录在package.json中的包」。

（2）准备packgae.json

在npm中，使用package.json文件来管理当前应用（项目）中安装的包的信息和依赖关系。虽然之后是使用Grunt来安装插件的，但它们的库也是使用package.json管理的。通过使用package.json来管理库，「之后在其他环境中准备所需的库时，只需要一行命令就可以了」。

使用npm init命令可以创建package.json的模版。执行命令时，会有几个项目名／版本号等问题。请根据用途，输入／选择合适的值。如果不是对外公开的应用，直接按下Enter键使用默认值也没有关系。

```
> cd C:\xampp\htdocs\js\chap08\grunt          移动到项目根目录
> npm init          执行初始化命令
...中略...
Press ^C at any time to quit.          项目名（仅小写字母）
name: (grunt) js_sample
version: (0.0.0) 1.0.0          版本号
description: JavaScript完全学习教程的示例          项目介绍
entry point: (index.js)          入口文件
test command:          测试命令
git repository:          版本管理系统的信息
keywords:          关键字
author: Yoshihiro Yamada          作者信息
license: (ISC)          许可证
About to write to C:\xampp\htdocs\js\chap08\grunt\package.json:

{
  "name": "js_sample",
  "version": "1.0.0",
  "description": "JavaScript完全学习教程的示例",
  "main": "index.js",
  "scripts": {
    "test": "echo \"Error: no test specified\" && exit 1"
  },
  "author": "Yoshihiro Yamada",
  "license": "ISC"
}

Is this ok? (yes)          最终确认（这样可以了吗？）
```

请根据环境替换应用的根目录路径。向导完成之后，就在应用的根目录中生成了package.json。代码的内容和上面命令显示的一样。

（3）安装Grunt／Grunt插件

安装Grunt主体和用于代码压缩的grunt-contrib-uglify插件。Grunt主体只是用来执行任务的引擎，所以只包含一些默认的功能。通常，需要和另外的插件配合使用。在撰写本文时，公开的插件大约达到了5800个。

●Grunt Plugins（http://gruntjs.com/plugins）

请使用如下的命令安装这些插件。

```
> npm install grunt --save-dev
> npm install grunt-contrib-uglify --save-dev
```

使用--save／--save-dev选项可以记录安装的包的信息。--save指定应用本身运行所需的包，--save-dev指定应用开发时所需的包。在Grunt的用途中使用npm install命令时，「基本上是使用--save-dev选项」。

完成之后，请确认以下两点。

・**/node_modules文件夹中是否创建了/grunt文件夹和/grunt-contrib-uglify文件夹**
・**package.json中，是否像清单8-06那样添加了devDependencies代码块**

◉清单8-06 package.json

```
{
  ......中间省略......
  "license": "ISC",
  "devDependencies": {
  "grunt": "^1.0.1",
  "grunt-contrib-uglify": "^1.0.1"
 }
}
```

（4）准备Gruntfile

Gruntfile是指用来定义需要加载的Grunt插件或者需要在Grunt中运行的任务的文件。和package.json配置在同一个文件夹中，文件名为Gruntfile.js。

◉清单8-07 Gruntfile.js

```
// Grunt代码的外框
module.exports = function(grunt) {
  // 初始化信息(定义任务)
  grunt.initConfig({
    uglify: {  // grunt-contrib-uglify的任务
      myTask: {// 任意子任务
        // 压缩规则
        files: {
        'scripts/app.min.js' :        // 输出文件名
        [
          'src/Member.js',
          'src/MyArea.js',
          'src/MyStorage.js'
        ]      // 输入(压缩目标)文件名
        }
      }
    }
  });

  // 加载grunt-contrib-uglify库
  grunt.loadNpmTasks('grunt-contrib-uglify');    ← ❸
  // 将uglify注册到default任务中
  grunt.registerTask('default', [ 'uglify' ]);    ← ❹
};
```

❶中的「module.exports = function(grunt){...}」是Gruntfile.js的外框。Grunt的代码都必须写在这里面。参数grunt（Grunt对象）中定义的是任务信息。

grunt.initConfig方法是初始化Grunt的方法（❷）。在这下面定义「uglify-myTask任务」。「uglify」是由grunt-contrib-uglify插件定义的任务名，「myTask」是在其中可以任意命名的子任务。myTask子任务中的files是指「压缩src文件夹中的Member.js／MyArea.js／MyStorage.js并将压缩后的内容输出到scripts/app.min.js中」。

之后加载❸中的grunt-contrib-uglify插件，在❹中将定义好的uglify任务添加到default任务中。通过将uglify任务添加到default任务中，就可以不需要特别指定便能执行多个任务。

（5）执行任务

这样，使用Grunt（grunt-contrib-uglify插件）的准备工作就完成了。之后，只需要使用命令提示符中运行以下命令就可以了。

```
> grunt
Running "uglify:myTask" (uglify) task
File scripts/app.min.js created: 932 B → 655 B
>> 1 file created.

Done.
```

这样default任务（中添加的uglify任务）便执行了，如果Member.js／MyArea.js／MyStorage.js压缩后的结果输出到了scripts/app.min.js中就表示成功了。

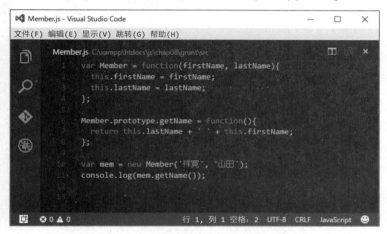

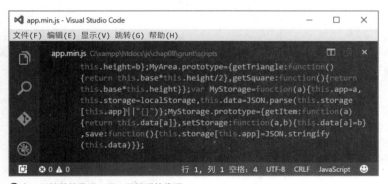

●上：压缩前的代码／下：压缩后的代码

顺便说下，像下面这样，可以只执行特定的任务（子任务）。

```
> grunt uglify          执行uglify所有的任务

> grunt uglify:myTask    只执行uglify – myTask任务
```

8.4 实际应用
ECMAScript2015-Babel-

正如在1.2.1节中所介绍的，目前并不是所有的浏览器都支持ES2015。目前，如果要使用ES2015，就必须使用Babel这样的编译器。

在本节中，将逐个介绍从Babel的安装到编译（转换）的步骤。

8.4.1 手动转换代码

这个是Babel的标准使用方法。使用babel命令，通过命令提示符编译（转换）代码。另外，安装Babel需要事先安装Node.js（8.2.2小节）。

（1）安装Babel

可以通过npm安装Babel主体。请在命令提示符中执行下面的命令，其中-g选项的意思是「在全局中安装库」。

```
> C:\xampp\htdocs\js\chap08\babel   移动到应用根目录
> npm install -g babel-cli
> npm install --save-dev babel-preset-es2015
```

※请根据使用环境替换应用根目录。

babel-cli是用来在命名提示符中操作Babel的工具。另外，babel-preset-es2015是使用Babel编译ES2015的插件。

（2）编译代码&运行

安装完Babel之后，就可以使用babel／babel-node等命令了。要编译ES2015的代码，请输入下面的babel命令。

```
> babel src/begin.es6.js -o lib/begin.js --presets es2015
```

这行命令的意思是「转换使用ES2015写的src/begin.es6.js，并将结果输出到lib/begin.js中」。添加-w选项（下面的字体加粗部分）可以监听begin.es6.js的变更，这样就可以在发生变更时自动执行转换处理。

```
> babel -w src/begin.es6.js -o lib/begin.js --presets es2015
```

如果要立刻运行编译后的结果，可以使用下面的babel-node命令。

```
> babel-node src/begin.es6.js --presets es2015
```

（3）使Polyfill库有效

babel／babel-node命令的转换目标是以class／export等新语法为中心的。如果要在旧浏览器中使用Map／Set这样的新的内置对象／方法，就需要用到Polyfill库（polyfill.js）。Polyfill库是指为了使ES2015的代码能够在ES5环境中执行的补充用的库。

使用下面的命令可以安装polyfill.js。

```
> npm install --save babel-polyfill
```

之后像下面这样，将安装的polyfill.js导入某个页面，就可以使Polyfill有效了。

```
<script src="node_modules/babel-polyfill/dist/polyfill.js"></script>
```

8.4.2 通过Grunt执行Babel

在实际工作中使用ES2015时，如果一个一个地执行转换处理会很花工夫。因此将转换处理交给像Grunt（上一节）那样的Task Runner，便能实现自动化。

> Note **如果是直接使用示例的代码**
>
> 如果是直接使用示例的代码，则不需要下面的步骤（1）~（2）。移动到/chap08/babel文件夹之后，请运行下面的命令。
>
> ```
> > npm install
> ```
>
> npm install命令是指「安装所有记录在package.json中的包」。

（1）安装grunt-babel

要使用Grunt，请按8.3.1小节中的步骤完成Grunt的安装，然后使用npm安装grunt-babel插件。

```
> npm install --save-dev grunt grunt-babel load-grunt-tasks
```

（2）准备Gruntfile.js

为了运行grunt-babel，需要准备像下面这样的Gruntfile.js。

◉清单8-08 **Gruntfile.js**

```
module.exports = function(grunt) {
  require('load-grunt-tasks')(grunt);
  grunt.initConfig({
    // Babel的设定信息
    babel: {
      options: {
```

```
      // 生成Source Map(转换前后的对应信息)
      sourceMap: true,
      // 使ES2015的preset有效
      presets: ['es2015']
    },
    dist: {
      files: {
        // 将begin.es6.js转换为begin.js
        'lib/begin.js': 'src/begin.es6.js'
      }
    }
  }
});
grunt.registerTask('default', ['babel']);
};
```

（3）运行任务

这样准备工作就完成了。之后，只要通过grunt命令来执行Gruntfile.js就可以了。

```
> grunt
Running "babel:dist" (babel) task
Done, without errors.
```

另外，如果是在浏览器环境中运行，和8.4.1小节一样，需要导入Polyfill库。

8.4.3 使用简单的解释器

对于「想简单尝试下ES2015」「想学习最新的功能」的人来说，必须要一步一步地安装Babel，是很麻烦的。对于「只是想尝试下简单的代码并运行」的人，可以先简单使用Babel主页提供的简单解释器。因为解释器是在浏览器中运行的，所以不需要特别准备。

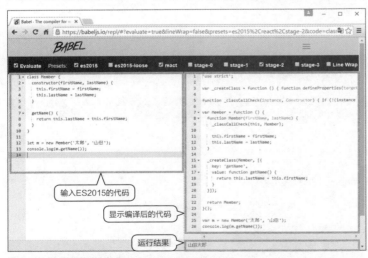

● Babel的简易解释器（ https://babeljs.io/repl/ ）

上图中，在左侧窗口输入ES2015的代码，就会在右侧窗口显示编译后的代码，并在右下方输出运行结果。

8.5 书写易读且易于维护的代码－编码规范－

随着Web应用中客户端JavaScript的比重越来越高，使用JavaScript编写大规模代码的机会也逐渐增加了。因此，程序也不再是编写一次就可以说「好，完成了」。在使用应用的过程中，会出现修复发现的bug、根据新的需求增加／修改代码的情况，程序经常会发生变更。

在修改程序时，首先需要「阅读并理解代码」。这个「读」的过程，有时会比「写」更困难。即使是自己写的代码，过段时间来看的话也会不明白是干什么的，更不要说是其他人写的代码了。考虑到日常可能会有变更，所以编写「漂亮的（易读的）代码是很重要的」。

不过，即使说是「漂亮的代码」，也很难想象具体是怎样的。这时，推荐了解一下编码规范。编码规范是指为了编写一致性的代码而制定的规则，例如变量的命名、空格和缩进的写法、注释的写法等。按照规范编写代码，可以最低限度地保证写出「不难看的」代码。

8.5.1 JavaScript的主要编码规范

在JavaScript中有以下编码规范。为了更易读，下面的URL优先使用日语版本的（包含非官方的）。如果要追求准确性，请和英语原文一起阅读。

• JavaScript style guide（MDN）

    https://developer.mozilla.org/ja/docs/JavaScript_style_guide
• Google JavaScript Style Guide

    http://cou929.nu/data/google_javascript_style_guide/
• Airbnb JavaScript Style Guide

    http://mitsuruog.github.io/javascript-style-guide/
• Node.js Style Guide

    http://popkirby.github.io/contents/nodeguide/style.html
• JavaScript Style Guide（jQuery）

    https://contribute.jquery.org/style-guide/js/

当然，这里的规范并不是所有的。有时不同的规范之间也会有互相矛盾的点。只是将其作为一个规范，在实际的编码过程中，请遵循当时所参加的开发项目的规则。

8.5.2 JavaScript style guide (MDN)的主要规范

下面是从「JavaScript style guide (MDN)」中列举的一些主要的规范。请注意，这个只是规范而不是语法规则。

（1）基础

- 1行的字数控制在80个字符以内
- 文件的末尾换行
- 在逗号／分号后添加空格
- 在定义函数／对象的代码块的前后使用空行分隔

（2）空白

- 使用两个空格表示缩进（不使用制表符）
- 二元运算符使用空白分隔
- 逗号／分号、关键字的后方包含空白（但是行末不需要空白）

（3）命名规则

- 变量／函数名是开头小写字母的cameCase形式
- 常量名都是大写字母的下划线形式
- 构造函数／类名是开头大写字母的CameCase形式
- 私有成员以「_」开头
- 事件控制器函数以「on」开头

（4）其他

- 所有的变量需要声明、初始化
- 变量不能重复声明
- 使用[...]、{...}等字面量语法生成数组、对象
- 布尔类型的值不和true／false比较

8.5.3　Google标准的编程风格

关于「Google JavaScript Style Guide」，在和之前不重复的范围内列举一些重要的点。

- .js文件的名字统一为小写字母
- 不省略分号
- 比起「"」优先使用「'」来括住字符串
- 不使用基本类型（string、number、boolean等）的包装对象
- 使用命名空间，将全局名称控制在最小范围内
- 表示代码块的{...}前面不换行
- 不能替换内置对象的原型
- 不使用with／eval命令
- 只在关联数组／哈希中使用for...in命令

这里列举的规范不仅仅是让代码更易读，从编写「安全的」代码的角度来看也是很重要的。